图说木本花卉栽培与养护

张宝棣　编著

金 盾 出 版 社

内容提要

本书由华南农业大学张宝棣教授编著，以图文结合的形式介绍了132种木本花卉的栽培与养护。内容包括各种花卉的特别观赏点、植物形态特征、种养作业历、种养要点图示和病虫害防治等。本书具有文字简明扼要、重点突出、科学实用、形象直观的特点，适合广大花卉种养人员、花卉爱好者、基层园林技术人员及农林院校有关专业师生阅读参考。

图书在版编目(CIP)数据

图说木本花卉栽培与养护/张宝棣编著．—北京：金盾出版社，2006.3

ISBN 978-7-5082-3937-8

Ⅰ．图…　Ⅱ．张…　Ⅲ．木本植物-花卉-观赏园艺-图解　Ⅳ．S685-64

中国版本图书馆CIP数据核字(2006)第012182号

金盾出版社出版、总发行

北京太平路5号(地铁万寿路站往南)

邮政编码:100036　电话:68214039　83219215

传真:68276683　网址:www.jdcbs.cn

彩色印刷:北京百花彩印有限公司

黑白印刷:北京金盾印刷厂

装订:第七装订厂

各地新华书店经销

开本:850×1168 1/32　印张:9.25　彩页:4.125　字数:195千字

2008年7月第1版第2次印刷

印数:11001—19000册　定价:34.00元

前言

园林花木是观赏植物,其栽培与发展，标志着民族的文明进步和国家的兴旺繁荣。园林花木又是环境植物，是保护生态环境、实现环境良性循环的重要组成部分。

笔者自20世纪70年代始，结合教学科研之需，经常深入广东省内各公园、花圃，对园林花木的栽培与养护进行调查研究，即使业已退休而仍乐此不疲，从未间断，其间拍摄了大量花木彩照，学习和搜集了木本花木栽培的大量资料，总想利用这些彩照，配以通俗形象的图示，把园林花木栽培与养护的具体操作方法介绍给广大花卉爱好者，对他们在花木的栽培和养护中有所借鉴，以遂笔者对繁荣花木栽培作出绵薄助力的心愿。

限于篇幅，只能挑选132种有代表性的常见和新引进的木本花卉，在扼要地介绍其学名、别名、产地及分类地位之后，着重介绍这些花卉的特别观赏点、植物形态特征、种养作业历和种养要点图示。尤应说明的是，种养作业历主要介绍每一种花木在繁殖、定植、修剪、施肥、浇水、放置场所及花期等的大体时间；种养要点图示则就每种花木的繁殖、定植、肥水光温管理及夏、冬季养护等方面的具体操作予以图示和简要文字说明，并尽可能照顾南北地区之需。但是，由于我国地域辽阔，各地自然条件差异极大，所提示的时间和方法只能供作参考。切望各地花卉爱好者通过自身的试验与实践，因地制宜地灵活运用并加以创新。

本书在撰写过程中，承蒙华南农业大学林学院园林设计专业的罗伟聪、李远航、陈宏展、陈乐乐、苏趣文、阮诺瑜和吕凯芳诸同学在收集资料和绘制种养要点图示等所给予的帮助；

承蒙广州市各公园、花圃的师傅们，特别是广州市珠江公园绿化科钟锡房科长和蔡航先生等在花木拍摄中大力帮忙，在此一并谨表谢意。

本书错漏和欠妥之处在所难免，诚望同行、专家和读者批评指正。

华南农业大学教授　**张宝棣**

2005年7月于华农园

目　录

二、132种木本花卉的种养要点图示 …………………… (133)

一、132种木本花卉的特别观赏点、植物形态特点和种养作业历

1. 桫　椤（*Cyathea spinulosa* 或 *Alsophila* spp.）

别名称树蕨、蛇木、刺桫椤、木桫椤。桫椤科桫椤属或归树蕨属。原产地为亚洲热带、亚热带地区。多分布在我国华南、西南地区。

【特别观赏点】　树干挺拔，叶大，树冠如罗伞。为珍稀的蕨类观叶植物。被列为国家一级保护植物。

【植物形态特点】　为多年生树状珍稀蕨类植物，小乔木，高1～5米。叶片大型，从生于茎顶，3回羽状深裂，色深绿。叶柄和叶轴粗壮，并具密刺，叶上密生圆形突起孢子囊。

【种养作业历】

季·月份 / 项目	春			夏			秋			冬			备　注
	2	3	4	5	6	7	8	9	10	11	12	1	
繁　殖		—	—	—									
定　植			—	—	—	—	—	—					
整　形											—	—	
施　肥	—	—	—	（施肥1～2次／月／幼株；各1次／春秋／成株）						—	—	—	
浇　水	—	—	（勤浇 轻浇 保持盆土湿润勿干旱，并常喷雾 增湿）								—	—	
放置场所	—（室内／北方）—	—	—	—	—	（室内、外／华南） （室内、外／北方）		—	—	—	（室内／北方）	—	
花期或观赏期	—	—	—	—	—	（观叶／幼成株）		—	—	—	—	—	

【病虫害防治】　病害为叶斑病，虫害为介壳虫。防治方法请参看附录。

2. 苏 铁（*Cycas revoluta*）

别名称铁树、凤尾蕉、凤尾松、铁甲松、辟火蕉。苏铁科苏铁属。原产地为亚洲（中国、印度、日本）和非洲（马达加斯加）。我国南北地区均有栽培。花期为5～8月，花色淡红色，生长20～30年的植株才会开花，长江流域和北方栽种的不易开花。

【特别观赏点】 树形端庄、古朴，四季常青，为由孢子繁殖进化演变为种子繁殖的一种古老而珍贵的观叶植物。

【植物形态特点】 为常绿棕榈状乔木，株高可达8米，一般高2～3米。主干圆柱形，密披宿存的叶基和叶痕，鱼鳞状。主干粗壮，直立，极少有分枝。叶簇生于主干顶部，为大型羽状复叶，小叶可多达百对以上，线形，硬革质，边缘反卷，先端尖锐，碧绿而富光泽。雌雄异株。雌球花略呈扁球形，由许多具羽状裂的大孢子叶螺旋状排列而成，其上密披黄褐色茸毛，柄部两侧着生2～4个胚珠，以后发育成种子。种子10～11月成熟，卵形略扁，红色。雄球花黄褐色呈宝塔状，长30～70厘米，由无数扇形红蕊螺旋状排列而成。

【种养作业历】

季·月份 项目	春			夏			秋			冬			备注
	2	3	4	5	6	7	8	9	10	11	12	1	
繁殖			——	——	——								
定植				——	——								
整形	——										——	——	
施肥	——	——	——	（生长期施1次／1～2个月，休眠期不施）					——	——	——	——	
浇水	——	——	（除夏日保持盆土湿润外，其余季节见干见湿即可）							——	——	——	
放置场所	—— —（室内／北方）	—— ——	—— ——	—— ——	—— ——	（室外／华南、西南地区） （室外／北方）	—— ——	—— ——	—— ——	—— ——	—— （室内／北方）	—— ——	
花期或观赏期	——	——	——	—— ——	——	（花 期） （观 叶）	—— ——	——	——	——	——	——	

【病虫害防治】 病害为叶斑病，虫害为小灰蝶、介壳虫。防治方法请参见附录。

3. 南美苏铁（*Zamia furfuracea*）

别名称美叶凤尾蕉、鳞秕泽米铁、阔叶苏铁、美叶苏铁。泽米铁科泽米铁属（也有归苏铁科美洲苏铁属）。原产地为墨西哥。华南地区近年有引种。

【特别观赏点】 羽叶宽阔，与常见的苏铁羽叶长条状边缘显著反卷，硬革质端锐尖迥异，显示其别具一格。

【植物形态特点】 为常绿木本植物，干高1米，单干或罕有分枝，有时呈丛生状，粗壮，圆柱形，其上密披叶痕。大型偶数羽状复叶，聚生于干顶端，叶长60～120厘米，柄长15～20厘米，其上疏生坚硬小刺；羽状小叶7～12对，宽阔，长椭圆形，顶部钝尖，革质。雌雄异株，雄花序塔形，松球状，黄褐色；雌花序扁球形，密披黄褐色茸毛。

【种养作业历】

季·月份 项目	春			夏			秋			冬			备注
	2	3	4	5	6	7	8	9	10	11	12	1	
繁殖			——	——									
定植			——	——	——								
整形	——			——	——					——	——	——	
施肥	——	——	——	——	NPK 1次/月/生长期/幼株；1次/年/成株	——	——	——	——	——	——	——	
浇水	——	——	——	——	(少浇轻浇，保持盆土湿润勿过湿/生长期)	——	——	——	——	——	——	——	
放置场所	—(室内/北方)— ——	—— ——	—— ——	—— ——	—— ——	(室外/北方) (室外/华南)	—— ——	—— ——	—— ——	—(室内/北方)— ——	—— ——	—— ——	
花期或观赏期	——	——	——	——	——	(观叶/全年)	——	——	——	——	——	——	

【病虫害防治】 病害为根结线虫病，虫害为介壳虫。防治方法请参见附录。

4. 南洋杉（*Araucaria* spp.）

一般俗称塔杉，也有视种类而别称鳞叶南洋杉（或尖叶南洋杉、肯氏南洋杉）、异叶南洋杉、大叶南洋杉（或宽叶南洋杉或洋刺杉）等。南洋杉科南洋杉属。原产于大洋洲诺福克岛。我国引种已有百余年，在华南地区广为栽培。

【特别观赏点】 大树如塔，雄伟壮丽，主枝轮生，层次分明。其与雪松、金钱松、日本金松和巨杉被誉为世界五大公园树。

【植物形态特点】 为常绿高大乔木，株高有的可达60～70米。盆栽的高1～3米。主枝轮生，平展。树冠近塔形。叶片形态因种类而异。异叶南洋杉叶锥状稍弯，螺旋覆瓦状排列，叶色浓绿。肯氏南洋杉叶二型，针状与卵形（或三角状卵形）。大叶（宽叶）南洋杉叶片长卵状披针形至披针状三角形，幼树营养枝的叶片较大，长2.5～6厘米；老树营养枝及花枝上的叶片较小，长0.7～3厘米。

【种养作业历】

项目 \ 季·月份	春			夏			秋			冬			备注
	2	3	4	5	6	7	8	9	10	11	12	1	
繁殖		——	——	——	——	——							
定植			——	——	——								
整形	——											——	
施肥	——	——	——	NPK 1次/20～30天/幼株；生长期1～2次/年/成株								——	
浇水	——	——	——	（保持盆土湿润/生长期；湿偏干/休眠期）								——	
放置场所	（室内/北方）	——	——	（室外/北方）				——	——	（室内/北方）			
	——	——	——	——	（室外/华南）			——	——	——	——	——	
花期或观赏期	——	——	——	——	（观叶/全年）			——	——	——	——	——	

【病虫害防治】 病害为幼苗立枯病、小叶干枯病，虫害为介壳虫。防治方法请参见附录。

5. 罗汉松（*Podocarpus macrophyllus*）

别名称罗汉杉、土杉、短叶土杉。罗汉松科罗汉松属。原产地为中国。分布于长江流域以南各省。

【特别观赏点】 树形优美，古朴苍劲，青翠葱郁。花托暗红，远看满树点点红色，近看宛如众罗汉身穿红色袈裟在参禅打坐，故名罗汉松。

【植物形态特点】 常绿乔木，树高可达30米，人工栽培多为10～20米，盆栽矮化植株则为1～2米。树冠广卵形，树干皮层灰色，浅纵裂，呈薄鳞片状脱落。枝较短而横斜密生，耐修剪。植株寿命长。叶片条状披针形，长7～12厘米，宽0.7～1厘米，螺旋状互生，表面浓绿色，背面黄绿色。雌花单生，花托暗红；雄花3～5朵簇生叶腋。花期4～5月，果8～11月成熟。

【种养作业历】

季·月份	春			夏			秋			冬			备注
项目	2	3	4	5	6	7	8	9	10	11	12	1	
繁殖		——	——			——	——	——					
定植			——	——			——	——					
整形	——			——	——							——	
施肥	——	——	——	——	——	（1次/月盆栽成形前；2~3次/年/成形后）	——	——	——	——	——	——	
浇水	——	——	——	——	——	（保持盆土湿润/生长期；偏干/休眠期）	——	——	——	——	——	——	
放置场所	（室内/华北） ——	—— ——	—— ——	—— ——	—— ——	（室外/华北） （室外/华南）	—— ——	—— ——	—— ——	—— ——	（室内/华北） ——	—— ——	
花期或观赏期	 ——	 ——	（花期） ——	—— ——	 ——	 （观叶）	—— ——	（果期） ——	—— ——	—— ——	 ——	 ——	

【病虫害防治】 病害为叶斑病，虫害为红蜘蛛、蓑蛾、介壳虫、蚜虫和白蚁。防治方法请参见附录。

6. 五针松（*Pinus parviflora*）

别名称五钗松、五叶松、五须松。松科五针松属。原产地为日本。我国长江流域及其南北各地已广为引种。

【特别观赏点】 茎干苍老，强健挺秀，针叶簇生，苍翠欲滴，色态神韵均佳。

【植物形态特点】 为温带树种，常绿乔木或变种的灌木，树干古朴挺拔，枝条密集刚劲柔韧。针叶，细短，长约2.5～5厘米，上面暗绿，下面有白色气孔线，树脂管边生。五叶一束。球果，长约5～7厘米，种子有翅。品种常见的有日本五针松、长叶五针松、短叶五针松、金叶五针松、银叶五针松和旋叶五金叶等。

【种养作业历】

季·月份 / 项目	春			夏			秋			冬			备注
	2	3	4	5	6	7	8	9	10	11	12	1	
繁殖		——	——										
定植	——	——	——					——	——				
整形	——	——	——	——		（按造型要求随时进行）				——	——	——	
施肥	——	——	——			（平衡施肥，避免过施、偏施氮肥）				——	——	——	
浇水	——	——	——	——		（保持盆土中度湿润，忌积水）			——	——	——	——	
放置场所	—（室内／北方）— ——	—（室内／北方）— ——	—— ——	—— ——	—— ——	（室外／北方） （室外／华南、江南）	（室外／北方） （室外／华南、江南）	—— （室外／华南、江南）	—— ——	—（室内／北方）— ——	—（室内／北方）— ——	—（室内／北方）— ——	
花期或观赏期	——	——	——	——	——	（观叶／全年）	（观叶／全年）		——	——	——	——	

【病虫害防治】 病害为赤枯病，虫害为介壳虫、蚜虫和袋蛾。防治方法请参见附录。

7. 马尾松（*Pinus massoniana*）

松科松属。原产于我国。江南及华南地区均广泛栽培。

【特别观赏点】 树冠壮年期呈狭圆锥形，老年期则张开如伞状，顶梢细长如马尾，故此得名。

【植物形态特点】 为常绿乔木。高达45米，胸径可达1米余。干皮红褐色，呈不规则裂片。树冠壮年期呈狭圆锥形，老年期则张开如伞状。叶二针一束或三针一束。球果，具短柄，成熟时栗褐色。种鳞的鳞背扁平，鳞刺不突起，无刺。种子长4～5毫米，翅长1.5厘米。花期4月，果翌年10～12月成熟。

【种养作业历】

季·月份 / 项目	春			夏			秋			冬			备注
	2	3	4	5	6	7	8	9	10	11	12	1	
繁殖		——	——					——					植株生长慢，尽量少修剪，更不能行强剪
定植			——	——									
整形	——											——	
施肥	——	——		（NPK 1次/2～3个月/生长期/盆株）					——	——	——	——	
浇水	——	——	——		（浇1次/隔2～3天/生长期；雨天防涝渍）						——	——	
放置场所	——	——	——	——	——	（室外/华南）		——	——	——	——	——	
花期或观赏期	——	——	——	——	（观叶/全年）			——	——	——	——	——	

【病虫害防治】 病害为松叶枯病、落针病、松材线虫病，虫害为松毛虫。防治方法请参见附录。

8. 雪松（*Cedrus deodara*）

别名称喜玛拉雅杉、喜玛拉雅雪松。松科雪松属。原产于喜玛拉雅山西北部及印度、阿富汗、不丹、尼泊尔等海拔 1 300～3 300 米的山地。我国 1920 年就开始引种，现各地园林均有栽培。

【特别观赏点】 树体高大，树冠塔形。主干挺直，壮丽雄伟，四季常绿。为著名的园林观赏树种。

【植物形态特点】 为常绿大乔木。树高可达 60 余米。树冠尖塔形，老树广卵形，枝条平展，呈不规则轮生，有长枝和短枝之分。短枝为发育枝，长枝为生长枝。寿命长，可达 600 余年。叶片针状，灰绿色，在长枝上呈螺旋状互生，短枝上呈轮状簇生。雌雄异株，少同株。雌雄球花均生于短枝枝顶。雄球花近红色；雌球花初为紫红色，后转淡绿色，10～11 月开放。球果椭圆状卵形，形大直立，翌年 10 月成熟。正常雄株 20 龄后才能开花，雌株需 30 龄后才能开花。

【种养作业历】

季·月份 / 项目	春			夏			秋			冬			备注
	2	3	4	5	6	7	8	9	10	11	12	1	
繁殖		—	—										
定植		—	—										
整形											—	—	
施肥	—	—	(NPK 1次/1~2月盆栽幼株；1~2次/年/成株)							—	—	—	
浇水	—	—	—	(保持盆土湿润勿过湿/盆株；注意防涝渍/地栽)							—	—	
放置场所	—	—	—	(室内或室外/盆栽；室外/地栽)					—	—	—	—	
花期或观赏期	—	—	—	—	—	(观叶/全年)		—	—（花期）— —(果期/翌年)—		—	—	

【病虫害防治】 病害为苗期猝倒病，虫害为袋蛾。防治方法请参见附录。

9. 扁柏（*Platycladus orientalis*）

别名称侧柏、黄柏、扁桧。柏科侧柏属。原产地为中国。我国南北各地多有分布，现各地均有栽培。

【特别观赏点】 寿命长，树姿美。枝叶稠密，四季常青，极富观赏性。

【植物形态特点】 常绿乔木。株高可达20米。幼树树冠尖塔形，老树广圆形，枝条侧立，大枝斜出，小枝直展，扁平，排列成平面。叶侧出，全为鳞片状鳞片，小叶三角状卵形，对生而成扁平四列，两面均呈绿色，常年青翠。球果长1.2～1.5厘米，种子厚而无翅。

【种养作业历】

季·月份 / 项目	春			夏			秋			冬			备注
	2	3	4	5	6	7	8	9	10	11	12	1	
繁殖			——	——				——	——				
定植			——	——									
整形	——											——	
施肥	——	——	(NPK 1次/月/生长期/盆幼株；1～2次/年/成株)								——	——	
浇水	——	——		(保持湿润/生长期/盆株；润偏干/休眠期)						——	——	——	
放置场所	—(室内/北方)		——	——		(室外/北方)		——	——	—(室内/北方)—			
	——	——	——		(室外/华南、江南)			——	——	——	——	——	
花期或观赏期	——	——	——			(观叶/全年)		——	——	——	——	——	

【病虫害防治】 病害为枝枯病，虫害为介壳虫。防治方法请参见附录。

10. 圆 柏（*Sabina chinensis*）

别名称龙柏、桧柏、刺柏。柏科圆柏属。原产地为中国。我国华北、华中、华南均有分布，现各地广有种植。

【特别观赏点】 株挺拔直立，树冠形态多样，尖塔形、圆锥形、圆柱形以及广卵形均有，树冠整齐。枝叶浓密，四季常青。

【植物形态特点】 为常绿乔木。树高数米至数十米。树冠有尖塔形、圆锥形、圆柱形等多种，树冠整齐，枝叶浓密。老枝扭曲状，小枝直立或斜生或略下垂。深根性，侧根也发达。叶2型，老枝叶多为鳞状，鳞叶交互对生；幼枝及萌蘖枝上叶多为刺状，3枚轮生，长0.6～1.2厘米。其上有2条白色气孔带。雌雄异株，极少同株的。花期4月下旬，果多2年成熟。

【种养作业历】

季·月份 / 项目	春			夏			秋			冬			备注
	2	3	4	5	6	7	8	9	10	11	12	1	
繁殖		——	——					——	——				
定植		——	——	——				——	——				
整形			——	——	——						——	——	
施肥	——	——	——	(NPK 1次／月／生长期／盆幼株；1～2次／年／成株)						——	——	——	
浇水	——	——	——	(保持盆土湿润／生长期；润偏干／休眠期)					——	——	——	——	
放置场所	——	——	——	——	(室外／华南、江南)			——	——	——	——	——	
花期或观赏期	——	——(花 期)——	——	——	——	(观叶／全年)		——	——(果 期)——	——	——	——	

【病虫害防治】 病害为锈病、叶枯病，虫害为介壳虫。防治方法请参见附录。

11. 柏 木（*Cupressus funebris*）

别名称垂柏。柏科柏木属。原产地为中国。我国秦岭、大巴山、大别山以南至华南地区均有分布。南方各地广有栽培。

【特别观赏点】 树冠圆锥形，枝稠密，小枝稍扁平细长而柔软下垂，风姿古雅，是优美的庭园观赏树。

【植物形态特点】 为常绿乔木，树高达20余米。树冠圆锥形，枝条稠密，小枝扁平，细长下垂，风姿古雅。浅根性，侧根发达。叶鳞形，先端尖，两面均为绿色（幼苗及老干萌蘖枝则有刺叶）。雌雄同株。3～4 月开花，5～6 月（华南）至8～9 月结果。球果卵圆形，具种鳞4对，盾形，当年结果，翌年8～9 月成熟。

【种养作业历】

季·月份 / 项目	春			夏			秋			冬			备 注
	2	3	4	5	6	7	8	9	10	11	12	1	
繁 殖		——（播种）	——					（播种）					
定 植			——	——									
整 形	——										——	——	
施 肥	——	——	（NPK 1次/1～2个月/生长期/盆幼株;1～2次/年/成株）	——	——	——	——	——	——	——	——	——	
浇 水	——	——	——	（保持盆土湿润/生长期；润偏干/休眠期）	——	——	——	——	——	——	——	——	
放置场所	——	——	——	——	（室外/华南、江南）	——	——	——	——	——	——	——	
花期或观赏期	——	（花期）	——	（果期/华南）	——	（观叶/全年）	（果期/江南）	——	——	——	——	——	

【病虫害防治】 病害为猝倒病和赤枯病，虫害为鳞翅目幼虫。防治方法请参见附录。

12. **落羽杉**（*Taxodium distichum*）

别名称落羽松。杉科落羽杉属。原产于北美东南部。我国长江流域和华南地区均有引种。

【特别观赏点】 树干基部常膨大，有屈膝状呼吸根，既能水生，也能陆生。

【植物形态特点】 为落叶乔木，树高可达40米。树冠幼年期呈圆锥形，老龄期则呈伞形，主干基部常隆起如板根状。叶互生，扁平，淡绿色，秋季变暗红色；小叶条形，质薄如纸，排成羽状二列，状似羽毛。雌雄同株。雄花顶生于圆锥花序上，呈下垂状；雌花单生或双生。花期5月。果圆球形或卵形，翌年10月成熟，熟时呈淡黄褐色。种子为不等边三角形，具厚3翼。

【种养作业历】

季·月份 / 项目	春			夏			秋			冬			备注
	2	3	4	5	6	7	8	9	10	11	12	1	
繁殖			（扦、播）					（播）					
定植													
整形						（盆株控株高，整成迷你式株形；地栽一般无须修剪）							
施肥						（NPK 1次/2个月/盆幼株；1～2次/年/成株）							
浇水						（保持盆土湿润/生长期；润偏干/休眠期）							
放置场所		（室内/北方）				（室外/北方） （室外/华南）					（室内/北方）		
花期或观赏期				（花期）			（观叶/全年）		（果期）				

【病虫害防治】 病害为枝枯病和叶斑病，虫害为吸汁及咬叶幼虫。防治方法请参见附录。

13. **佛肚竹**（*Bambusa ventricosa*）

别名称佛竹、密节竹、葫芦竹、结头竹、刺竹。禾本科竹亚科刺竹属。原产地在中国。现南方各地多有栽培。

【特别观赏点】 秆形奇特，节较密，节间甚短，基部膨大呈瓶形，亦似佛肚，故名。

【植物形态特点】 为丛生灌木状竹类。株高可达5米，以2～3米为多。茎秆基部及中部均呈畸形，节较短，两节间膨大如瓶，形似佛肚。叶片卵状披针形至长圆状披针形，每小枝着叶7～13片，正面无毛，背面被柔毛。小穗具小花6～8朵。

【种养作业历】

项目 \ 季·月份	春			夏			秋			冬			备注
	2	3	4	5	6	7	8	9	10	11	12	1	
繁殖	——	——	——	——									地栽的平时注意松土培土
定植		——	——	——									
整形										——	——	——	
施肥	——	——	(NPK 1次/1～2个月/生长期/盆幼株；1～2次/年/成株)								——	——	
浇水	——	——	(保持盆土湿润，既勿过湿，也勿使受旱/盆、地株)							——	——	——	
放置场所	——	(室内/北方)	——	——	——	(室外/北方)		——	——	——	(室内/北方)	——	
	——	——	——	——	——	——	(室外/华南)		——	——	——	——	
花期或观赏期	——	——	——	——		(观叶、观杆/全年)			——	——	——	——	

【病虫害防治】 病害为丛枝病、锈病和黑痣病，虫害为刺蛾、眼蝶、野螟及直翅目蝗科害虫。防治方法请参见附录。

14. 黄金间碧玉竹（*Bambusa vulgaris* var. *striata*）

别名称金丝竹。禾本科刺竹属。原产于东南亚及非洲马达加斯加岛。我国华南地区有引种。

【特别观赏点】 节间呈黄至橙黄色，其上具暗绿色或宽或窄的笔直纵条纹。

【植物形态特点】 为常绿高竹。株高5～15米。丛生型。杆枝节间呈黄色至橙黄色，其上有或宽或窄的暗绿色笔直纵条纹，杆枝直径4～6厘米。2～10月发笋，以8～9月最盛。小枝叶片5～9枚，绿色，披针形。箨叶三角形，基部两面密布细毛。

【种养作业历】

项目 \ 季·月份	春			夏			秋			冬			备注
	2	3	4	5	6	7	8	9	10	11	12	1	
繁殖	—	—				—	—						注意做好除草松土培土，保持土壤良好的通透性
定植	—	—	—										
整形										—	—	—	
施肥	—	—	—	—	—	(NPK 1次/1～2个月/生长期/盆幼株；1～2次/年/成株)	—	—	—	—	—	—	
浇水	—	—	—	—	—	(保持盆土湿润，既勿过湿，也勿使受旱/盆、地株)	—	—	—	—	—	—	
放置场所	—	(室内/北方)	—	—	—	(室外/北方)	—	—	—	—	(室内/北方)	—	
	—	—	—	—	—	(室外/华南)	—	—	—	—	—	—	
花期或观赏期	—	—	—	—	—	(观叶、观杆/全年)	—	—	—	—	—	—	

【病虫害防治】 病害除佛肚竹发生的病害外，还有笋病、苗立枯病、梢枯病，虫害为象鼻虫、蝇类和介壳虫瘿螨等。防治方法请参见附录。

15. 大王椰子（*Roystonea regia*）

别名称王棕、古巴葵。棕榈科王棕属（或称大王椰属）。原产于美洲热带，被古巴定为国树。我国引种历史百余年，在台湾、海南、广东、广西、福建、云南等省、自治区均有栽培。

【特别观赏点】 树干粗直，基部及中上部膨大，树形高大，雄伟壮观，被誉为棕榈之王。

【植物形态特点】 为常绿乔木。株高可达35米或更高。基部稍膨大，中上部亦稍膨大而呈长花瓶状，上具环状纹（叶柄梢痕），明显或不明显。叶片大型，深绿色，簇生茎顶部，长6～8米，羽状全裂，羽片长线状披针形，在叶中轴上呈4列排列，但序列不甚整齐，数极多。花序穗状，悬垂，花黄白色。果球形，直径1～2厘米，熟时红褐色略带紫色。

【种养作业历】

季·月份 / 项目	春			夏			秋			冬			备注
	2	3	4	5	6	7	8	9	10	11	12	1	
繁殖			——	——	——								
定植		——	——	——									
整形	——	——	——	——	（随时钩落枯黄叶片）			——	——	——	——	——	
施肥	——	——	——	——	（视地力、苗情 追肥1次/年或不施）					——	——	——	
浇水	——	——	——	——	（视天情和苗期适当浇喷补水）				——	——	——	——	
放置场所	——	——	——	——	——	（室外/华南地区）			——	——	——	——	
花期或观赏期	——	——	——	——	（观叶/全年）				——	——	——	——	

【病害防治】 病害为叶斑病、叶枯病。防治方法请参见附录。

16. 酒瓶椰子（*Hyophorbe lagenicaulis*）

别名称酒瓶棕，棕榈科酒瓶椰子属。原产于毛里求斯和马斯克林群岛。我国华南、东南省区已有引种。

【特别观赏点】 茎干基部较细，中部膨大，近茎冠又收缩如瓶颈，外观如酒瓶，形状奇特，引人注目。

【植物形态特点】 为常绿乔木。株高6～7米。茎单生，中部膨大（最大处直径可达60～80厘米），呈纺锤形，如酒瓶状，故名。羽状全裂复叶，簇生茎顶，羽叶长披针形，基部稍加厚，侧脉凸出叶面，质较坚硬。肉穗花序穗状，多分枝，悬垂。夏季开花，冬春见果，椭圆形，赭红色。

【种养作业历】

项目 \ 季·月份	春			夏			秋			冬			备注
	2	3	4	5	6	7	8	9	10	11	12	1	
繁殖			——	——									
定植			——	——									
整形					（随时剥除枯老叶/年）								
施肥					（1～2次/年）								
浇水					（适度浇水，夏日盆土宜湿润，其余时间湿偏干）								
放置场所		（室内/霜雪区）				（室外/霜雪区） （室外/华南地区）					（室内/霜雪区）		
花期或观赏期						（观叶/全年）							

【病害防治】 病害为叶斑病。防治方法请参见附录。

17. 加拿利海枣（*Phoenix canariensis*）

别名称加那利刺葵、长叶刺葵、加岛枣椰。棕榈科刺葵属。原产于非洲加那利群岛及其附近地区。我国华南、西南、东南地区多有引种。

【特别观赏点】 植株高大。茎干粗壮，并具波状叶痕，尽显热带风光。

【植物形态特点】 为常绿乔木，高可达20余米。干单生，其上有明显的老叶自然脱落后留下的叶柄残基，呈鱼鳞状颇规则有序地排列，此与油棕属茎干亦有明显的叶柄残基相似。羽状全裂复叶，多数，聚生茎顶。叶大型，长可达6～10米，柄较短，近顶端下部叶片常呈水平状展开；羽叶多数，长线状披针形，排列整齐，叶中轴基部羽片则呈针刺状。肉穗状花序，多分枝，悬垂，花小，橙黄色。花期为夏季。果长椭圆形，长2～4厘米，秋、冬果熟，呈橙色或淡红色。

【种养作业历】

季·月份 / 项目	春			夏			秋			冬			备注
	2	3	4	5	6	7	8	9	10	11	12	1	
繁殖		——	——	——									
定植			——	——	——								
整形	——										——	——	
施肥	——	——	——			（1次/月/盆株生长期，勿偏施氮肥）			——	——	——	——	
浇水	——	——	——	——			（生长期保持湿润稍偏干即可）		——	——	——	——	
放置场所	—（室内/北方）—		——	——		（室外/北方）		——	——	—（室内/北方）—		——	
	——	——	——	——	——	（室外/华南）			——	——	——	——	
花期或观赏期	——	——	——	——		（观叶/全年）			——	——	——	——	

【病虫害防治】 病害为黑粉病，虫害为小象虫，还有鼠害。防治方法请参见附录。

18. 蒲葵（*Livistona chinensis*）

别名称扇葵、扇叶葵、葵树。棕榈科蒲葵属。原产于澳大利亚及亚洲热带。我国华南地区栽培普遍，栽培历史悠久。

【特别观赏点】 叶扇形，大型，深裂至中部，上部裂片条带状下垂，远看植株亭亭如盖，叶片飘柔如丝，为优美的观叶植物。

【植物形态特点】 为常绿乔木。株高可达30米，单干，直立，下部有不明显环状叶痕，干上裹棕皮。叶片扇形，径约2米，厚革质，掌状中裂。裂片披针形，先端2裂，下垂；叶柄长约2米，缘具钩刺。肉穗花序，分枝多，长，悬垂。花小，黄绿至黄白色。花期3～6月。果椭圆形，长2～3厘米，熟时紫黑色至黑色。果熟期10～12月。一般生长15年左右的大树才开始结果，并有大小年现象。

【种养作业历】

季·月份 / 项目	春			夏			秋			冬			备注
	2	3	4	5	6	7	8	9	10	11	12	1	
繁殖		——	——	——									
定植			——	——									
整形	——	——	——	——	——	(随时割除枯老叶)	——	——	——	——	——	——	
施肥	——	——	——	——	——	(1～2次/年/盆栽；少施或不施/地栽)	——	——	——	——	——	——	
浇水	——	——	——	——	——	(按天情少浇或不浇，夏日适当喷水增湿，雨天防涝渍)	——	——	——	——	——	——	
放置场所	——	(室内/北方)	——	——	——	(室外/北方)	——	——	——	——	(室内/北方)	——	
	——	——	——	——	——	——	(室外/华南)	——	——	——	——	——	
花期或观赏期	——	——	——	——	——	——	(观叶/全年)	——	——	——	——	——	

【病虫害防治】 病害为叶斑病，虫害为介壳虫、蚱蜢。防治方法请参见附录。

19. 老人葵（*Washingtonia filifera*）

别名称华盛顿葵、加州蒲葵、丝葵、裙棕。棕榈科丝葵属。原产于美国西部至墨西哥北部。我国华南、西南、东南地区均有引种。

【特别观赏点】 叶片先端稍下垂，其边缘有多数细长而下垂的丝状纤维。

【植物形态特点】 为常绿乔木，高15～20米，茎单生，直立。叶片近圆形，掌状深裂，裂片线状披针形，其边缘或裂口有多数细长而下垂的丝状纤维。叶柄长，柄缘具刺齿。

【种养作业历】

季·月份 / 项目	春			夏			秋			冬			备注
	2	3	4	5	6	7	8	9	10	11	12	1	
繁殖		——	——										
定植		——	——	——				——					
整形	——	——	——	——		（随时割除枯老叶）			——	——	——	——	
施肥	——	——	——	——		（1～2次/年/盆栽；少施或不施/地栽）					——	——	
浇水	——	——	——		（生长期保持湿润偏干，夏日增浇喷水，雨天防涝渍）						——	——	
放置场所	—（室内/华中、华北）	——	——	——		（室外/华中、华北）		——	——	—（室内/华中、华北）—	——	——	
	——	——	——	——	——	——	（室外/华南）		——	——	——	——	
花期或观赏期	——	——	——	——	——	（观叶/全年）			——	——	——	——	

【病害防治】 病害为羽叶尖干枯病。防治方法见附录。

20. 假槟榔（*Archontophoenix Archontophoenix*）

别名称亚历山大椰子。棕榈科假槟榔属。原产于澳大利亚。引入我国已有上百年，在华南地区各城镇栽培普遍，已成为当地半乡土化树种。

【特别观赏点】 单干直立如旗杆，其上密生环状纹，叶簇生茎顶，四季常绿，冬夏一景，成为展示热带风光的代表性树种之一。

【植物形态特点】 为常绿乔木。株高达20余米，单干直立如旗杆状，其上密生环状纹。叶片为羽状全裂复叶，叶长3～5米，簇生于干顶。叶鞘厚革质，抱茎，宽大如睡椅。羽叶条状披针形，在叶中轴两侧排成2列，叶面翠绿滑亮，背面有灰白色秕糠。花序穗状，多分枝，乳黄色，悬垂。4～5月（少数）或7～8月开花。7～8月（少数）或10～11月果熟。果球形，直径1～2厘米，熟时红色。通常12年生以上植株才结实，且结实大小年现象明显。

【种养作业历】

季·月份 / 项目	春			夏			秋			冬			备注
	2	3	4	5	6	7	8	9	10	11	12	1	
繁殖		—	—	—	—								
定植		—	—	—									
整形	—	—	—	—		（随时钩落枯黄叶）		—	—	—	—	—	
施肥	—	—				（盆栽注意配方施肥，勿偏施过施氮肥）				—	—	—	
浇水	—	—	—			（盆土保持湿润稍偏干，夏日适当浇喷水增湿）				—	—	—	
放置场所	（室内／华中、华北）		—	—		（室外／华中、华北）		—	—	（室内／华中、华北）			
	—	—	—	—	—	（室外／华南）		—	—	—	—	—	
花期或观赏期	—	—	—	—		（观叶／全年）		—	—	—	—	—	

【病害防治】 病害为叶斑病和叶枯病。防治方法请参见附录。

21. 鱼尾葵（*Caryota* spp.）

别名称孔雀椰子、假桄榔。棕榈科鱼尾葵属。原产于亚洲热带、亚热带和大洋洲。我国海南、两广南部野生资源多，在石灰岩区常见连片分布。

【特别观赏点】 复叶二回深裂，巨大弯垂如华盖；小叶斜菱形如鱼尾，故名。

【植物形态特点】 为常绿乔木。高可达20米或更高，以6～7米为多见。茎干单生，上细下粗，具环状叶痕。2回羽状全裂复叶，深绿，长宽可达数米，大型如盖，先端下垂；羽片扁平，斜菱形，似鱼鳍更似鱼尾，故名。花序长0.3～3米，不分枝、短分枝或多分枝，悬垂；花小，黄色，紧密串生。花期在春、夏季（广州地区）。果6～10月陆续成熟。

【种养作业历】

项目 \ 季·月份	春			夏			秋			冬			备注
	2	3	4	5	6	7	8	9	10	11	12	1	
繁殖		—	—	—	—								
定植			—	—	—								
整形	—										—	—	
施肥	—	—	—	（1～2次／月／幼株；1次／1～2月／成株；1～2次／年／地栽）	—	—	—	—	—	—	—	—	
浇水	—	—	—	（保持盆土湿润／生长期，湿偏干／休眠期	—	—	—	—	—	—	—	—	
放置场所	— （室内／北方）	— —	— —	— —	— —	（室外／华南中南部） （室外／北方）	— —	— —	— —	— （室内／北方）	— —	— —	
花期或观赏期	—	—	— （花期／广州）	— —	— —	—	（观叶／全年）	—	—	—	—	—	

【病害防治】 病害为叶斑病和叶灰枯病、病毒病。防治方法请参见附录。

22. 散尾葵（*Chrysalidocarpus lutescens*）

别名称黄椰子。棕榈科散尾葵属。原产于非洲马达加斯加群岛。引入我国近百年，南北均有栽培，尤以华南地区为普遍。

【特别观赏点】 叶片羽状全裂，大型，长1.5～2米。叶形披散飘逸，株丛高矮错落有序，全身绿中透黄，典雅素净，飘柔别致。为室内外最惹人爱的大中型观叶植物之一。

【植物形态特点】 为常绿丛生灌木。株高可达10米以上。茎丛生，单干直立，其上环状叶痕如竹节。叶片聚生于干顶，羽状全裂，大型，长2～3米，柔软披散；羽叶数10对，长线状披针形，在叶中轴上排成2列，先端弯垂。佛焰花序，生于叶鞘束内。花小，黄色。花期5～6月。果期7～9月。

【种养作业历】

项目 \ 季·月份	春			夏			秋			冬			备注
	2	3	4	5	6	7	8	9	10	11	12	1	
繁殖		——	——	——									
定植			——	——	——	——							
整形	——										——	——	
施肥	——	——	——	——	——	（1～2次/月/幼株；1次/1～2个月/成株）	——	——	——	——	——	——	
浇水	——	——	——	——	——	（保持盆土湿润/生长期；保持湿偏干/休眠期）	——	——	——	——	——	——	
放置场所	—— ——	—— （室内/北方）	—— ——	—— ——	 ——	（室内、外/华南） （室外/北方）	 ——	 ——	—— ——	—— ——	—— （室内/北方）	—— ——	
花期或观赏期	——	——	——	——	——	（观叶/全年）	——	——	——	——	——	——	

【病虫害防治】 病害为叶斑病，虫害为介壳虫。防治方法请参见附录。

23. 董 棕（*Caryota urens*）

别名称槿棕。棕榈科鱼尾葵属。原产于我国云南、广西、西藏南部。我国华南及东南地区均有种植。本种为我国国家二级保护濒危物种。

【特别观赏点】 叶片大型，弯垂如华盖。

【植物形态特点】 为常绿乔木。茎单生，粗壮，原产地株高可达20～30米，广州地区以5～6米为多见。叶大型，为二回羽状全裂，长5～7米，宽5～6米，叶中轴粗壮。小叶（小羽片）较鱼尾葵大，呈宽斜菱形，长15～25厘米，宽11～15厘米，内缘具圆齿，在叶中轴两侧水平开展。花序穗状，长2～3米，多分枝，悬垂。花3朵聚生。花期5～10月。雄花密密地串生在花序分枝上，黄棕色，散粉后即纷纷脱落。果球形，内含黑色种子2粒。

【种养作业历】

季·月份 / 项目	春			夏			秋			冬			备　注
	2	3	4	5	6	7	8	9	10	11	12	1	
繁　殖		—	—	—				—	—				
定　植			—	—	—								
整　形	—										—	—	
施　肥	—	—	—	(NPK 1次/1~2个月/生长期/盆栽；1次/年/地栽)							—	—	
浇　水	—	—	(保持盆土湿润勿过湿/生长期/盆株；润偏干/休眠期)								—	—	
放置场所	—(室内/北方)— —	(室内/北方) —	— —	— —	— (室外/华南)	(室外/北方) (室外/华南)	(室外/北方) (室外/华南)	— —	— —	—(室内/北方)— —	(室内/北方) —	— —	
花期或观赏期	—	—	— —(花期/广州)—	— (花期/广州)	— —	(观叶/全年) —	(观叶/全年)	—	—	—	—	—	

【病害防治】 病害为叶斑病。防治方法参见鱼尾葵。

24. 三药槟榔（*Areca triandra*）

别名称丛生槟榔。棕榈科槟榔属。原产于亚洲及大洋洲热带地区。我国华南地区广有栽培。

【特别观赏点】 植株丛状着生，高低参差，错落有致。干青绿光滑。叶大羽状全裂，浓绿青翠。树形雅致，为近年风行的观叶棕榈类。

【植物形态特点】 为常绿丛生小灌木或小乔木。茎中等大，如竹竿，直立，无分枝。株高可达8～15米，以高2～3米的为多。羽状复叶，长1～2米，亮绿色。小叶长椭圆状、披针形，10～20余对。肉穗花序，长30～40厘米。雄花具3枚雄蕊。果纺锤形，长3～4厘米，熟时红色。

【种养作业历】

季·月份 项目	春			夏			秋			冬			备注
	2	3	4	5	6	7	8	9	10	11	12	1	
繁殖		——	——	——									
定植			——	——									
整形	——											——	
施肥	——	——	(1次/1～2个月/幼株；1～2次/年/成株)							——	——	——	
浇水	——	——	——		(生长期保持盆土湿润偏干)				——	——	——	——	
放置场所	)—— ——	 ——	 ——	 ——	 (室内、外/南方)		 ——	 ——	—— ——	(室内/北方) ——	 ——	 ——	
花期或观赏期	——	——	——	——	——	(观叶)		——	——	——	——	——	

【病虫害防治】 病害为叶斑病，虫害为黑刺粉虱。防治方法请参见附录。

25. 美丽针葵（*Phoenix roebelenii*）

别名称软叶针葵、软叶刺葵、针葵、罗比亲王椰子。棕榈科刺葵属（或归海枣属）。原产于中南半岛。近年国内华南地区栽培较普遍。

【特别观赏点】 叶片弯垂披散，株形飘逸、清雅。

【植物形态特点】 常绿灌木。单干，直立，株高1～3米。干上残存叶柄基。叶聚生于干顶，长约1米，羽状全裂，稍弯曲下垂，裂片狭条形，较柔软，二列，近对生，亮绿色。肉穗花序，生于叶丛下，花小，淡黄色。雌雄异株。

【种养作业历】

季·月份 / 项目	春			夏			秋			冬			备注
	2	3	4	5	6	7	8	9	10	11	12	1	
繁殖		——	——	——									
定植			——	——	——								
整形											——	——	
施肥	——	——	——	（1～2次／月／幼株；1次／1～2月／成株）						——	——	——	
浇水	——	——	——	（保持盆土湿润勿过湿／生长期）				——	——	（湿偏干／秋冬）			
放置场所	—— —（室内／北方）—	——	——	—— ——	（室内、外／华南） （室内、外／北方）			—— ——	—— ——	—— —（室内／北方）—	——	——	
花期或观赏期	——	——	——	—— —（花期）—	——	（观叶）		——	——	——	——	——	

【病虫害防治】 病害为叶斑病，虫害为卷叶虫，还有鼠害。防治方法见附录。

26. 棕 竹（*Rhapis excelsa*）

别名称观音竹、筋头竹。棕榈科棕竹属。原产于中国（南部）、日本。我国华南地区、西南地区广有分布，野生资源连片。现南北均有栽培。

【特别观赏点】 茎纤细直立，株丛繁茂。叶色翠绿，掌状深裂如棕叶，裂片披针形似竹叶，却似棕非棕，似竹非竹。其姿形优雅，潇洒。

【植物形态特点】 为常绿丛生灌木，株高2～3米，茎圆柱形，纤细直立，有节。叶片掌状，5～10深裂，裂片条状披针形或宽披针形。肉穗花序，多分枝。雌雄异株。雄花小，淡黄色；雌花大，浅粉红色。

【种养作业历】

项目 \ 季·月份	春			夏			秋			冬			备注
	2	3	4	5	6	7	8	9	10	11	12	1	
繁殖		——	——	——									
定植		——	——	——	——								
整形	——											——	
施肥	——	——	——	——	（幼株期追肥1～2次/月；成株1次/2个月）					——	——	——	
浇水	（湿偏干）	——	——	（保持盆土湿润）			——	——	——	（湿偏干）		——	
放置场所	—— （室内/北方）	——	——	——	——	（室外/华南） —— （室外/北方）	——	——	——	——	（室内/北方）	——	
花期或观赏期	——	——	（花期） ——	——	——	（全年观叶）	——	——	——	——	——	——	

【病虫害防治】 病害为叶斑病，虫害为介壳虫。防治方法参见附录。

27. 袖珍椰子（*Chamaedorea elegans*）

别名称矮生椰子、玲珑椰子、好运棕、袖珍葵、矮棕。棕榈科伶榔棕属（或称袖珍椰子属）。原产于墨西哥和危地马拉。近年国内华南地区栽培较普遍。

【特别观赏点】 植株小巧玲珑，株形披散飘逸。

【植物形态特点】 为常绿矮小灌木，单干，高1～2米。盆栽的株更矮小。羽状全裂，羽叶20～30对，平展，深绿色，富有光泽，形似竹叶。肉穗花序有分枝，生于叶丛下。花单性，细小，黄色。

【种养作业历】

季·月份 项目	春			夏			秋			冬			备注
	2	3	4	5	6	7	8	9	10	11	12	1	
繁殖	——	——	——										勿偏施过施氮肥，否则易诱发病害
定植		——	——	——									
整形											——	——	
施肥	——	——	——	（1～2次/月/幼株期；1次/1～2个月/成株）						——	——	——	
浇水	——	——	——	（生长期保持盆土湿润勿过湿，秋冬湿偏干即可）						——	——	——	
放置场所	—— ——	—— ——	—— ——	（室内、外/北方） ——	 ——	 ——	—— （室外遮阴处/华南）	—— 	—— 	（室内/北方） ——	 ——	—— ——	
花期或观赏期		—— ——	（花期） ——	—— ——	 ——	 ——	 （观叶）		 ——	 ——	 ——	 ——	

【病害防治】 病害为叶斑病。防治方法参见附录。

28. 夏威夷椰子（*Chamaedorea erumpens*）

别名称竹茎玲珑椰子、竹棕。棕榈科伶椰棕属（或归袖珍椰子属）。原产于危地马拉和洪都拉斯。我国广州珠江公园有引种。

【特别观赏点】　小巧玲珑，茎细如竹，丛生。

【植物形态特点】　为丛生灌木，茎纤细如竹竿，株高低矮。复叶羽状全裂，裂片披针形，叶柄下端呈闭合鞘状抱茎。肉穗花序2～3分枝，悬垂。花小，黄绿色。

【种养作业历】

季·月份 / 项目	春			夏			秋			冬			备　注
	2	3	4	5	6	7	8	9	10	11	12	1	
繁　殖		——	——	——									
定　植			——	——	——	——							
整　形	——										——	——	
施　肥	——	——	——	——	(NPK 1~2次／生长期／幼株；各1次／春秋／成株)	——	——	——	——	——	——	——	
浇　水	——	——	——	——	(保持盆土湿润／生长期；湿偏干／休眠期)	——	——	——	——	——	——	——	
放置场所	(室内／北方) ——	(室内／北方) ——	(室外／北方) ——	(室外／北方) ——	(室外／北方) ——	(室外／北方) (室外／华南)	(室外／北方) ——	(室外／北方) ——	(室外／北方) ——	(室内／北方) ——	(室内／北方) ——	(室内／北方) ——	
花期或观赏期	——	——	——	——	——	(观叶／全年)	——	——	——	——	——	——	

【病害防治】　病害为叶尖干枯病。防治方法见附录。

29. 狐尾椰子（*Wodyctia bifurcata*）

别名称狐尾棕、二枝棕。棕榈科二枝棕属（或称狐尾椰子属）。原产于澳大利亚昆士兰州及澳大利亚东南、西南及南部地区。我国华南及东南地区均有引种。

【特别观赏点】 叶羽状全裂，羽片再分裂，整片复叶远看似狐狸尾巴，极具观赏性。

【植物形态特点】 为常绿乔木。株高 10～20 米。茎单生，上具环状叶柄（鞘）痕。叶羽状全裂，羽片多数，长线形，羽片再分裂，每羽片具数条纵向平行脉。果椭圆形，长5～8厘米，成熟后呈橙红色。

【种养作业历】

季·月份 项目	春			夏			秋			冬			备注
	2	3	4	5	6	7	8	9	10	11	12	1	
繁殖			——	（播种）	——								
定植			——	——	——								
整形	——										——	——	
施肥	——	——				（NPK 1次/1～2个月/生长期/盆株；1次/年/地栽）				——	——	——	
浇水	——	——	——				（保持盆土湿润勿过湿/生长期/盆株）			——	——	——	
放置场所	—— ——	（室内/北方） ——	—— ——	——		（室外/华南）		——	——	—— ——	（室内/北方） ——	—— ——	
花期或观赏期	——	——	——	——	——	（观叶/全年）		——	——	——	——	——	

【病虫害防治】 狐尾椰子病虫为害情况有待进一步调查。建议地栽的宜在冬、春植株尚未萌动前喷施杀虫杀菌剂（菊酯类杀虫剂与退菌特 1∶1，1 000 倍液）1～2 次，以防范于未然；盆栽的则结合换盆施毒土或淋药液预防。

30. 国王椰子（*Ravenea rivularis*）

别名称大力国王椰子。棕榈科国王椰子属。原产于非洲马达加斯加岛。我国华南地区有引种。

【特别观赏点】　性耐阴，室内盆栽极显优雅。

【植物形态特点】　为常绿小乔木。株高 5～9 米。茎干单生，挺直。羽状复叶，小叶线形，先端尖或截头，对生于中肋左右两侧，平展。

【种养作业历】

<table>
<tr><th rowspan="2">季·月份
项目</th><th colspan="3">春</th><th colspan="3">夏</th><th colspan="3">秋</th><th colspan="3">冬</th><th rowspan="2">备　注</th></tr>
<tr><th>2</th><th>3</th><th>4</th><th>5</th><th>6</th><th>7</th><th>8</th><th>9</th><th>10</th><th>11</th><th>12</th><th>1</th></tr>
<tr><td>繁　殖</td><td></td><td></td><td colspan="3">——（播种）——</td><td></td><td></td><td></td><td></td><td></td><td></td><td></td><td rowspan="8">修剪以及时剪除植株下部枯老叶为主，除冬春植株萌动前作全面清理外，生长期间均可进行</td></tr>
<tr><td>定　植</td><td></td><td></td><td colspan="3">————</td><td></td><td></td><td></td><td></td><td></td><td></td><td></td></tr>
<tr><td>整　形</td><td>——</td><td colspan="9">– – – – – – – – – – – – – – – – – –</td><td colspan="2">————</td></tr>
<tr><td>施　肥</td><td>——</td><td colspan="10">（NPK 1次/1～2个月/生长期/盆栽，1次/年/地栽，结合松土培土进行）</td><td>——</td></tr>
<tr><td>浇　水</td><td colspan="2">————</td><td colspan="7">（保持盆土湿润勿过湿/生长期/盆栽，清沟排渍/雨天/地栽）</td><td colspan="3">————</td></tr>
<tr><td rowspan="2">放置场所</td><td colspan="3">—（室内/北方）—</td><td colspan="6"></td><td colspan="3">—（室内/北方）—</td></tr>
<tr><td colspan="12">——————（室外/华南）——————</td></tr>
<tr><td>花期或观赏期</td><td colspan="12">——————（观叶/全年）——————</td></tr>
</table>

【病害防治】　病害为叶尖干枯病，可参照鱼骨葵病害防治。

31. 鸳鸯椰子

学名待定。棕榈科，归属待定。原产地尚待核查确定。广州珠江公园有引种。

【特别观赏点】 植株从基部开始分出两茎干各自向上生长，故得名。

【植物形态特点】 常绿小乔木。植株从基部起分出两茎干各自向上生长，不再分枝。广州珠江公园引种的植株生长良好，目前株高约6～7米。羽状复叶，聚生于茎顶部。

【种养作业历】

季·月份 / 项目	春			夏			秋			冬			备 注
	2	3	4	5	6	7	8	9	10	11	12	1	
繁 殖			——	（播种）	——								修剪以及时剪除下部枯黄老叶为主，生长期可随时进行，有助于减少养分消耗，促植株长高
定 植			——	——	——								
整 形	——										——	——	
施 肥	——	（地栽宜施足基肥，平时不必追肥，生长期结束后结合松土培土增施1次基肥）										——	
浇 水	——	（生长期保持土壤湿润勿过湿，雨天及时清沟排渍防涝，旱天适当补水）										——	
放置场所	——						（室外／华南）					——	
	——	（室内／北方）	——							——	（室内／北方）	——	
花期或观赏期	——						（观叶／全年）					——	

32. 鱼骨葵（*Arenga tremula*）

别名称散尾棕、香桄榔、山棕、矮桄榔。棕榈科桄榔属（或归砂糖椰属）。原产于菲律宾。我国华南、东南、西南地区有引种。

【特别观赏点】 茎密披棕褐色叶鞘纤维。羽状小叶边缘及顶端有啮蚀状锯齿，故名“鱼骨葵”。

【植物形态特点】 为常绿棕榈植物。茎丛生，高3～5米，其上密被棕褐色叶鞘纤维。叶片大型，羽状全裂，叶长5～8米；羽片多数，长35～50厘米，倒披针形，背面灰白色，边缘及顶端有啮蚀状锯齿。花橙色，具芳香。花期4～6月。果近球形，直径2～2.5厘米，熟时红至紫红色，内有种子1～3粒，果期6月至翌年3月。

【种养作业历】 参照鱼尾葵。

【病害防治】 病害为叶斑病、炭疽病。防治方法见附录。

33. 扇 榈（*Borassus flabellifer*）

别名称糖棕、扇叶糖棕、扇椰子。棕榈科糖棕属。原产于印度、缅甸、斯里兰卡。我国华南、东南及西南地区有引种。

【特别观赏点】 幼株期叶片扇状，缘具浅齿，未呈深裂，柄短；成株期叶片扇形、阔大掌状，深裂极明显，叶柄长。

【植物形态特点】 为常绿乔木。茎单生，粗大，高可达20～30米；茎上有呈“人”字形开裂的叶柄(鞘)残基及环状叶柄(鞘)痕。叶片聚生茎顶端，近扇形，掌状深裂，裂片多达近100片，披针形或线状披针形，先端2裂；中肋明显，叶柄长，基部扩大，叶鞘半抱茎，坚韧，边缘有齿刺。

果球形，直径15～20厘米，状如小椰子，熟时棕色。

【种养作业历】

季·月份 项目	春			夏			秋			冬			备注
	2	3	4	5	6	7	8	9	10	11	12	1	
繁殖			—	—									
定植			—	—	—								
整形											—	—	
施肥	—	—	—	(NPK 1次/月/幼株/盆栽;1次/年/成株)						—	—	—	
浇水	—	—	—	—	(保持盆土湿润勿过湿/盆株)				—	—	—	—	
放置场所	— —	(室内/北方) —	— —	— —	— (室外/华南)	(室外/北方) 	 	— —	— —	(室内/北方) —	— —	— —	
花期或观赏期	—	—	—	—	(观叶/全年)		—	—	—	—	—	—	

【病虫害防治】 病害为叶斑病及叶尖干枯病，虫害为咀嚼式口器和刺吸式口器害虫。防治方法见附录。

34. 棕榈（*Trachycarpus fortunei*）

别名称棕树。棕榈科棕榈属。原产于中国、缅甸。我国长江以南各地均有栽培。

【特别观赏点】 茎直立，单生。树干上部被黑褐色叶鞘纤维网所包裹。

【植物形态特点】 为常绿乔木。高达10～15米。茎直立，单生，树干上部被黑褐色叶鞘纤维网所包裹。根系较浅，主根不发达。叶片扇形，掌状深裂成30～50片裂片；裂片狭长，剑状线形；叶柄长60～70厘米，两侧具疏细齿。下部为棕皮所包裹。肉穗花序，下垂，多分枝。通常雌雄异株，也有同株的。花淡黄色，花期4～10月。果期10～12月。核果长圆形至肾形，直径1.5～2厘米，蓝黑色。

【种养作业历】

季·月份 / 项目	春			夏			秋			冬			备注
	2	3	4	5	6	7	8	9	10	11	12	1	
繁殖									—（播种）	—			
定植			—	——	——								
整形	——										——	——	
施肥	——	——	——	——	——	（NPK 1次/1～2个月/盆栽幼株；1次/年/成株）	——	——	——	——	——	——	
浇水	——	——	——	——	——	（保持盆土湿润勿过湿）	——	——	——	——	——	——	
放置场所	—— ——	（室内/北方） ——	—— ——	—— ——	—— ——	（室外/北方） （室外/南方）	—— ——	—— ——	—— ——	—— ——	（室内/北方） ——	—— ——	
花期或观赏期	——	——	——	——	——	（观叶/全年）	——	——	——	——	——	——	

【病害防治】 病害为干腐病、叶尖干枯病。防治方法见附录。

35. 朱蕉（*Cordyline* spp.）

别名称铁树、红叶铁树、红竹、千年木、青铁、朱竹、彩叶铁。龙舌兰科朱蕉属。原产于热带亚洲至大洋洲。我国南北均有栽培。

【特别观赏点】 叶聚生枝顶，叶面条纹多样，色彩丰富。

【植物形态特点】 为常绿灌木或小乔木。地栽的株高3～5米或更高；盆栽的0.5～1米为多。茎直立，细长，少分枝，单生或丛生；具肉质地下根茎，根白色。叶密，生于茎顶，宽或窄披针形，近革质，绿色或具各种色彩的条纹。

【种养作业历】

季·月份 / 项目	春			夏			秋			冬			备注
	2	3	4	5	6	7	8	9	10	11	12	1	
繁殖		——	——	——									
定植			——	——	——								
整形	——										——	——	
施肥	——	——	(NPK 1~2次月／盆栽幼株; NPK 1次／1~1.5个月／成株)								——	——	
浇水	——	——	——	(保持湿润／生长期；湿偏干／休眠期)						——	——	——	
放置场所	—(室内／北方)— ——	—— ——	—— ——	—— ——	(室外／北方) ——	 ——	—— (室外／华南)	—— ——	—— ——	——(室内／北方)— ——	 ——	 ——	
花期或观赏期	——	——	——	——		(观叶／全年)		——	——	——	——	——	

【病害防治】 病害为叶斑病、炭疽病、疫病。防治方法见附录。

36. 龙血树（*Dracaena* spp.）

别名称竹蕉、血竭树。龙舌兰科龙血树属。原产于亚洲、非洲、美洲热带地区。我国华南、西南和东南各省、自治区栽培相当普遍。

【特别观赏点】 株形、叶形、叶色和叶面斑纹多样，极具观赏性。

【植物形态特点】 为常绿灌木或乔木。茎直立，粗细不等，少数茎干长高后呈弯曲延伸。地栽自然株高，灌木状的多为2～4米不等，乔木状的株高可达12米以上。植株无地下茎，根呈橙红色或黄色为本属植物的最大特点。而与外观容易混淆的同科朱焦属植物迥然不同。叶片多数，密生，旋转排列或轮生或簇生于茎顶，无叶柄或有叶柄，呈或阔或窄披针形，绿色，纵条斑纹或星点有或无，半革质至革质，挺直或弯垂。

【种养作业历】

季·月份 / 项目	春			夏			秋			冬			备注
	2	3	4	5	6	7	8	9	10	11	12	1	
繁殖		—	—	—									
定植			—	—	—								
整形	—									—	—	—	
施肥	—	—	—	(NPK 1~2次/月/盆栽幼株;NPK 1次/1~1.5个月/成株)						—	—	—	
浇水	—	—	—	(保持盆土湿润/生长期；湿偏干/休眠期)						—	—	—	
放置场所	—(室内/北方)—		—	(室外/北方)			—	—	—	—(室内/北方)—			
	—	—	—	—	(室外/华南)				—	—	—	—	
花期或观赏期	—	—	—	—	(观叶/全年)				—	—	—	—	

【病虫害防治】 病害为叶斑病，虫害为红蜘蛛、粉虱。防治方法见附录。

37. 富贵竹（*Dracaena sanderiana*）

别名称仙达龙血树、辛氏龙血树、好运竹、万年竹。龙舌兰科龙血树属。原产于西非麦喀隆、刚果一带。近年在国内华南地区栽植较广，已成为当地年宵花卉。其茎段塔形组合或卷成曲枝，更使人喜爱有加。

【特别观赏点】 株形优雅，亭亭玉立，似竹非竹。可行多种造型，极富观赏性。

【植物形态特点】 为常绿亚灌木。高可达2米。茎干细直不分枝。外形似竹。叶片长披针形，似竹叶。叶面绿色，富光泽，也有沿叶缘镶嵌有斑纹的。

【种养作业历】

季·月份 / 项目	春			夏			秋			冬			备注
	2	3	4	5	6	7	8	9	10	11	12	1	
繁殖		—	—	—									室外注意遮光栽培
定植		—	—	—	—								
整形	—	—	—	—	—	—	—	—	—	—	—	—	
施肥	—	—	—	—	—	（施完全肥1次/月/生长期）	—	—	—	—	—	—	
浇水	—	—	—	—	—	（供足水保持盆土湿润勿受旱）	—	—	—	—	—	—	
放置场所	— —	— （室内/北方）	— —	— —	— —	（室内、外/华南） （室内、外/北方）	— —	— —	— —	— —	— （室内/北方）	— —	
花期或观赏期	—	—	—	—	—	—	（观叶/全年）	—	—	—	—	—	

【病害防治】 病害为叶斑病、茎腐病。防治方法见附录。

38. 红刺露兜树（*Pandanus utilis*）

别名称红刺林投、红章鱼树、麻露兜。露兜树科露兜树属。原产于非洲马达加斯加岛。华南地区有引种。

【特别观赏点】 植株具特殊的支持根，形态奇特。叶缘及主脉基部带刺钩。

【植物形态特点】 为常绿小乔木。株高4～5米，干分枝，上具轮状叶痕。主干下部生有粗大而直的支持根（气生根），生性强健。叶片从生于茎枝顶部，呈螺旋状着生，剑状披针形，一般长80～120厘米，宽4～8厘米，叶缘及主脉基部具红色锐钩刺。叶色大多全绿，也有斑纹的。雌雄异株，雄花序顶生成簇稍侧垂，苞片披针形，近白色。雌花序亦顶生，肉穗花序，具白色佛焰状苞，有香气。果为球形合果，成熟时呈黄色。

【种养作业历】

项目 \ 季·月份	春			夏			秋			冬			备注
	2	3	4	5	6	7	8	9	10	11	12	1	
繁殖			（分株）				（播种）						
定植			——	——									
整形					（对下部老叶随时酌加剪除）								
施肥			（NPK 1～2次/月/盆幼株；1～2次/年/成株）										
浇水				（保持盆土湿润勿使干燥/生长期；润而微干/休眠期）									
放置场所	（室内/北方）				（室外/华南）	（室外/北方）				（室内/北方）			
花期或观赏期					（花期）		（观叶/全年）						

【病虫害防治】 病害为叶斑病，虫害为蚜虫、蓟马等。防治方法见附录。

39. 木 棉（*Bombax malabaricum*）

别名称英雄树、红棉、攀枝花。木棉科木棉属。原产于中国、印度、印尼、马来西亚和大洋洲。我国华南、西南均有分布，尤以广西左江、右江一带及海南岛最多。

【特别观赏点】 树干挺拔，枝条平展，树形高大雄伟，花先叶开放，盛花时红花满枝，蔚为壮观。

【植物形态特点】 为落叶或常绿（广州以南）大乔木，株高达40米。树干挺拔，大枝轮生，枝条平展，幼干具圆锥形皮刺。叶片掌状复叶，互生；小叶5～7片，长椭圆形，端尖，全缘。花朵大，瓣5片，红色，厚肉质；花萼绿色，合生成杯状。蒴果5～6月成熟，长椭圆形，木质，内含棉花状纤维；种子黑色。

【种养作业历】

季·月份 项目	春			夏			秋			冬			备注
	2	3	4	5	6	7	8	9	10	11	12	1	
繁殖		——	——	——	——								水肥管理按常规即可，无须特别进行 无须多修剪，让其自然发展成木棉型株形即可
定植		——	——	——	——								
整形										——	——		
施肥	(NPK 1次／季／盆栽；腐熟土杂肥1次／年／地栽)												
浇水	(耐干旱，盆栽适度浇水，保持盆土湿润偏干；雨天防渍)												
放置场所	(室内／寒地／盆株)			(室外／寒地／盆株)					(室内／寒地／盆株)				
	(室外／华南)												
花期或观赏期	(观花)												

【病虫害防治】 病害为叶斑病，虫害为天牛。防治方法见附录。

40. 美丽异木棉（*Chorisia* spp.）

别名称美人树。木棉科丝绒木棉属。原产于南美洲巴西、阿根廷。我国华南地区已有引种。近年在公园、高等学校校园栽培较普遍。

【特别观赏点】 树干密生突刺，花姿艳丽，果似小型番木瓜，颇惹人爱。

【植物形态特点】 为落叶或常绿乔木（广州地区）。株高8～15米，树干密生刺突。掌状复叶，互生；小叶5～7枚，椭圆形，端稍尖突，缘具微齿。花朵较大，比木棉花稍小或相近，瓣5枚，舌状。花期为夏秋季，以秋季为盛（广州地区）。红花美人树花冠淡红至红色，近基部粉红至粉白色，夹有红色斑纹。白花美人树花冠乳白色至乳黄色，近基部偏橙色。

【种养作业历】

季·月份 / 项目	春			夏			秋			冬			备注
	2	3	4	5	6	7	8	9	10	11	12	1	
繁殖													10月至翌年2月/花期/广州（为2004～2005年笔者在广州红花美人树所见花期） 实线为盛花期，虚线为少数延至花期
定植													
整形													
施肥			(NPK 1次/月/生长期/幼株/盆栽;1次/2~3个月/生长期/成株/盆栽)										
浇水					(保持盆土湿润勿过湿/生长期/盆株；湿偏干/休眠期/盆株)								
放置场所		(室内/北方)			(室外/华南)	(室外/北方)					(室内/北方)		
花期或观赏期						花期/正常年份/华南					(花期/广州)		

【病虫害防治】 病害为叶斑病，防治方法见附录。虫害情况不明，有待进一步确证。

41. 发财树（*Pachira macrocarpa*）

别名称瓜栗、马拉巴栗、中美木棉、大果木棉、美国花生树。木棉科瓜栗属。原产于美洲热带的墨西哥、哥斯达黎加等地。近年华南地区广有栽培。

【特别观赏点】 叶片四季翠绿。用幼株3～5株茎干做辫状造型，别致美观。

【植物形态特点】 为常绿小乔木至乔木。地栽的株高8～20米，盆栽的高约2米，更有培育成株高仅30～50厘米的迷你型盆株。干直，基部膨大，枝条多轮生。掌状复叶，具总柄；小叶5～7片，呈矩圆状披针形，长近20厘米，无叶柄，全缘，近革质，翠绿油亮。花大，长达20多厘米，黄白色至淡黄色，花瓣条裂。4～5月（华南）或6～7月（华东）开花，7～8月果熟。

【种养作业历】

项目＼季·月份	春			夏			秋			冬			备注
	2	3	4	5	6	7	8	9	10	11	12	1	
繁殖		—	—	—									注意不时喷雾增加空气湿度 除夏日注意适当遮荫外，应给予充分光照，室内置光线明亮处
定植			—	—	—								
整形			—	—	—	—	—	—	—	—	—	—	
施肥	—	—	—	（1～2次/月/幼株期；不需施肥/成形株）						—	—	—	
浇水	—	—	—	（保持盆土湿润勿过湿/生长期；湿偏干/休眠期）							—	—	
放置场所	—	—	—	—	—	（室外、内/华南）		—	—	—	—	—	
	（室内/北方）								—	（室内/北方）		—	
花期或观赏期	—	—	—	—	（观叶/全年）		—	—	—	—	—	—	

【病虫害防治】 病害为叶斑病、根茎基腐烂病，虫害为鳞翅目幼虫。防治方法见附录。

42. 榕树（*Ficus* spp.）

桑科榕属。原产于亚洲热带地区。我国华南、西南地区广为栽培。

【特别观赏点】 树冠广阔，枝叶婆娑。其气根美，根蔓美，块根美，为华南风光代表树种之一，也是园艺造景中用途最多的树种之一。

【植物形态特点】 为常绿乔木。树高可达20～30米。盆栽则呈灌木状，分枝多，高1～3米。具发达的气生根。单叶互生，倒卵形至椭圆形，端尖或钝圆，革质，叶面平滑光亮，全缘。不同的种在叶片形状、大小、颜色、斑纹上都各有特点，差异较大。花单性，雌雄同株。果为浆果、球形，熟时红色。

【种养作业历】

季·月份 项目	春			夏			秋			冬			备注
	2	3	4	5	6	7	8	9	10	11	12	1	
繁殖		——	——										
定植			——	——	——								
整形				——	——	——					——	——	
施肥	——	——	——	（生长期每月施肥1次，秋冬控肥／盆栽）						——	——	——	
浇水	——	——	——	（生长期保持盆土湿润，夏季喷雾增湿，冬季湿偏干）							——	——	
放置场所	—— （室内／北方）	—— ——	—— ——	—— ——	（室外／华南） ——	—— （室外／盆栽／北方）	—— ——	—— ——	—— ——	—— ——	—— （室内／北方）	—— ——	
花期或观赏期	——	——	——	——	（全年室内外供观赏）				——	——	——	——	

【病虫害防治】 病害为叶斑病，虫害为灰白蚕蛾。防治方法见附录。

43. 印度榕（*Ficus elastica*）

别名称橡皮树、印度橡胶榕、印度橡皮树、缅树。桑科榕属。原产于印度、斯里兰卡、马来西亚和缅甸。华南地区中南部及云南西双版纳栽培较多，华南北部至华北广大地区只宜盆栽。

【特别观赏点】　四季常绿。叶片革质厚实，宽大如掌，富有光泽，为世界著名观叶树种。

【植物形态特点】　为常绿乔木。原产地树高可达30余米，主干粗壮，多气生根，小枝光滑。全身含乳汁。叶片长椭圆形，端尖，宽大如手掌，厚革质，全缘，叶面光亮，柄粗。幼芽红色，有苞片，嫩叶暗红色，老叶深绿色。

【种养作业历】

项目＼季·月份	春			夏			秋			冬			备　注
	2	3	4	5	6	7	8	9	10	11	12	1	
繁　殖			——	——									
定　植			——	——	——								
整　形	——			——	——							——	
施　肥	——	——	——	——	（避氮肥偏施过施，防徒长）			——	——	——	——	——	
浇　水	——	——	——	——	（生长期保持盆土湿润，夏日更要增湿）				——	——	——	——	
放置场所	——（其余地区室内）——			（华南中南部正常年份室外）（室　外）				——	——	（其余地区室内）——			
花期或观赏期	——	——	——	——	（全年供观叶）			——	——	——	——	——	

【病虫害防治】　病害为叶斑病，虫害为毒蛾。防治方法见附录。

44. 琴叶榕（*Ficus lyrata*）

别名称提琴叶榕。桑科榕属。原产于热带非洲。

【特别观赏点】 叶片阔大，形似提琴，别具一格。

【植物形态特点】 为常绿乔木。原产地树高可达10余米，盆株一般控制在1米左右。叶大如掌如扇，近革质，黄绿色至深绿色，全缘；中肋面凹背凸，侧脉亦明显，叶缘带波浪状，两面无毛。

【种养作业历】

季·月份 项目	春			夏			秋			冬			备注
	2	3	4	5	6	7	8	9	10	11	12	1	
繁殖		——	——										
定植			——	——									
整形	——		——	——							——	——	
施肥	——	——	（NPK 1次/月/生长期/盆幼株；1~2次/年/成株）							——	——	——	
浇水	——	——	——	（保持盆土湿润，勿长期过湿或干旱/生长期；润偏干/休眠期）							——	——	
放置场所	—（室内/北方）	——	——	——	—— ——	（室外/北方） （室外/华南）	—— ——	—— ——	—— ——	—— ——	（室内/北方） ——	—— ——	
花期或观赏期	——	——	——	——	（观叶/全年）		——	——	——	——	——	——	

【病虫害防治】 病害为叶斑病，虫害为螨类。防治方法见附录。

45. 亚里垂榕（*Ficus binnendijkii*‘Alii’）

别名称柳叶榕。桑科榕属。原产于我国台湾省，广州地区有引种。

【特别观赏点】 枝叶繁茂，叶如柳叶，四季常青。在广州地区近年成为观叶植物的新秀。

【植物形态特点】 为常绿小乔木。株高约5米。单叶互生，线状披针形，革质，全缘，淡红色，背主脉凸出，叶下垂。

【种养作业历】

季·月份 项 目	春			夏			秋			冬			备　注
	2	3	4	5	6	7	8	9	10	11	12	1	
繁　殖		——	——	——									
定　植			——	——									
整　形			——	——							——	——	
施　肥	——	——	——	(NPK 1次/15~20天/盆幼株；1~2次/年/成株)						——	——	——	
浇　水	——	——	——	(保持盆土湿润勿过湿/生长期；润偏干/休眠期)						——	——	——	
放置场所	——(室内/北方)—— ——	—— ——	—— ——	—— ——	(室外/北方) ——	—— (室外/华南)	—— ——	—— ——	—— ——	——(室内/北方)—— ——	—— ——	—— ——	
花期或观赏期	——	——	——	——	(观叶/全年)		——	——	——	——	——	——	

【病虫害防治】 有待今后查明。如发现，细察是否与榕树的相同，防治参照榕树。

46. 对叶榕（*Ficus hispida*）

桑科榕属。原产于菲律宾。我国华南地区有引种。

【特别观赏点】 叶片阔大，叶脉明显，表面粗糙。果密生于树干上。

【植物形态特点】 为常绿灌木或小乔木。在广州株高一般多为3～5米，茎直，但气生根不发达。单叶互生，宽大。成长叶长椭圆形，端尖，长20～22厘米，最宽处8.5～9厘米，具长2～3厘米的叶柄，叶正反两面均现粗糙，这是本种与榕属其他种最大的不同点。花单性，雌雄同株。果扁球形，未熟果绿色，成熟果黄色，横径2.5厘米，长2厘米，具长约2厘米的柄。茎干上结无数浆果，内含无数细小黄褐色种子。果可食。

【种养作业历】

季·月份 / 项目	春			夏			秋			冬			备注
	2	3	4	5	6	7	8	9	10	11	12	1	
繁殖		—(扦插或播种)—											
定植			——	——									
整形	——											——	
施肥	——	——	——	(NPK 1次/年/地栽头1~2年)					——	——	——	——	
浇水	——	——	——		(成活后一般无须浇水)				——	——	——	——	
放置场所	——	——	——	——	—(室外地栽/华南)—			——	——	——	——	——	
花期或观赏期	——	——	——	——	(观果/全年/华南)			——	——	——	——	——	

【病虫害防治】 病害为叶斑病，虫害为鳞翅目幼虫。防治方法参见附录。

47. 羊蹄甲（*Bauhinia* spp.）

别名称紫荆花。豆科羊蹄甲属。原产于亚洲热带地区，包括中国、越南、印度等国。我国华南地区广有栽培，成为当地习见的观赏树木，特别是广州和香港更为普遍。同属植物约250种。常见的有红花羊蹄甲、紫荆花等。后者1997年被香港特区选作区花。

【特别观赏点】 树冠平展如伞，枝条柔软飘逸，花茂色艳。

【植物形态特点】 为常绿（广州）或半常绿乔木。株高5~10米，树冠平展如伞。叶片阔椭圆形，顶部开裂，宛如羊蹄，故名羊蹄甲。总状花序腋生或顶生，着生花数朵。花朵大，瓣5枚。花色有红、粉红、紫红、玫瑰红、黄、白等色或带有条纹或斑点。花期几全年，以夏、秋为盛。

【种养作业历】

季·月份 / 项目	春			夏			秋			冬			备注
	2	3	4	5	6	7	8	9	10	11	12	1	
繁殖		——	——	——									
定植			——	——	——								
整形	——											——	
施肥	——	——	(NPK 1~2次/生长期/幼株；1次/1~2个月/生长期/成株)							——	——	——	
浇水	——	——	——	(保持盆土湿润/生长期；湿偏干/休眠期)						——	——	——	
放置场所	(室内/北方) ——	—— ——	—— ——	—— ——	—— (室外/华南)	(室外/北方)	 ——	—— ——	—— ——	(室内/北方) ——	—— ——	—— ——	
花期或观赏期	------	——	——	——	(花期)		——	——	——	——	------	------	

【病虫害防治】 病害为叶片失绿、叶斑病，虫害为夜蛾幼虫。防治方法见附录。

48. 凤凰木（*Delonix regia*）

别名称红花楹、火树、金凤。苏木科凤凰木属。原产于非洲马达加斯加岛。我国华南地区广有栽培，引种历史达100年以上。

【特别观赏点】 盛花时红花吐艳，满树如火，故有“火树”的雅称。

【植物形态特点】 为落叶至半落叶（广州地区）乔木。树高可达20米。树冠开展，伞形，枝叶繁茂，根系发达，生长快。二回羽状复叶，羽片和小叶均对生，分别达10～24对和20～40对。总状花序，花大，鲜红色，瓣5枚，其中1瓣内面为白色，并杂有短条状的红色斑纹。果为荚果，剑鞘形，成熟后不脱落。

【种养作业历】

季·月份 / 项目	春			夏			秋			冬			备注
	2	3	4	5	6	7	8	9	10	11	12	1	
繁殖		——	——										植株抗寒力极低，宜施完全肥，勿偏施氮肥，秋后应停止施肥，促幼株组织提早木质化，提高抗寒力
定植			——	——									
整形			——	——							——	——	
施肥	——	——	——	(NPK 1次／月／生长期／盆幼株;1次／年／成株)							——	——	
浇水	——	——	——	(保持盆土湿润／生长期／盆株；润偏干／休眠期)						——	——	——	
放置场所	——(室内／北方)——			——(室外／北方)——						——(室内／北方)——			
	——(室外／华南)——												
花期或观赏期				——(花期／华南)——									

【病虫害防治】 病害有茎基腐烂病，害虫有夜蛾等。防治方法见附录。

49. 白兰花（*Michelia alba*）

别名称白玉兰、白兰、缅桂、白缅兰。木兰科含笑属。原产于东南亚及印度次大陆等亚洲热带地区。我国引种历史悠久，华南地区广有栽培，成为当地重要香花。

【植物形态特点】 为常绿大乔木。株高20余米，树冠阔卵形，枝叶浓密。单叶互生，披针状长椭圆形，全缘，叶脉明显，色翠绿，薄革质。花腋生，含苞时形如纺锤，长3～4厘米，外包有绿色苞片。花瓣乳白色，狭长，较肥厚，通常12片。开花时，花瓣向外反转，具芳香。含苞待放时，香气更浓。

【种养作业历】

项目 \ 季·月份	春			夏			秋			冬			备注
	2	3	4	5	6	7	8	9	10	11	12	1	
繁殖			——	——	——	——							
定植				——	——	——							
整形	——											——	
施肥	——	——	——	(NPK 1次/15天/生长期/幼株；2~3次/年/盆栽成株)						——	——	——	
浇水	——	——	——	(保持盆土湿润/生长期；盆土偏干/休眠期)						——	——	——	
放置场所	(室内/北方)		——	——	——	(室外/北方)		——	——	(室内/北方)		——	
	——	——	——	——	——	——	(室外/华南)		——	——	——	——	
花期或观赏期				——	——	——	(花 期)		——				

【病虫害防治】 病害主要有叶片炭疽病及其他真菌性叶斑病，虫害主要有绵蚜、介壳虫等。防治方法见附录。

50. 荷花玉兰（*Magnolia grandiflora*）

别名称广玉兰、大花玉兰、洋玉兰。木兰科木兰属。原产于北美东南部。引入我国已有百年以上，现南北均有栽培。

【特别观赏点】　花大，白色，状如白莲，香气浓郁。为优良的香花树种之一。

【植物形态特点】　为常绿乔木。树高达30米，树冠阔圆锥形。树干挺拔通直，枝条平展。叶片长椭圆形，阔大如枇杷，端钝尖，全缘，革质，叶缘稍卷或呈微波状。叶面深绿，滑亮。花单生枝顶，白色，含苞待放时近拳头般大，开放时大如白莲，花被6枚，浓郁芳香。花期5～8月，果10月成熟。

【种养作业历】

季·月份 项目	春			夏			秋			冬			备注
	2	3	4	5	6	7	8	9	10	11	12	1	
繁殖			—	—					—				
定植			—	—				—	—				
整形	—											—	
施肥	—	—	—	（NPK 1次/月/生长期/幼株；1~2次/年/生长期/成株）						—	—	—	
浇水	—	—	—	（保持盆土湿润/生长期；湿偏干/休眠期）					—	—	—	—	
放置场所	—	—	—	—	（室外/江南、华南）			—	—	—	—	—	
花期或观赏期				—	—	—	—						

【病虫害防治】　病害为叶斑病，虫害为介壳虫。防治方法见附录。

51. 含 笑（*Miehlia figo*）

别名称含笑花、笑梅、含笑梅、香蕉花。木兰科含笑花属。原产于我国华南、江南、西南等地区。我国南北均有栽培。南方多露地栽植，并能安全越冬；北方以盆栽为主，冬季移置室内。

【特别观赏点】 枝叶密茂，四季葱茏。花小而圆，常开而不盛开，宛若含笑。色不妖艳，美不外露，香含口内，朴素典雅。

【植物形态特点】 为常绿灌木或小乔木。树高2～5米。树皮灰褐，分枝多。芽、幼枝、叶柄及花苞密生黄褐色茸毛。叶片互生，倒卵状椭圆形，端钝尖，全缘，革质，滑而亮。花单生于叶腋，花小，直立；花瓣6枚，肉质，乳黄色，边具紫晕，具香蕉味芳香。开花而不全放，待全开时即凋落。

【种养作业历】

季·月份 / 项目	春			夏			秋			冬			备注
	2	3	4	5	6	7	8	9	10	11	12	1	
繁殖		—	—	—	—	—	—	—					繁殖以压条法和扦插法为常用
定植			—	—	—	—							定植多在春、夏，具体时间视不同繁殖法所育出苗而定
整形	—						—	—	—			—	小型修剪宜经常进行，大型修剪宜春、秋进行
施肥	—	—	—	—	（在施足基肥后，春、秋各施肥1次）	—	—	—	—	—	—	—	
浇水	—	—	—	—	（宜保持盆土湿润 勿过湿）	—	—	—	—	—	—	—	
放置场所	（室内/北方）	—	—	—	（室外/北方）	—	—	—	—	—	（室内/北方）	—	
	—	—	—	—	（室外/华南）	—	—	—	—	—	—	—	
花期或观赏期			—	—	—								

【病虫害防治】 病害为叶斑病、枝枯病、煤污病等，虫害为介壳虫。防治方法见附录。

52. 夜合（*Magnolia coco*）

别名夜香木兰，为木兰科木兰属。原产于我国，尤以华南地区栽培普遍，长江流域各大城市则多盆栽。

【特别观赏点】 花冠乳白、质厚，花下垂而不完全开展；花期甚长；夜香尤为浓郁。

【植物形态特点】 为常绿灌木或小乔木。株高多1～2米，茎直立，多分枝。叶片互生，长椭圆形，端尖，全缘，革质。花朵腋生，下垂，不完全开展；花冠乳白色，质厚，夜间极香。花期甚长，几乎全年皆能开花，以夏季为盛。花蕾可熏茶或制香水。

【种养作业历】

季·月份 / 项目	春			夏			秋			冬			备注
	2	3	4	5	6	7	8	9	10	11	12	1	
繁殖			—（高枝压条）—										扦插不易发根，多行高枝压条繁殖 切忌施用新鲜天然肥，以免肥害 华南地区几乎全年可开花，但以夏季为盛
定植				——									
整形	——										——	——	
施肥	——（生长期春夏季各施1次腐熟麸饼或复合肥，休眠期结合培土补施基肥）——												
浇水	——（适度浇水，生长期保持土壤湿润勿过湿，雨天及时排渍，休眠期湿偏干）——												
放置场所	—（室内／华北）—		——（室内外／华北）—— ——（室外／华南）——							—（室内／华北）—			
花期或观赏期				——（盛花期）——									

【病虫害防治】 病害有炭疽病，虫害有介壳虫。防治方法见附录。

53. 鹅掌柴（*Schefflera octophylla*）

别名称鸭脚木、小叶伞树、矮伞树。五加科鹅掌柴属。原产于中国福建、广东、台湾、海南、云南、贵州等省。我国华南、东南、西南各地普遍栽培。

【特别观赏点】 掌状复叶，老叶深绿，分层重叠，如鹅掌，如托盘，形态奇特，别具景致。

【植物形态特点】 为常绿乔木或灌木。高约15米，以3～5米为多见。树冠圆整。掌状复叶，互生；小叶柳5～9枚或6～10枚，柄短，长椭圆形，端尖，浓绿色或散布深浅不一的黄色斑纹。伞形花序，结成大圆锥形花丛。小花白色，芳香。花期11～12月。浆果，球形。

【种养作业历】

季·月份 项目	春			夏			秋			冬			备注
	2	3	4	5	6	7	8	9	10	11	12	1	
繁殖		——	——	——									
定植			——	——	——								
整形				——	——	——							
施肥	——	——	——	(NPK 1~2次/月/幼株；NPK 1次/季/成株)						——	——	——	
浇水	——	——	——	(保持盆土湿润/生长期；湿偏干/休眠期)						——	——	——	
放置场所	(室内/北方)	——	——	——	(室外/北方) (室外/华南)		——	——	——	(室内/北方)			
花期或观赏期	——	——	——	——	——	——	(观叶/全年)			——	——	——	

【病虫害防治】 病害为叶斑病，虫害为红蜘蛛。防治方法见附录。

54. 昆士兰伞树（*Schefflera actinophylla*）

别名称澳大利亚鸭脚木、放射叶鹅掌柴。五加科鹅掌柴属。原产于澳大利亚和新几内亚岛。我国华南地区近年有较多栽培。

【特别观赏点】　株高叶大。为室内大型盆栽观叶植物，尽显一派生机蓬勃的景象。

【植物形态特点】　为常绿乔木。株高可达30米以上。掌状复叶，小叶3～16枚，长椭圆形，基部具小叶柄，先端有短尖突，革质，深绿色。

【种养作业历】

项目 \ 季·月份	春			夏			秋			冬			备　注
	2	3	4	5	6	7	8	9	10	11	12	1	
繁　殖		—	—	—									
定　植			—	—	—								
整　形				—	—	—							
施　肥	—	—	—	(NPK 1~2次／月／幼株；NPK 各1次／春、秋／成株)						—	—	—	
浇　水	—	—	—	(保持湿润／生长期；湿偏干／休眠期)						—	—	—	
放置场所	(室内／北方) —	— —	— —	— —	(室外／北方) —	 (室外／华南)	— 	— —	— —	(室内／北方) —	— —	— —	
花期或观赏期	—	—	—	—		(观叶／全年)		—	—	—	—	—	

【病虫害防治】　病害为叶斑病，虫害为蚜虫、粉虱、红蜘蛛。防治方法见附录。

55. 幌伞枫（*Heteropanax fragrans*）

五加科幌伞枫属。原产于中国、印度、印尼、缅甸等国。我国以海南和广东、广西南部为主产地，华南各地均有栽培。

【特别观赏点】 为大型观叶植物。植株挺拔，亭亭如盖，远望如幌伞，雄伟壮丽。

【植物形态特点】 为常绿乔木，株高可达30米，单干直立，少分枝。叶为3～5回羽状复叶，大型，长达1米，主要聚生于植株顶部，也有聚生于茎干中、下部的。羽叶平展，椭圆形，先端渐尖，全缘，光亮无毛。

【种养作业历】

季·月份 / 项目	春			夏			秋			冬			备注
	2	3	4	5	6	7	8	9	10	11	12	1	
繁殖		—	—										
定植		—	—										
整形			—	—							—	—	
施肥	—	—	—	—	—	(NPK 2~3次／年／幼株／盆栽；1~2次／年／成株)	—	—	—	—	—	—	
浇水	—	—	—			(保持盆土湿润 勿过湿／生长期)			—	—	—	—	
放置场所	— —	(室内／北方) —	— —	— —	— —	(室外／北方) (室外／华南)	— —	— —	— —	— —	(室内／北方) —	— —	
花期或观赏期	—	—	—	—	—	(观叶／全年)	—	— —	(花 期) —	— —	—	—	

【病虫害防治】 尚缺少调查，发生为害情况不明，有待进一步弄清。

56. 南洋森（*Polyscias* spp.）

别名称福禄桐。五加科南洋森属。原产于太平洋群岛。我国广东、广西、海南、福建和台湾等地均有引种栽培。

【特别观赏点】 枝叶繁茂，分枝柔软而低垂，叶片与茎干奇特优美。为室内外优美的观叶植物。

【植物形态特点】 为常绿的灌木或小乔木。植株高3～7米，盆栽的多为1.5～2米。叶柄和茎部布满皮孔。叶互生，一回或多回羽状复叶。叶形、叶色、斑纹因品种不同而异。如圆叶南洋森一回羽状复叶，小叶阔圆肾形，叶缘具不规则浅裂，叶绿色光亮，常有白边。又如线叶（或称蕨叶）南洋森，为3～5回羽状复叶，小叶狭长，基部楔形，先端渐尖，叶缘疏生锯齿或浅裂，叶形似蕨非蕨，色泽碧绿，兼有香气。

【种养作业历】

项目 \ 季·月份	春			夏			秋			冬			备注
	2	3	4	5	6	7	8	9	10	11	12	1	
繁殖			——	——									
定植			——	——				——					
整形			——	——							——	——	
施肥			——(幼株期1次/15~20天，	成株1次/1~1.5月)	——	——	——	——					
浇水	)——	——	——		(保持盆土湿润)		——	——	—— ——	(保持盆土湿偏干			
放置场所	—— ——	——	——	——	——	(室外/华南南部地区)			—— ——	—— (室内/华中、华北)	——	—— ——	
花期或观赏期	——	——	——	——	——	——	(观叶)	—— ——(开花)	—— ——	——	——	——	

【病虫害防治】 病害为叶斑病，虫害为红蜘蛛。防治方法见附录。

57. 孔雀木（*Dizygotheca elegantissima*）

别名称手树、秀丽假五加。五加科孔雀木属。原产于大洋洲、太平洋诸岛。我国华南地区有引种，近年栽培较普遍。

【特别观赏点】 叶形似图案，迎风摇曳，颇为优雅。

【植物形态特点】 为常绿灌木或小乔木。株高可达3米多。掌状复叶，互生，小叶5～9片，线形，缘具疏锯齿。叶面暗绿色或铜红色。

【种养作业历】

季·月份 项目	春			夏			秋			冬			备注
	2	3	4	5	6	7	8	9	10	11	12	1	
繁殖			—	—				—					
定植				—	—								
整形				—	—	—							
施肥	—	—			(NPK 1次／月／生长期／幼株)				—	—	—	—	
浇水	—	—	—	—		(保持盆土湿润／生长期；偏干／休眠期)				—	—	—	
放置场所	—	(室内／北方)	—							—	(室内／北方)	—	
	—	—	—	—	(室外／北方)	—	—	—	—				
	—	—	—	—	—	(室外／南方)		—	—	—	—	—	
花期或观赏期	—	—	—	—	(观叶／全年)			—	—	—	—	—	

【病虫害防治】 病害为叶斑病，虫害为甲虫。防治方法见附录。

58. 垂柳（*Salix babylonica*）

别名称杨柳、柳树。杨柳科杨柳属。原产于我国。广泛分布于长江流域至华南地区，北京市也有分布。现世界各地均有栽培。

【特别观赏点】　冠容秀丽，枝长丝软，婀娜散垂，虽无香艳，然微风吹来，柳丝飘拂，景色诱人。

【植物形态特点】　为常绿（华南）至落叶乔木或灌木。树形优美，枝条柔韧。萌发力强，耐修剪，根系浅。叶片狭披针形，全缘，翠绿。雌雄异株，苞片全缘，无花被，有腺体。种子带白色茸毛，成熟后随风飘散。同属约500余种，我国约占一半，除本种垂柳外，常见的还有白柳、大白柳、黄柳、旱柳等。

【种养作业历】

季·月份 / 项目	春			夏			秋			冬			备注
	2	3	4	5	6	7	8	9	10	11	12	1	
繁殖	—（扦插）—			——	（播种）	——							
定植	——	——											
整形	——	——											
施肥	——	——	——	（根外喷施 KH_2PO_4+ 尿素几次 / 生长期 / 盆株）						——	——	——	
浇水	——	——	——	（保持盆土湿润 / 生长期；润偏干 / 休眠期）						——	——	——	
放置场所	——	——	——	——	（室外 / 华南、江南）			——	——	——	——	——	
花期或观赏期	——	——	——	——	——	（观叶 / 全年）			——	——	——	——	

【病虫害防治】　病害为叶斑病、锈病，虫害为蚜虫。防治方法见附录。

59. 银 柳（*Salix leucopithecia*）

别名称银芽柳、棉花柳。杨柳科柳属。原产于我国。在我国分布很广，长江流域南北尤多。

【特别观赏点】 盛开时花序密披银白色绢毛，十分美丽。

【植物形态特点】 为落叶丛生灌木。株高约2～3米，分枝稀疏。叶互生，披针形，长6～15厘米，半革质，叶背有毛，缘具细锯齿。雌雄异株，先花后叶，花芽肥大，苞片紫红色。柔荑花序，苞片脱落后露出银白色未开放的花序，形似毛笔，是观赏的主要部分。

【种养作业历】

项目 \ 季·月份	春			夏			秋			冬			备注
	2	3	4	5	6	7	8	9	10	11	12	1	
繁殖		——	——										
定植			——	——									
整形											—(1次/重剪/年)—		
施肥	——	——		(定植成活后、秋季、需开花前半个月各施肥1次)						——	——	——	
浇水	——	——	——		(干旱时即灌水1次)			——	——	——	——	——	
放置场所	——	——	——	——	(露地栽培)			——	——	——	——	——	
花期或观赏期	——										—(花 期)—		

【病虫害防治】 病害为褐斑病、锈病、煤污病，虫害为蚜虫、刺蛾。防治方法见附录。

60. 小叶黄杨（*Buxus sinica*）

别名称千年矮、瓜子黄杨、豆瓣黄杨。黄杨科黄杨属。原产于中国。长江流域及其以南地区广有栽植，现已遍及全国各地。

【特别观赏点】 树小枝繁，体态丰满。叶色葱茏，四季盎然，与金雀、迎春、绒针柏一起被誉为盆景“四大家”。

【植物形态特点】 为常绿灌木。树高可达4～7米，一般为1～2米。分枝低，小枝丛密，四棱形，绿色。其根系极发达。单叶对生，倒卵形，瓜子状，长3厘米，宽1.5厘米，端钝圆带微凹，基部楔状，中脉明显，等分叶片为二。叶全缘，厚革质，数年不脱落。花小，黄绿色，簇生枝顶或叶腋。花期4月，果7月成熟，果具三角棱状突起。

【种养作业历】

项目＼季·月份	春			夏			秋			冬			备注
	2	3	4	5	6	7	8	9	10	11	12	1	
繁殖		——	——				——	——					
定植			——	——									
整形										——	——	——	
施肥	——	——	（N各1次／春、夏／盆株；NPK 1次／入秋／盆株）							——	——	——	
浇水	——	——	——	（四季均需保持盆土湿润，既勿过湿，也勿过干）						——	——	——	
放置场所	（室内／北方）		——	——	（室外／北方） （室外／华南）		——	——	——	（室内／北方）	——	——	
花期或观赏期	——	——	——	——	（观叶／全年）		——	——	——	——	——	——	

【病虫害防治】 病害为叶斑病、根结线虫病，虫害为介壳虫。防治方法见附录。

61. 红绒球（*Calliandra haematocephala*）

别名称朱缨花。含羞草科朱缨花属（也有归豆科朱缨花属）。原产于南美洲。华南地区广有栽培。

【特别观赏点】 花丝红色，呈放射状伸出，外观宛如一个红色绒球。开花时红球满生枝顶，格外显眼。

【植物形态特点】 为常绿灌木。高2～3米，多分枝。叶互生，羽叶1对，呈叉状伸出。每羽叶有偶数对生小叶12枚。小叶长近4厘米，宽1.2～1.5厘米，近弯月形，一侧较平直，另一侧呈弧形弯曲，端钝尖，全缘，半革质，中脉偏于一侧，柄极短，几近无柄。嫩叶黄绿色，老叶深绿色。花红色，外观如红色绒球，由无数放射状伸出的花丝构成。谢花后花丝变黑色，易脱落。

【种养作业历】

项目 \ 季·月份	春			夏			秋			冬			备注
	2	3	4	5	6	7	8	9	10	11	12	1	
繁殖			——	——									
定植			——	——									
整形			——	——									
施肥	——	——	(NPK 1次/1~2个月/生长期/盆幼株；1次/年/收花后/成株)								——	——	
浇水	——	——	(保持盆土湿润/生长期/盆株)				——	——	——	——	——	——	
放置场所	——	——	——	——	(室外/华南)		——	——	——	——	——	——	
花期或观赏期	—(花 期)—								——	(花 期)		——	

【病虫害防治】 病害有待确证。虫害估计由一些夜出性害虫咬食为害，亦有待确证。

62. 南洋楹（*Albizia falcataria*）

别名称绒花树。豆科合欢属（或归含羞草科）。原产于印度尼西亚及南洋群岛。我国华南地区早有引种。有的高达40余米。主干粗壮，两人也难以环抱。

【特别观赏点】 树干高大，树冠幅达20～30米，伞形，远看极其雄伟。

【植物形态特点】 为落叶至半落叶大乔木。高可达40余米，冠幅达20～30余米，伞形；分枝粗，枝条开展，生长迅速，但不抗强风。叶互生，二回偶数羽状复叶，长30～40厘米，羽片11～20对，小叶18～20对，细小；叶柄基部及总轴中部有腺体。花无柄，数朵排成穗状花序，或多穗再集成圆锥花序，腋生。花冠绒球状，淡白色。春末初夏开花，夏季结果。荚果线状，开裂。

【种养作业历】

季·月份 / 项目	春			夏			秋			冬			备注
	2	3	4	5	6	7	8	9	10	11	12	1	
繁殖				—	（播种）	—							植株长至5～6米以上无须多管理
定植			—	—									
整形	—										—	—	
施肥	—	—	（NPK 1次/1～2个月/幼株期；1次/年/成株）	—	—	—	—	—	—	—	—	—	
浇水	—	—	—	（保持植地土壤湿润勿过湿，雨季注意防涝）	—	—	—	—	—	—	—	—	
放置场所	—	—	—	—	（室外/全年/华南）	—	—	—	—	—	—	—	
花期或观赏期	—	—	（观花/华南）	—	—	（观叶/全年）	—	—	—	—	—	—	

【病虫害防治】 病害为槲寄生，虫害为鳞翅目尺蛾。防治方法见附录。

63. 细叶萼距花（*Cuphea hyssopifolia*）

别名称满天星、雪茄花。千屈菜科萼距花属。原产于中南美热带地区。我国华南地区近年多有栽培，做花坛布景或做绿篱。

【特别观赏点】 花小而多，盛开时远看紫红一片，近看如繁星满天。

【植物形态特点】 为常绿草本。植株矮小，茎直立，分枝特多而细密。叶片对生，细小，长1～2厘米，长椭圆形，全缘，端钝尖，色翠绿。花单生于叶腋，细小，紫色或紫红色，高脚碟状。

【种养作业历】

季·月份 / 项目	春			夏			秋			冬			备注
	2	3	4	5	6	7	8	9	10	11	12	1	
繁殖		——	——	——				——	——				
定植			——	——	——			——	——				
整形			——	——	——						——	——	
施肥	——	——	——	(NPK 1次/15~20天/幼株生长期；2~3次/成株生长期)						——	——	——	
浇水	——	——	——	(缓苗前及夏季盆土保持湿润，余湿偏干)						——	——	——	
放置场所	——	——	——	——	(室外/华南)		——	——	——	——	——	——	
花期或观赏期	——	——	——	——	——	(花期/华南)		——	——	——	——	——	

【病虫害防治】 病害有枝枯病，虫害有鳞翅目幼虫。防治方法见附录。

64. 小叶紫薇（*Lagerstroemia indica*）

别名称满堂红、百日红、痒痒树。千屈菜科紫薇属。原产于中国、东南亚和澳洲。我国华东、华中、西南、华南地区均有分布。全国各地普遍栽植。

【特别观赏点】 枝干光滑，花繁色艳，花期长。若轻摸树身，枝梢即微微颤动，故别名痒痒树。

【植物形态特点】 为落叶灌木或小乔木。株高可达7米，枝干多扭曲。因表皮片状剥落而呈灰绿色光洁。幼枝略呈四棱形。单叶互生或对生，绿色，卵圆形，全缘，几无叶柄。圆锥花序顶生，一枝可开花50～60朵，花白色、淡红色或紫色，花边皱褶，瓣6枚；萼绿色，钟状，6裂，红蕊多枚，长短不一，花径3～4厘米。蒴果圆球形，9～11月果熟。

【种养作业历】

季·月份 项目	春			夏			秋			冬			备注
	2	3	4	5	6	7	8	9	10	11	12	1	
繁殖			——	——	——	——	——	——	——				
定植	——	——	——					——	——	——			
整形	——									——	——	——	
施肥	——	(1次/30～45天/生长期)			——	——	(1～2次/花期)		——	——			
浇水	——	(保持盆土湿润/幼苗幼树)				——	(1次/5～7天/花期)			——			
放置场所	——	——	——	——		(室 外)		——	——	——	——	——	
花期或观赏期						——	——	——	——	——			

【病虫害防治】 病害为白粉病、煤烟病，虫害为刺蛾。防治方法见附录。

65. 大叶紫薇（*Lagerstroemia speciosa*）

别名称大花紫薇。千屈菜科紫薇属。原产于印度、斯里兰卡、马来西亚等热带亚洲低湿地及沿河冲积地。我国华南地区有栽培。

【特别观赏点】 叶大。花大，色艳，花期长。夏秋之交，繁花满枝，为华南的一大景观。

【植物形态特点】 为常绿或短期落叶乔木。树高可高达20米，树冠宽阔如盖。但在我国华南地区，热量较原产地低，自然株高及分枝均较矮。叶片阔大如掌，卵圆形，端尖，全缘，绿色，叶柄短。圆锥花序枝顶生，每花序有花数10朵。花大，瓣平展，边缘呈波浪状皱褶，盛开时繁花满树。蒴果圆球形，冬、春陆续成熟。

【种养作业历】

季·月份 / 项目	春			夏			秋			冬			备注
	2	3	4	5	6	7	8	9	10	11	12	1	
繁殖		(播种)											
定植			——	——									
整形	——									——	——	——	
施肥	——	——	——	——	(＞2~3次/年)			——	——	——	——	——	
浇水	——	——	——	(保持土壤湿润/幼苗期：1次/1~2个月/成株及花期)								——	
放置场所	——	——	——	——		(室外)		——	——	——	——	——	
花期或观赏期					——	——	——	——	——	——			

【病虫害防治】 病害为叶斑病，虫害为蛾类幼虫、介壳虫。防治方法见附录。

66. 指甲花（*Lawsonia inermis*）

别名称散沫花、染指甲、番桂、梦栖。千屈菜科指甲花属。原产于北非、西南亚和大洋洲。我国华南地区广有栽培，台湾南部嘉义、台南、高雄一带亦常见。

【特别观赏点】 花虽小而极芳香，傍晚尤烈。

【植物形态特点】 为常绿灌木。株高1～3米。枝条圆滑，自然分枝多，生性强健。叶片对生或3枚轮生，长椭圆形，基部楔形，先端尖锐，全缘。圆锥花序，顶生或腋生。花小，绿白色或乳白色，具芳香，傍晚尤烈。花期5～8月。

【种养作业历】

季·月份 / 项目	春			夏			秋			冬			备　注
	2	3	4	5	6	7	8	9	10	11	12	1	
繁　殖		——	——	——									
定　植			——	——	——								
整　形			——	——	——			——	——	——	——	——	
施　肥	——	——	（NPK 1次/2～3个月/生长期/幼株；1次/年/成株）							——	——	——	
浇　水	——	——	——	（保持盆土湿润勿过湿/生长期；湿偏干/休眠期）						——	——	——	
放置场所	（室内/北方） ——	—— ——	—— ——	—— ——	—— ——	（室外/北方） （室外/华南）	—— ——	—— ——	—— ——	（室内/北方） ——	—— ——	—— ——	
花期或观赏期				——	（花　期）		——						

67. 栀子花（*Gardenia* spp.）

别名称栀子、水横枝、越桃、木丹、林兰、鲜支、小黄枝、黄枝花、山黄栀、黄栀花、白蟾花、白蝉、山栀子。茜草科栀子属。原产于中国，越南和日本。我国南北均有栽培，尤以长江流域及江南各省为普遍。

【特别观赏点】 叶色翠绿，光滑可鉴，能吸收二氧化硫、氯气等有害气体。花洁白如碧玉簪。花瓣将开时如旋瓦覆盖，开后平展如托盘，姿态别致，浓郁芳香。

【植物形态特点】 为常绿灌木，高1～3米，干灰色，小枝绿色。叶片对生或3叶轮生，长椭圆形，茎部宽楔形，端渐尖，全缘，革质，面滑光亮。花单生，顶或叶腋生。花冠高脚碟状，白色，浓郁芳香。花期5～8月。果红色，卵形，具纵棱。

【种养作业历】

项目＼季·月份	春			夏			秋			冬			备注
	2	3	4	5	6	7	8	9	10	11	12	1	
繁殖		—	—	—	—								夏季应遮荫防烈日曝晒，并喷雾降温增湿
定植		—	—	—	—	—							
整形	—	（换盆、摘心）	—					—	（花后修剪）				
施肥	—	（1次/20～30天）	—	—	（1次/10～15天）	—	—	—	—	（少施或不施）	—	—	
浇水	—	—	—	—	（保持盆土湿润勿过湿）	—	—	—	—	—	（湿润偏干）	—	
放置场所	（室内/北方）	—	—	—	—	（室外/北方）	—	—	—	—	（室内/北方）	—	
	—	—	—	—	（室外/华南）	—	—	—	—	—	—	—	
花期或观赏期				—	—	—	—						

【病虫害防治】 病害为黄化病、炭疽病，虫害为介壳虫。防治方法见附录。

68. 龙船花（*Ixora chinensis*）

别名称山丹、英丹花、水绣球。茜草科龙船花属。原产于亚洲热带地区，包括中国、印度等国。我国华南地区有野生。近来做观赏花木栽培，发展很快。

【特别观赏点】　数十朵小花聚生于聚伞花序上，形如绣球。花色多样，美丽诱人。

【植物形态特点】　为常绿小灌木。高0.5～2米。单叶对生，椭圆状披针形，端钝尖，全缘。伞房状聚伞花序，顶生，数十朵小花聚生其上，形如绣球。小花高脚碟状，筒细长，裂片4枚。有红、橙、橙黄、白、粉红等颜色。果为浆果，近球形，熟时黑红色。

【种养作业历】

季·月份 / 项目	春			夏			秋			冬			备注
	2	3	4	5	6	7	8	9	10	11	12	1	
繁殖		——	——										
定植			——	——	——								
整形	——		——	——	——							——	
施肥	——	——			（NPK 1～2次/月/幼株；1次/月/开花株）					——	——	——	
浇水	——	——	——			（保持盆土湿润/生长期；盆土偏干/休眠期，不时喷水）					——	——	
放置场所	——（室内/北方） ——	—— ——	—— ——	—— ——	—— ——	（室外/北方） （室外/华南）		—— ——	—— ——	——（室内/北方） ——	—— ——	—— ——	
花期或观赏期		——	——	（花　期）		——	——	——	——				

【病虫害防治】　病害为叶斑病，虫害为蚜虫、蓟马、介壳虫。防治方法见附录。

69. 希美利（*Hamelia patens*）

别名称小爆仗花、醉娇花。茜草科长隔木属。原产于巴拉圭等拉丁美洲诸国。我国已有引种，广州地区有普遍栽培。

【特别观赏点】 夏日红花盛开，衬托着翠绿叶片，引人注目。

【植物形态特点】 为常绿灌木至小乔木。株高0.5～3米。枝条细长分枝多，绿色至暗红色。单叶对生或轮生（近顶部叶片）。叶长椭圆形，全缘，端部钝尖，基部楔状带叶柄，宽4～5厘米，长8～17厘米（连柄）。叶绿色，薄革质，叶脉明显，面凹背凸。穗状花序，顶生，每序着花10多朵至数10朵。花红色至橙红色，花冠未绽开时呈长筒状，长2～3厘米，宽0.3～0.5厘米，基部由杯状花萼所托。

【种养作业历】

季·月份 / 项目	春			夏			秋			冬			备注
	2	3	4	5	6	7	8	9	10	11	12	1	
繁殖			——	——				——					
定植				——	——			——	——				
整形				——	——			——	——				
施肥	——	——	（NPK 1次/月/生长期/幼株；1～2次/生长期/成株）							——	——	——	
浇水	——	——	——	（保持盆土湿润勿过湿/生长期；湿偏干/休眠期）						——	——	——	
放置场所	（室内/北方） （室外/华南）			（室外/北方）						（室内/北方）			
花期或观赏期			——	（花期/华南）			——						

【病虫害防治】 病害有枝枯病，虫害有蚜虫，还有蜗牛为害。防治方法见附录。

70. 茉莉（*Jasminum sambac*）

别名称茉莉花、抹丽花、木梨花、抹厉、抹利、末丽、没利、梦您花、鬘华、三白、雪瓣、狎客、远客、狎品、暗麝、玉麝等。木犀科素馨属。原产于印度、阿拉拍半岛诸国。我国南方城镇广有栽培，尤以广东、福建更为普遍，为当地的主要香花。

【特别观赏点】　叶色翠绿。花色洁白。花形小巧玲珑，气味芬芳。

【植物形态特点】　为常绿至半落叶性灌木或藤本状灌木。高0.5～3米，幼枝具短柔毛。单叶对生，或3枚轮生(上部)，广卵形，端钝尖，全缘，碧绿色，面滑显光泽，薄纸质。聚伞花序，数朵至10余朵着生枝顶，花梗具柔毛；单瓣或重瓣；白色，具浓郁芳香。

【种养作业历】

季·月份 项目	春			夏			秋			冬			备　注
	2	3	4	5	6	7	8	9	10	11	12	1	
繁　殖			——	——	——	——	——	——	——				华南露地可安全越冬，江南冬季移室内，温度过低注意防寒，北方冬、春置室内，夏、秋置室外 肥水管理是茉莉种植能否成功的关键
定　植		——	——	——	——	——	——	——	——	——			
整　形	(换盆)	(摘心)	——					(重剪更新)	——				
施　肥	——	(1次/10~15天)	——	——	(1次/7~10天)	——	——	——	——	——	(少施或不施)	——	
浇　水	——	——	——	——	(保持盆土湿润勿过湿)	——	——	——	——	——	(湿润偏干)	——	
放置场所	——	(室外/北方)	——	——	(室外/北方)	——	——	——	——	——	(室内/北方)	——	
	——	——	——	——	——	——	(室外/江南)	——	——	——	(室内/江南)	——	
	——	——	——	——	(室外/华南)	——	——	——	——	——	——	——	
花期或观赏期				——	——	——	——	——	——	——			

【病虫害防治】　病害为炭疽病，虫害为卷叶蛾、红蜘蛛。防治方法见附录。

71. 桂 花（*Osmanthus fragrans*）

别名称木犀、岩桂、金粟。木犀科木犀属（或桂花属）。原产于我国西南部。长江流域各省广泛栽培，为我国传统10大名花之一。

【特别观赏点】 枝叶繁茂，四季常青。花虽小而芳香四溢，沁人心脾。

【植物形态特点】 为常绿灌木至小乔木。株高可达15米，盆栽的多为1～2米，树干灰色，皮光滑或稍粗糙。单叶对生，长椭圆形,基部楔形，柄短，尖端，缘具细齿，革质，翠绿。聚伞花序，丛生于叶腋。花细小,清香。花期花色视品种而异,以秋季及冬、春季为多（广州地区春节前后为桂花盛花期）。花色视品种而异，以黄白色至淡黄色为多见，白色和橘红色的为少见。

【种养作业历】

项目＼季·月份	春			夏			秋			冬			备注
	2	3	4	5	6	7	8	9	10	11	12	1	
繁殖		——	——	——	——	——	——						
定植		——	——	——	——	——	——	——					
整形	——		——	——							——	——	
施肥	——	——	——	（1～2次／月／幼株;	1次／月／开花株）					——	——	——	
浇水	——	——	——	（保持盆土湿润／生长期;	湿偏干／冬）					——	——	——	
放置场所	—（室内／淮河以北）— ——	 ——	—— ——	—— ——	（室外／淮河以北） ——	 （室外／淮河以南）		——	—— ——	—（室内／淮河以北）— ——	 ——	—— ——	
花期或观赏期	—— —（秋冬春／其他）—	——	——	——		（全年／四季桂）		—— ——	—— （秋、冬、春／其他）	——	—— ——	—— ——	

【病虫害防治】 病害为叶斑病，虫害为红蜘蛛、介壳虫。防治方法见附录。

72. 云南黄素馨（*Jasminum mesnyi*）

别名称迎春花、云南迎春。木犀科素馨属。原产于我国云南。我国西南、华南地区普遍有栽培。

【特别观赏点】 枝条柔软下垂，朵朵黄花迎寒开放，迎风摇曳，春意盎然，别具风光。

【植物形态特点】 为常绿藤状灌木。高可达3米。枝细长，柔软下垂，具四棱。植株萌发力强。叶片对生。小叶3枚，长椭圆状披针形，顶端1枚较大，具短柄；侧生2枚较小而无柄。叶绿色，叶面光滑。花单生，黄色，径3.5～4厘米，瓣6枚或稍多，呈半重瓣状，有香气。

【种养作业历】

季·月份 / 项目	春			夏			秋			冬			备注
	2	3	4	5	6	7	8	9	10	11	12	1	
繁殖	—	—	—	—									
定植		—	—	—									
整形	—					—	—			—	—	—	
施肥	—	—	—	（NPK 1次/月/生长期/幼株；1次/年/成株）						—	—	—	
浇水	—	—	—	（间干间湿，夏季保持盆土湿润，余稍偏干即可）						—	—	—	
放置场所	—	—	—	—	—	（室外/华南）		—	—	—	—	—	
花期或观赏期	—	（花　期）	—									—（花期）—	

【病虫害防治】 病害为叶斑病，虫害为介壳虫。防治方法见附录。

73. 假连翘（*Duranta repens*）

别名篱巴树。归马鞭草科假连翘属。原产于中南美洲热带。我国南方广有栽培。

【特别观赏点】 枝呈半攀援状；花小，高脚碟状，蓝紫色，尽显幽静娇艳；果橘红或金黄色，富光泽，悬挂枝头，如串串金粒，经久不落。观花、观果兼备，甚得人爱。

【植物形态特点】 为常绿灌木。株高可达6米，一般为2～3米。不直立，多分枝，呈半攀援状，枝上有刺或无刺。叶片对生，卵状椭圆形，端尖，近纸质。总状花序，顶生或腋生，花萼管状、蓝紫色，春季至冬季几乎均有花开。4～9月为主花期。核果球形，熟时红黄色，有光泽。

【种养作业历】

季·月份 / 项目	春			夏			秋			冬			备注
	2	3	4	5	6	7	8	9	10	11	12	1	
繁殖	——	——	——	——	——	（播种）	——	——	——	——	——	——	华南地区可露地栽培，华中、华北地区多行盆栽或温室栽培
	——	（扦插）	——	——									
定植		——	——	——									
整形	——	——	——	——	——	——	——						
施肥		（盆地栽均应施足基肥，生长期施肥1～2次，花期增施 KH_2PO_4 1～2次）											
浇水				（间干间湿浇水，保持盆土湿润，既不过湿，又不使受旱）									
放置场所	——	——	——	——	——	（室外/华南）	——	——	——	——	——	——	
	（室内/华北）		——	——	（室外/华北）	——	——	——	——	——	（室内/华北）	——	
花期或观赏期	- - -	- - -	——	——	——	主花期	——	——	- - -	- - -	- - -	- - -	

【病虫害防治】 病害主要有炭疽病，虫害主要有蚜虫等刺吸性害虫。防治方法见附录。

74. 尖叶木犀榄（*Olea cuspidata*）

别名称吉利木。木犀科木犀榄属（或称油橄榄属）。原产于我国云南、四川西部海拔600～2 800米的山地。现已作为园林花木普遍栽植于我国华南、西南各城市公园。

【特别观赏点】　分枝丛密，萌芽性极强，可修剪成圆球形、蘑菇形等各种造型而成为观叶造型植物的新秀，极富观赏性。

【植物形态特点】　为亚热带树种常绿灌木至小乔木。株高5～7米，一般以1～2米为多。小枝略呈四方形，分枝丛密，萌芽性极强，耐修剪。叶对生，狭长，端尖，长4～5厘米，宽0.8～1厘米，柄极短，全缘，绿色。

【种养作业历】

项目＼季·月份	春			夏			秋			冬			备注
	2	3	4	5	6	7	8	9	10	11	12	1	
繁殖		——	——	——									
定植			——	——									
整形	——	——	——	（一年四季均可进行）				——	——	——	——	——	
施肥	——	——	（NPK 1次/1～2个月/生长期/盆幼株；1～2次/年/成株）								——	——	
浇水	——	——		（保持盆土湿润/生长期；保持润偏干/休眠期）							——	——	
放置场所	—— （室内/北方） ——			——	（室外/北方）		——	——		—— （室内/北方） ——			
	——	——	——	——	（室外/华南）		——	——	——	——	——	——	
花期或观赏期	——	——	——	——	（观叶/全年）			——	——	——	——	——	
					—（花期）—			——（果期）——		——			

【病害防治】　病害为叶斑病、枝枯病。防治方法见附录。

75. 六月雪（*Serissa foetida*）

别名称碎叶冬青、满天星。茜草科六月雪属。原产于我国长江以南广大地区，近年北方亦有盆栽。

【特别观赏点】 叶小花小盛开时满树白点，在绿色衬托下宛如满天飞雪或繁星点点。

【植物形态特点】 为常绿或半常绿小灌木。株高不足1米，分枝繁多稠密，萌生力和萌蘖力强。叶片对生或簇生，细小，倒卵形，端具小尖突，绿色或镶边或花叶，因品种不同而异。花亦细小，净白或略带红晕。花冠漏斗状，瓣5枚，形如五角星。

【种养作业历】

季·月份 / 项目	春			夏			秋			冬			备注
	2	3	4	5	6	7	8	9	10	11	12	1	
繁殖		——	——	——	——	——	——	——	——				
定植			——	——	——	——	——	——	——	——			
整形	——									——	——	——	
施肥	——	——	——	(NPK 1~2次/月/生长期/幼株；2~3次/年/成株)						——	——	——	
浇水	——	——	——	(保持盆土湿润/生长期；湿偏干/休眠期)					——	——	——	——	
放置场所	——									——	(室内/华北)	——	
	——	——	——	——	——	——	(室外/华南)	——	——	——	——	——	
花期或观赏期				——	——	——	(花 期)	——	- - -	- - -			

【病虫害防治】 病害为叶斑病，虫害为介壳虫。防治方法见附录。

76. 山指甲（*Ligustrum sinense*）

别名称小叶女贞、中国女贞。木犀科女贞属。原产于我国。长江以南各地，华北西北地区亦有栽培。

【特别观赏点】 花簇生，细而多。花朵盛开时簇簇白花满枝梢，在绿叶衬托下别具一景。

【植物形态特点】 常绿灌木。株高1～5米。分枝多，萌蘖萌芽力强，耐修剪。单叶互生，卵椭圆形，端尖，绿色，全缘。圆锥花序，顶生。花细小，簇生，白色，稍具芳香。果为浆果状核果，秋、冬成熟。

【种养作业历】

项目 \ 季·月份	春			夏			秋			冬			备注
	2	3	4	5	6	7	8	9	10	11	12	1	
繁殖		——	(播、扦)	——					—	(播)—			
定植			——	——									
整形				——	——						——	——	
施肥	——	——	(NPK 1~2次/月/盆幼株；1~2次/年/成株)	——	——	——	——	——	——	——	——	——	
浇水	——	——	——	(保持盆土湿润勿过湿/生长期；湿偏干/休眠期)	——	——	——	——	——		——	——	
放置场所	——	——	——	——	(室外/华南)	——	——	——	——	——	——	——	
花期或观赏期			—(花期)	——	——	——							

【病虫害防治】 病害为叶斑病，虫害为蚜虫、螨类。防治方法见附录。

77. 叶子花（*Bougainvillea* spp.）

别名称宝巾花、三角梅、簕杜鹃、南美紫茉莉、洋紫茉莉、九重葛、三角花、贺春红。紫茉莉科叶子花属（或称九重葛属）。原产于南美洲巴西、秘鲁、阿根廷等国。我国引种已有百年历史，现南北均有栽培，已成为当地乡土树种。

【特别观赏点】 花形奇特，似花非花。3朵小花聚生于3枚合拢呈三角形的苞片中。苞片质如薄纸，似花瓣，形状似叶片，故名叶子花。花有红、紫、黄、橙、白、粉红及红白相间等色。

【植物形态特点】 为常绿攀援性灌木。株高2～10余米不等。枝干具弯刺。单叶互生，卵形，深绿色。聚伞花序生于梢顶，花细小，常3朵聚生于3枚合拢呈三角形的苞片中。苞片纸质，色泽多样而艳丽，形似叶片，成为该花的主要观赏部位。

【种养作业历】

季·月份 / 项目	春			夏			秋			冬			备注
	2	3	4	5	6	7	8	9	10	11	12	1	
繁殖		——	——	——			——	——					
定植			——	——	——	——	——	——					
整形	——					——	——	——		——	——	——	
施肥	——	(NPK 1~2次／月／幼株／盆栽；NPK 1次／月／花期·秋末冬季不施)	——	——	——	——	——	——	——	——	——	——	
浇水	——	——	(生长期保持盆土湿润勿过湿，夏日增加喷雾；秋末冬季应偏干)	——	——	——	——	——	——	——	——	——	
放置场所	(室内／北方) ——	—— ——	—— ——	——	(室外／华中、华北) (室外／华南中南部)		—— ——	—— ——	——	(室内／北方) ——	—— ——	—— ——	
花期或观赏期	——	——	——	——	——	(≥25℃全年有花观赏)	——	——	——	——	——	——	

【病虫害防治】 病害为叶斑病，虫害为红蜘蛛。防治方法见附录。

78. 倒挂金钟（*Fuchsia hybrida*）

别名称吊钟花、吊灯花、灯笼花、吊钟海棠、灯笼海棠。柳叶菜科倒挂金钟属。原产于中南美洲墨西哥、秘鲁、智利、阿根廷等热带高原地区。我国南北均有栽培。广州地区近年做春节用花甚为普遍。

【特别观赏点】　花形独特，常下垂如倒挂钟状，自成特色。

【植物形态特点】　常绿小灌木。株高30～150厘米。丛生，小枝细长。叶片对生或3叶轮生，卵状披针形，缘具疏齿。花腋生，花梗长，花朵倒垂。花萼筒状，萼裂4片，雌雄蕊伸出花瓣之外，花柱更长。单瓣或重瓣，花色多样，多为红紫色。

【种养作业历】

季·月份 项目	春			夏			秋			冬			备注
	2	3	4	5	6	7	8	9	10	11	12	1	
繁殖	—	—	—					—	—				
定植		—	—					—	—				
整形	—											—	
施肥	—	—	—	（春、秋生长期及花期施肥，夏休眠停施）					—	—	—	—	
浇水	—	—	—	（生长期及花期保持盆土湿润，夏季少或不浇）					—	—	—	—	
放置场所	—（室内/北方）—	—	—	（室外/华南；室外阴凉处/夏） （室外/北方；室外阴凉处/夏）					—	—（室内/北方）—			
花期或观赏期	—（华南）—										—（华南）—		

【病虫害防治】　病害为枯萎病、叶斑病，虫害为蚜虫、粉虱。防治方法见附录。

79. 黄蝉（*Allemanda* spp.）

别名称大花黄花夹竹桃。夹竹桃科黄蝉属。原产于南美洲巴西等国。引入我国已近百年，现南北均有栽培。

【特别观赏点】 盛放时绽开一簇簇鲜黄的喇叭形花朵，衬托着油亮的绿叶，分外引人注目。

【植物形态特点】 多年生常绿（南方）半蔓性灌木。株高1～4米不等，枝柔软弯垂，具白乳汁。叶片3～5枚轮生，偶有对生，长椭圆形至倒披针形，柄短，端尖，全缘，绿色。聚伞花序顶生，花冠橙黄色，喇叭状，大型，内具红褐色脉纹，冠筒基部不膨大或膨大。花期为4～12月（华南地区全年可观花）。

【种养作业历】

项目 \ 季·月份	春			夏			秋			冬			备注
	2	3	4	5	6	7	8	9	10	11	12	1	
繁殖			——	——				——	——				华南地区全年可观花
定植				——	——	——							
整形	——									——	——	——	
施肥	——	——	——	（幼株期以氮为主，成株花期增磷、钾）						——	——	——	
浇水	——	——	——	（生长期保持盆土湿润，休眠期湿偏干）					——	——	——	——	
放置场所	（室内／北方）	——	——	——（室外／北方）	——	——	——	——	——	——	（室内／北方）	——	
	——	——	——	——	——	（室外／华南）	——	——	——	——	——	——	
花期或观赏期	——	——	——	——	——	——	（花期／华南地区）	——	——	——	——	——	

【病虫害防治】 病害为煤烟病，虫害为介壳虫。防治方法见附录。

80. 红(白)花夹竹桃（*Nerium indicum*）

别名称柳叶桃、洋桃。夹竹桃科夹竹桃属。原产于伊朗和印度。我国引种历史悠久，在长江以南各省广为地栽，多已乡土化，也有作野生的。北方只宜盆栽或温室栽培。

【特别观赏点】 叶似竹非竹，花似桃而非桃，故名“夹竹桃”。

【植物形态特点】 为常绿灌木或小乔木。矮型者株高近1米，高型者可达5～6米。枝叶含有毒性的白色乳汁，枝干为典型的三杈分枝，经修剪可培育成“三杈九顶”的树形。叶对生（基部）或3枚轮生，窄披针形，中脉明显，侧脉羽状密生，肥厚革质，全缘，叶面深绿，背面浅绿。花序顶生。花冠深红色、粉红色或白色，单瓣5枚，喉部具5片撕裂状副花冠。

【种养作业历】

项目 \ 季·月份	春 2	春 3	春 4	夏 5	夏 6	夏 7	秋 8	秋 9	秋 10	冬 11	冬 12	冬 1	备注
繁殖		—	—	—	—								华南地区全年可观花
定植			—	—	—								
整形	—		—	—	—					—	—	—	
施肥	—	—	—	—	—	(NPK 1次／月／盆栽幼株；3次／年／盆栽成株)	—	—	—	—	—	—	
浇水	—	—	—	—		(生长期保持盆土湿润，休眠期湿偏干)				—	—	—	
放置场所	—	(室内／北方)	—	—	—	(室外／北方) (室外／华南)	—	—	—	—	(室内／北方)	—	
花期或观赏期	- -	- -	—	—	—	(华南)	—	—	—	—	- -	- -	

【病虫害防治】 病害为叶斑病，虫害为蓟马、蚜虫。防治方法见附录。

81. 黄花夹竹桃（*Thevetia peruviana*）

夹竹桃科黄花夹竹桃属。原产于西印度群岛及墨西哥等热带地区。我国南方各省均有栽培。

【特别观赏点】　叶狭似柳，青翠嫩绿，果如垂卵，花鲜黄，喇叭状。绿叶黄花杂以垂果，构成一幅美丽的图景。

【植物形态特点】　为常绿灌木或小乔木。株高约5米，全株具乳汁，有毒。枝柔软。单叶互生，狭披针形，全缘。聚伞花序顶生。花冠漏斗状，黄色，花期5～9月。花期特长，华南南部地区几乎全年均有花开放。

【种养作业历】

季·月份 项目	春			夏			秋			冬			备　注
	2	3	4	5	6	7	8	9	10	11	12	1	
繁　殖			——	——	——								
定　植				——	——	——							
整　形	——									——	——	——	
施　肥	——	——	——	——	(NPK 1次/月/幼株；3次/年/成株)	——	——	——	——	——	——	——	
浇　水	——	——	——	——	(保持盆土湿润/生长期)	——	——	——	——	(湿偏干/休眠期)	——	——	
放置场所	(室内/华中、华北) ——	—— ——	—— ——	—— ——	(室外/华中、华北) (室外/华南中南部)	—— ——	—— ——	—— ——	—— ——	(室内/华中、华北) ——	—— ——	—— ——	
花期或观赏期				——	(花期/华南中部)	——	——	——					

【病虫害防治】　病害为叶斑病，虫害为蓟马。防治方法见附录。

82. 狗牙花（*Ervatamia chinensis* Tsiang）

别名称马东花。夹竹桃科狗牙花属。原产于亚洲（包括中国、印度）、大洋洲热带地区。我国台湾、福建、海南、广东、广西、云南等地有分布，华南地区广有栽培。

【特别观赏点】 叶片翠绿至深绿，油亮；花净白素丽。白花掩映绿叶给人以安静闲雅之感。

【植物形态特点】 为常绿（华南）或落叶灌木。高1～1.5米，直立多分枝，富含乳汁。叶片对生，阔披针形，全缘，端锐尖，叶脉明显，叶面显波浪状皱纹。花顶生或腋生，白色，单瓣或重瓣，具芳香。花期3～10月。

【种养作业历】

季·月份 项目	春			夏			秋			冬			备注
	2	3	4	5	6	7	8	9	10	11	12	1	
繁殖		—	—	—									
定植			—	—	—								
整形	—									—	—	—	
施肥	—	—	—	—	—	—	—	—	—	—	—	—	
	（NPK 1次/15～20天/幼株生长期；1次/1～2个月/成株）												
浇水	—	—	—	—	—	—	—	—	—	—	—	—	
	（保持土壤湿润/生长期；湿偏干/休眠期）												
放置场所	—	—	—	—	—	—	—	—	—	—	—	—	
		（室外/中北部）								（室内/中北部）			
	—	—	—	—	—	—	—	—	—	—	—	—	
		（室外/华南）											
花期或观赏期		—	—	—	（花	期）	—	—	—				

【病虫害防治】 病害为叶斑病，虫害为蓟马、蚜虫。防治方法见附录。

83. 鸡蛋花（*Plumeria* spp.）

别名称缅栀、印度素馨、蕃仔花、鹿角树、寺院树。夹竹桃科鸡蛋花（或称缅栀）属。原产于美洲热带地区（墨西哥、危地马拉）、西印度群岛。我国华南地区广泛栽培，已成为当地风土树种。

【特别观赏点】 树形美观。冬季至初春，叶片落光后，光秃秃的树枝极像鹿角，故又称“鹿角树”。花朵芬芳，绿叶油亮，为著名的芳香观赏植物。

【植物形态特点】 为落叶小乔木。树高5～8米。枝粗壮肉质，受伤时会流出白乳汁。叶片互生，长椭圆形，端尖或稍钝圆（如越南鸡蛋花），叶大，长达20～30厘米，深绿，全缘。聚伞花序顶生。花冠漏斗状，5裂，呈旋转排列。白花的花冠外部白色，中心基部鲜黄色；红花的花冠内外呈鲜红色。

【种养作业历】

季·月份	春			夏			秋			冬			备　注
项目	2	3	4	5	6	7	8	9	10	11	12	1	
繁　殖		——	——	——									地栽的宜施足基肥，浇足定根水，以后一般无须考虑肥水管理
定　植			——	——									
整　形	——									——	——	——	
施　肥	——	——	——	（盆株生长期每1～2个月施肥1次）					——	——	——	——	
浇　水	——	——	——	（生长期保持盆土湿润稍偏干，雨后及时排积水）						——	——	——	
放置场所	——（室内／北方）—— ——	—— ——	—— ——	（室外／华南中南部）				——	—— ——	——（室内／北方）—— ——	—— ——	—— ——	
花期或观赏期				——	——（花　期）——	——	——	——	——				

【病虫害防治】 病害为叶斑病、病毒病，虫害为介壳虫。防治方法见附录。

84. 沙漠玫瑰（*Adenium obesum*）

别名称天宝花、沙漠蔷薇。夹竹桃科天宝花属或称沙漠蔷薇属。原产于非洲东部。我国有引种。华南地区近年多见。

【特别观赏点】 枝干肥厚肉质，状似苍古老树，姿美色艳，颇惹人爱。

【植物形态特点】 为落叶肉质小灌木。株高可达2米。盆株高30～80厘米。茎粗壮，多分枝，有的茎基特别膨大。盛花时全株几无1叶片。茎干富含有毒白乳汁，叶片簇生，倒卵形，肥厚，正面浓绿，背面浅绿。聚伞花序顶生，花漏斗形，5瓣，花色以红为主，色多样。花期4～9月。二度开花。

【种养作业历】

项目 \ 季·月份	春			夏			秋			冬			备注
	2	3	4	5	6	7	8	9	10	11	12	1	
繁殖		——	——	——	——	——							
定植			——	——	——	——							
整形										——	——	——	
施肥	——	——	(NPK 2~3次/生长期/幼盆株;KH_2PO_4 1~2次/花期)								——	——	
浇水	——	——	——	(少浇轻浇，保持盆土半干旱状态为佳)						——	——	——	
放置场所	(室内/北方)			(室外/北方) (室外/华南)						(室内/北方)			
花期或观赏期			(花期)					(花 期)					

【病虫害防治】 病害为叶斑病，虫害为介壳虫、卷心虫。防治方法见附录。

85. 扶 桑（*Hibiscus rosa-sinensis*）

别名称朱槿、朱槿牡丹、大红花、照面红、佛桑、土牡丹。锦葵科木槿属。原产于我国南部。我国南北均有栽培。华南多露地栽培，长江流域及其以北地区需温室越冬。现世界温带至热带地区均有栽植。

【特别观赏点】 花大多彩，长年吐艳。它既有蔷薇艳丽的色彩，又有牡丹富丽的姿态，素有“中国蔷薇“之称。

【植物形态特点】 常绿大灌木。地栽高可达6米，盆栽一般1～1.5米。茎直立，多分枝，叶片互生，阔卵形至窄卵形，端锐尖，具不规则粗齿，多呈碧绿色，少数斑叶，叶面具光泽。花单生于叶腋，阔漏斗形，花径10～17厘米，单瓣、重瓣、裂瓣，雄蕊柱伸出花冠之外。花色多样，以红色为常见。四季均可见花，有“无穷花”之称。

【种养作业历】

季·月份 项目	春			夏			秋			冬			备注
	2	3	4	5	6	7	8	9	10	11	12	1	
繁殖			(扦插)										幼株追肥以氮为主；开花株追肥宜增施磷、钾 生长旺盛季节盆土宜保持湿润勿过湿，冬季初春保持湿润偏干
定植			(定植)										
整形	(短截)			(打顶)							(造型)		
施肥				(幼树1次/15~20天；开花株1次/20天)							(少施或不施)		
浇水				(保持盆土湿润 勿过湿)							(湿偏干)		
放置场所	(室内/中北部)			(室外/中北部) (室外/华南南部地区)							(室内/中北部)		
花期或观赏期													

【病虫害防治】 病害为炭疽病、叶斑病、病毒病，虫害为堆粉介壳虫、白粉虱和蚜虫。防治方法见附录。

86. 变叶木（*Codiaeum variegatum*）

别名称洒金榕。大戟科变叶木属。原产于马来西亚、印尼及太平洋诸岛。我国华南、西南、东南各地区均有栽培。

【特别观赏点】 叶形叶色多变化，同一株亦可因生长期不同而变化，可谓一叶多态，一叶多色，极具观赏性。

【植物形态特点】 为常绿灌木。高1～2米，多分枝。单叶互生，厚革质。叶片形状、大小、颜色变化大。叶有椭圆形、卵形、线形、披针形等，全缘或分裂；扁平、波形或螺旋扭曲。叶色有黄、紫、绿、红、白等颜色。叶面具斑点、斑块或条纹。

【种养作业历】

季·月份 项目	春			夏			秋			冬			备注
	2	3	4	5	6	7	8	9	10	11	12	1	
繁殖		——	——	——									
定植			——	——	——								
整形	——											——	
施肥	——	——	——	（NPK 1～2次/月 盆栽幼株；1次/2个月/成株）						——	——	——	
浇水	——	——	——	（保持盆土湿润/生长期；湿偏干/休眠期）						——	——	——	
放置场所	—（室内/北方）— ——	—— ——	—— ——	—— ——	（室外/北方） （室外/华南）	 	—— ——	—— ——	—— ——	（室内/北方） ——	 ——	—— ——	
花期或观赏期	——	——	——	——		（观叶/全年）		——	——	——	——	——	

【病虫害防治】 病害为叶斑病，虫害为粉虱、蚜虫。防治方法见附录。

87. 红背桂（*Excoecaria cochinchinensis*）

别名称紫背桂、青紫木。大戟科海漆属（或称土沉香属）。原产于我国和越南。我国以华南地区的广东、广西栽培为多。

【特别观赏点】 1叶两色，叶正面深绿色，叶背面紫红色。为庭院常见的观叶植物。

【植物形态特点】 为常绿小灌木。株高0.5～1米多，多分枝，耐修剪。伤口处渗乳汁。单叶对生，矩圆状倒披针形，长7～12厘米，表面绿色，背面紫红色，叶缘具细齿。穗状花序，腋生。花小，初开时黄色，后变浅色。花期6～8月。

【种养作业历】

季·月份 / 项目	春			夏			秋			冬			备注
	2	3	4	5	6	7	8	9	10	11	12	1	
繁殖		—	—	—									
定植			—	—									
整形				—	—					—	—	—	
施肥	—	—	—	—	(NPK 2~3次／生长期／盆栽成株)				—	—	—	—	
浇水	—	—	—	—	(间干间湿，保持稍湿润／生长期)				—	—	—	—	
放置场所	— (室内／华北)	— (室内／华北)	— —	— —	(室外／华南) (室外／华中、华北)	(室外／华南) (室外／华中、华北)	— —	— —	— —	— (室内／华中、华北)	— (室内／华中、华北)	— (室内／华中、华北)	
花期或观赏期	—	—	—	—	— —	(全年观叶) (花期)	— —	—	—	—	—	—	

【病虫害防治】 病害为叶斑病，虫害为介壳虫。防治方法见附录。

88. 一品红（*Euphorbia pulcherrima*）

别名称圣诞红、圣诞花、象牙红、猩猩木、老来娇。大戟科大戟属。原产于墨西哥南部及中美洲热带地区。我国南北均有栽培，华南地区多作为春节用的年宵花卉。

【特别观赏点】 花期适逢圣诞节，故名圣诞花；其叶片翠绿，入冬后嫩枝近花处生出数张至10多张朱红色或黄白色的叶片，红绿或红黄相衬，大红色或黄色冠顶。此时植株显得老而艳丽，故有一品红、老来娇等雅名。

【植物形态特点】 为常绿灌木。株高约3米，盆栽则高不到1米。全株含白色乳汁。单叶互生，卵状椭圆形至提琴形，全缘或有浅裂，色翠绿。花序顶生，雌雄同株异花，雄蕊丛生，雌蕊单生。花小，不显著。花序下方则有叶状的轮生苞片，呈红色（常见）、黄色、乳白色等颜色，为植株的主要观赏部位。

【种养作业历】

季·月份 / 项目	春			夏			秋			冬			备注
	2	3	4	5	6	7	8	9	10	11	12	1	
繁殖													
定植													
整形													
施肥					（勤施薄施，前期以氮为主，后期增磷、钾）								
浇水						（适度浇水，防盆土过湿或过干，雨日防涝渍）							
放置场所	（室内／北方）					（室内、外／北方） （室外／华南中南部）				（室内／北方）			
花期或观赏期													

【病虫害防治】 病害为叶斑病、枝枯病，虫害为红蜘蛛。防治方法见附录。

89. 铁海棠（*Euphorbia milii*）

别名称虎刺、麒麟刺、虎刺梅。大戟科大戟属。原产于非洲马达加斯加岛。长江流域以南地区多有栽培。

【特别观赏点】 棱茎浑身长刺，红梅花朵朵开，别具一格。

【植物形态特点】 为常绿攀援状肉质小灌木。高1～2米。多分枝，树体富含白色乳汁。茎枝具棱带尖刺。叶片倒卵形，鲜绿，面光滑，全缘。二歧状复聚伞花序（2个或2个以上）生于枝条上部，花蕊细小、绿色，藏于总苞内。总苞肾形，多呈鲜红色，也有粉红、黄、白等颜色。

【种养作业历】

季·月份 / 项目	春			夏			秋			冬			备　注
	2	3	4	5	6	7	8	9	10	11	12	1	
繁　殖		—	—	—	—	—	—	—	—				
定　植			—	—	—	—	—	—					
整　形				—	—	—				—	—	—	
施　肥	—	—	—	（NPK 2~3次/生长期；少或不施/秋、冬）	—	—	—	—	—	—	—	—	
浇　水	—	—	—	（除夏日保持盆土湿润外，余均应偏干，雨后防涝渍）	—	—	—	—	—	—	—	—	
放置场所	— —	—	—	—	—	（室外/华南）	—	—	—	— —	（室内/北方） —	— —	
花期或观赏期	—	（花　期）		—	—							—	

【病虫害防治】 病害有枯萎病，虫害有介壳虫。防治方法见附录。

90. 米仔兰（*Aglaia odorata*）

别名称米兰、鱼子兰、珍珠兰、珠兰、茶兰、树兰、米碎兰、赛兰香、伊兰。楝科米仔兰（或树兰）属。原产于中国南部及东南亚。我国南北均有栽培。北方多行盆栽，冬季移入室内。广东、广西、福建、台湾、海南、湖南、云南、四川等地区普遍有栽培，但在昆明、桂林等地在露地难以安全越冬。

【特别观赏点】 枝叶清翠婆娑，花芳馥浓郁，可谓色香俱佳，格外诱人。

【植物形态特点】 为常绿灌木至小乔木。成株高3～7米。分枝多，嫩枝常披星状锈色麟片。奇数羽状复叶互生，小叶3～5枚，倒卵形，基部渐窄，端部钝圆，全缘，翠绿色，面滑光亮。圆锥形花序腋生。花黄色，密集于圆锥花序上，未开时形似粟米，开后清香四溢。

【种养作业历】

季·月份 / 项目	春			夏			秋			冬			备注
	2	3	4	5	6	7	8	9	10	11	12	1	
繁殖		——	——	（扦插或压条）		——							光照宜充足，室外至少也要半日照；室内置光线明亮处，不时移阳台接受阳光 生长期及花期保持盆土湿润，冬期盆土湿润偏干，雨后防积水 对肥要求不高，生长旺盛期及花期追肥2～3次即可
定植			——	——	——	——							
整形	——	——					——	——					
施肥	——	——	——	（生长期及花期追施2～3次）			——	——	——	（少施或不施）		——	
浇水	——	——	——	（保持盆土湿润勿过湿）			——	——	——	——	（湿润偏干）	——	
放置场所	—— ——	（室内／北方） ——	—— ——	—— ——	—— ——	（室外／北方） （室外／华南地区）	—— ——	—— ——	—— ——	（室内／北方） ——	—— ——	—— ——	
花期或观赏期				——	——	——	——	——	——				

【病虫害防治】 病害为炭疽病，虫害为天牛。防治方法见附录。

91. 海 桐（*Pittosporum tobira*）

别名称七里香、山瑞香、山矾。海桐科海桐属。原产于我国。长江流域及东南沿海各地广有栽培。

【特别观赏点】 株形圆整，四季常青，花味芳香，种子红艳。既是著名的观叶、观果植物，又是较好的环保树种(抗二氧化硫等有毒气体的能力强)。

【植物形态特点】 为常绿灌木至小乔木。株高 2 ~6 米。枝叶繁茂，树冠圆球形，株形圆整。单叶互生，小枝上部叶轮生。叶倒卵形，顶部钝圆或微凹，全缘，边缘反卷，厚革质，表面亮滑，深绿色。伞房花序，顶生。花小，径约1厘米，白色，有香气，5~6月开放。蒴果球形，长1~1.5厘米，具3棱，熟时3瓣裂，种子鲜红色。10月果熟。

【种养作业历】

季·月份 / 项目	春			夏			秋			冬			备 注
	2	3	4	5	6	7	8	9	10	11	12	1	
繁 殖	——	——	——							——	——	——	
定 植		——	——	——	——								
整 形	——					——	——				——	——	
施 肥	——	——	——	(NPK 1次／半个月／幼株；1次／1~2个月／成株)						——	——	——	
浇 水	——	——	——	(保持盆土湿润／生长期；湿偏干／休眠期)						——	——	——	
放置场所	(室内／北方) ——	(室内／北方) ——	—— ——	—— ——	—— ——	(室外／北方) (室外／华南)	—— ——	—— ——	—— ——	(室内／北方) ——	(室内／北方) ——	(室内／北方) ——	
花期或观赏期				——	——	(花 期)	——	——	- - -				

【病虫害防治】 病害为叶斑病，虫害为吹绵介壳虫。防治方法见附录。

92. 龙吐珠（*Clerodendrum thomsonae*）

别名称麒麟吐珠、珍珠宝莲、一点红、臭牡丹藤。马鞭草科赪桐属。原产于热带西非。我国引种历史虽短，但近年国内南北栽培广泛，已成为当地常见花木。

【特别观赏点】　花形奇特，白色的苞片合拢成小灯笼状。花朵盛开时，鲜红的花冠从苞片中探头而出，伸出长长的雌雄蕊，犹如游龙吐珠，故有“龙吐珠”之雅名。

【植物形态特点】　为半蔓性常绿灌木。株高0.5～5米。枝条柔软修长，嫩时呈四棱，老熟后变圆形。单叶对生，矩圆形，端尖，全缘，翠绿色，富有光泽。聚伞花序。苞片白色至乳白色，3枚合抱成角状灯笼；花冠鲜红色，筒状，端部开裂成4瓣；雌雄蕊细长，远离花冠之外。

【种养作业历】

项目 \ 季·月份	春			夏			秋			冬			备注
	2	3	4	5	6	7	8	9	10	11	12	1	
繁殖	——	——	——					——	——				南北方因地制宜抓好夏、冬季光温肥水养护
定植		——	——					——	——	——			
整形	——	——									——	——	
施肥	——	——	——	（幼株以氮为主，花期增施磷、钾）					——	——	——	——	
浇水	——	——	——	（保持盆土湿润／生长期；湿偏干／休眠期）					——	——	——	——	
放置场所	——	——	——	——	（室外／华南）	——	——	——	——	——	——	——	
	——	——											
			——	——	（室外／北方）	——	——	——		——（室内／北方）——	——	——	
花期或观赏期				——	——	——	——	——	——	——			

【病虫害防治】　病害为叶斑病，虫害为蚜虫。防治方法见附录。

93. 马缨丹（*Lantana camara*）

别名称五色梅、臭花、如意草、七变花。马鞭草科马缨丹属。原产于南美洲巴西。我国华南地区特别是海南省、广东西部、珠江三角洲等地村落常见散生，过去一般作为野花，近年则作为观赏花卉，广泛栽培。

【特别观赏点】　一花数色，常年吐艳，花叶繁茂，甚为绚丽。

【植物形态特点】　为半蔓性常绿灌木。高1～2米。茎枝四棱，上具短皮刺。植株萌发力强，耐修剪。单叶对生，卵形，端渐尖；叶面不平滑，两面披毛，手摸有粗糙感，搓揉叶片，可散发出强烈气味。头状花序顶生或腋出，由多数小花密集成半球形头状。花冠有黄、橙黄、深红、粉红、淡紫等颜色。几为全年开花。果圆球形，熟时紫黑色。

【种养作业历】

季·月份 项目	春			夏			秋			冬			备注
	2	3	4	5	6	7	8	9	10	11	12	1	
繁殖		——	——	——									
定植			——	——				——	——				
整形			——	——						——	——	——	
施肥	——	——	（NPK 1次／月／幼株生长期；2～3次／年／成株）							——	——	——	
浇水	——	——	——	——	（适度浇水，保持土壤湿润）				——	——	——	——	
放置场所	—— ——	—— ——	—— ——	—— ——	（室外／华南） （室外／华中、华北）		—— ——	—— ——	—— ——	—— （室内／华中、华北）	—— 	—— 	
花期或观赏期	——	——	——	——	（观花／华南）		——	——	——	——	——	——	

【病虫害防治】　病害为白粉病，虫害为介壳虫。防治方法见附录。

94. 金露花（*Duranta repens* ‘*Gdden Leaves*’）

别名称黄金叶。马鞭草科假连翘属。原产于南美洲（巴西等）、西印度群岛。我国南方广有栽培，多作为花坛布景或组成多式图案。

【特别观赏点】 嫩叶黄绿至金黄色。花小，紫蓝色。果橘红至金黄色，富有光泽，串串如佛珠，经久不落。为观叶、观花和观果均优的花卉。

【植物形态特点】 常绿小灌木。高2～3米，以近1米为多，不直立，半攀援性，多分枝。枝下垂或平展。萌芽力强，耐修剪。叶片对生，长卵圆形，较细小，金黄至黄绿色。近中上部叶缘具粗齿。花小，紫蓝色，高脚碟状。花期4～11月。果橙黄至橘红，富有光泽，近圆形，顶喙尖。

【种养作业历】

季·月份 / 项目	春			夏			秋			冬			备注
	2	3	4	5	6	7	8	9	10	11	12	1	
繁殖	——	——	——	——	——	——	——	——	——				
定植		——	——	——	（华南地区）		——	——	——	——	——		
整形	——				——	——	——						
施肥	——	——	——	（NPK 1～2次/月/幼株；2～3/生长期/成株）						——	——	——	
浇水	——	——	——	——	（保持土壤湿润/生长期）				——	——	——	——	
放置场所	（室内/华中、华北） ——	 ——	—— ——	—— ——	（室外/华中、华北） ——	 （室外/华南）	 ——	—— ——	—— ——	（室内/华中、华北） ——	 ——	 ——	
花期或观赏期			——	——	——	（花期/华南）	——	——	——	——			

【病虫害防治】 病害为叶斑病、白粉病，虫害有蚜虫。防治方法见附录。

95. 南天竹（*Nandina domestica*）

别名称南天竺、天竺。小檗科南天竹属。原产于我国，黄河以南各省均有分布。

【特别观赏点】 叶果秋前绿色，秋后转红；枝叶扶疏，红果累累，圆润光洁，为传统的观叶观果植物。

【植物形态特点】 为常绿灌木。株高2米余，以1米左右的为多见。茎直立，丛生，极少分枝，枝叶扶疏。3回奇数羽状复叶，互生，聚生于茎的上部；小叶椭圆状披针形，全缘，无柄，叶质薄，深绿色，秋后多转红。圆锥花序。小花白色，花期5～7月。果9～10月成熟，浆果，球形，鲜红。

【种养作业历】

季·月份 / 项目	春			夏			秋			冬			备注
	2	3	4	5	6	7	8	9	10	11	12	1	
繁殖		——	——										
定植			——	——	——								
整形	——											——	
施肥	——	——	——	(NPK 1～2次/月幼株；1次/1～2个月/成株)	——	——	——	——	——	——	——	——	
浇水	——	——	——	——	(保持湿润/生长期；湿偏干/休眠期)	——	——	——	——	——	——	——	
放置场所	—— ——	—— ——	—— ——	—— ——	(室外/北方) ——	—— (室外/华南)	—— ——	—— ——	—— ——	—— ——	(室内/北方) ——	—— ——	
花期或观赏期	——	——	——	——	——	——	(观叶观果)	——	——	——	——	——	

【病虫害防治】 病害为炭疽病等，虫害为介壳虫。防治方法见附录。

96. 阔叶十大功劳（*Mahonia bealei*）

别名称大叶黄柏、黄柏、水黄莲、黄心树。小檗科十大功劳属。原产于中国。江南各地及台北均有分布。

【特别观赏点】 枝干挺秀，叶形奇异，果色艳丽，为观赏植物之珍品。

【植物形态特点】 为常绿灌木，高3～4米。枝丛直立，全株无毛，萌蘖性强。奇数羽状复叶，呈伞形开展，小叶厚革质，无柄，阔长卵形，缘具大刺齿，略反卷，正面蓝绿色，背面黄绿色。总状花序簇生，花细小，褐黄色。果亦细小，卵形，浆果，暗蓝色，上披白粉。

【种养作业历】

季·月份 项目	春			夏			秋			冬			备注
	2	3	4	5	6	7	8	9	10	11	12	1	
繁殖		——	——					——	——				
定植			——	——				——	——				
整形	——										——	——	
施肥	——	——	——	（NPK 1～2次／生长期；增施腐熟有机肥作基肥／休眠）								——	
浇水	——	——	——	（保持盆土湿润 勿过湿／生长期）					——	——	——	——	
放置场所	——	——	——	——	——	（室外／江南）			——	——	——	——	
花期或观赏期	（花 期）	——	——							——	——	——	

【病虫害防治】 病害为叶斑病，虫害为枯叶蛾、大蓑蛾。防治方法见附录。

97. 金苞虾衣花（*Pachystachys lutea*）

别名称鸭嘴花、金苞花、黄虾花、珊瑚爵床、金苞银、麒麟吐珠、狐尾木。爵床科厚穗爵床属。原产于秘鲁。我国南北均有栽培。

【特别观赏点】　花的形态近似麒麟吐珠。花苞金黄色，花瓣洁白如玉，在金黄色的花苞上吐出朵朵白花，形态秀丽，花枝灿烂，楚楚动人。

【植物形态特点】　为常绿小灌木。株高1～2米。茎纤细，直立，多分枝。叶片对生，卵状椭圆形，端尖，全缘。穗状花序，枝顶生。苞片金黄，重叠着生。花冠白色，唇形细长，超出苞片，形似麒麟吐丝。四季开花，以4～5月为最盛。

【种养作业历】

季·月份 / 项目	春			夏			秋			冬			备注
	2	3	4	5	6	7	8	9	10	11	12	1	
繁殖		——	——										
定植			——	——	——								
整形	——										——	——	
施肥	——	——	——	（NPK 1～2次／月／生长期；	——	花期增喷磷酸二氢钾）	——	——	——	——	——	——	
浇水	——	——	——	（生长期保持盆土湿润，	——	休眠期湿偏干）	——	——	——	——	——	——	
放置场所	—— ——	—— ——	—— ——	—— ——	（室外／北方） ——	—— （室外／南方）	—— ——	—— ——	—— ——	（室内／北方） ——	—— ——	—— ——	
花期或观赏期	——	——	——	——	——	（观花／全年）	——	——	——	——	——	——	

【病虫害防治】　病害为叶斑病，虫害为蚜虫。防治方法见附录。

98. 金(银)脉爵床（*Aphelandra sguarrosa*）

别名称金脉单药花、金鸡腊、花叶爵床、斑马爵床、艳苞花。爵床科单药花属。原产于美洲热带秘鲁。我国南北均有引种。

【特别观赏点】 叶片脉纹美丽，金黄色或银白色；花黄色至金黄色，观叶与观花俱佳。

【植物形态特点】 为常绿小灌木。地栽株高50～80厘米，盆株高15～30厘米。茎直立，具分枝。叶片大，对生，卵状椭圆形，端尖，全缘，绿色，具光泽，有鲜明的黄白色或银白色叶脉。穗状花序，花梗长约40厘米，花呈4列着生。花冠唇形，淡黄色至金黄色。花期夏、秋季。为优良的室内外观叶观花俱佳的植物。其种类除金脉爵床外，还有银脉爵床。

【种养作业历】

项目 \ 季·月份	春			夏			秋			冬			备注
	2	3	4	5	6	7	8	9	10	11	12	1	
繁殖		(扦插)							(扦插)				
定植													
整形	(换盆)		(摘心促分枝)										
施肥							(NPK 1次/月/盆栽幼株；1次/2～3个月/盆栽成株)						
浇水							(保持盆土湿润勿过湿/生长期；湿偏干/休眠期)						
放置场所		(室内/北方)					(室外/北方) (室外/华南)				(室内/北方)		
花期或观赏期							(花　期) (观　叶)						

【病虫害防治】 病害为叶斑病、根腐病，虫害为蚜虫，还有蜗牛为害。防治方法见附录。

99. 乳茄（*Solanum mammosum*）

别名称五指茄、五代同堂茄。茄科茄属。原产于美洲热带。我国南方特别是华南地区近年广为种植。8～10月开花，10月至翌年春夏观果。成为当地春节、元宵节观赏佳卉。

【特别观赏点】 果形奇特，果色金黄，作为观果切枝或制成果塔供室内摆设。数10个黄澄澄的大小果共处一枝，有“儿孙满堂、幸福美满”之寓意，故名五代同堂。

【植物形态特点】 为常绿小灌木。株高1米许。茎披短茸毛，具皮刺。单叶对生，阔卵形，长10～15厘米，边缘不规则浅裂。花单生或数朵聚生叶腋，花冠钟状，5裂，径3.5厘米，青紫色。浆果，近圆锥形，基部具数个大小不一的乳头状突起，黄色或橙黄色。

【种养作业历】

季·月份 / 项目	春			夏			秋			冬			备注
	2	3	4	5	6	7	8	9	10	11	12	1	
繁殖	——	——	——										
定植		——	——	——	——								
整形			——	——	——	——							
施肥	——	——	——	(NPK 1次/15天/花前；PK2~3次/花果期)				——	——	——	——	——	
浇水	——	——	——	(保持盆土湿润 勿过湿/生长期)					——	——	——	——	
放置场所	——(室内/北方)—— ——	——	——	—— ——	—— (室外/华南)	(室外/北方) 	 	—— ——	—— ——	——(室内/北方)—— ——	——	——	
花期或观赏期	(观果)		——									——	

【病虫害防治】 病害为叶斑病，虫害为红蜘蛛、蚜虫。防治方法见附录。

100. 石 榴（*Punica granatum*）

别名称安石榴、海石榴、谢榴、丹若、金罂、若榴。石榴科安石榴属。原产于伊朗、阿富汗和东南欧地中海沿岸。2000多年前西汉张骞出使西域时从波斯（今伊朗）引入。现南北均有栽培，已成为广大地区的乡土树种。

【特别观赏点】 花繁叶茂，花艳丽如火。新叶嫩红，花期长，花后观果，果皮红润，形态美。

【植物形态特点】 为常绿（华南）或落叶灌木或小乔木。株高2～10米不等，以3～4米的居多。盆栽的1米左右，或更矮。树干灰褐色，小枝有角棱，无毛，末端常具刺。叶片对生在长枝上或簇生在短枝上，长椭圆形，端钝尖，全缘，无毛而富有光泽。新叶嫩红色，成叶碧绿色。花1至数朵生于枝顶或叶腋，花朵通常为朱红色，单瓣或重瓣；花萼钟形，顶端5～7裂，质厚。浆果近球形，径6～8厘米，古铜红色，果顶有宿存萼片。

【种养作业历】

季·月份 / 项目	春			夏			秋			冬			备注
	2	3	4	5	6	7	8	9	10	11	12	1	
繁殖		—	—	—	—			—	—				花期停止施肥，有助于减少落花 适度浇水，盆土宁干勿过湿，雨后及时清沟排渍防涝
定植			—	—	—	—			—	—			
整形	—									—	—	—	
施肥	—	—	（NPK 1次/30～50天/地栽；1次/15～20天/盆栽）							—	—	—	
浇水	—	—	—	（间干间湿，宁干勿过湿/盆株）					—	—	—	—	
放置场所	—	—	—	（室		外）	—	—	—	—（室内/盆株）—			
花期或观赏期		—	—	—	（花	期）	—	—					

【病虫害防治】 病害为褐斑病，虫害为毒蛾。防治方法见附录。

101. **山茶花**（*Camellia* spp.）

别名称山茶、茶花、玉茗花、耐冬、山椿、薮椿、海石榴洋茶、晚山茶、曼陀罗树、楂等。山茶科山茶属。原产于中国、日本、韩国。全国各地均有栽培。北方多行温室栽培，中部和南方各省多行露地栽培。

【特别观赏点】 四季常绿，树形多样，花色多样。花大艳丽、花期可达半年之久，如搭配不同品种，几乎终年有花，花色变化难料。

【植物形态特点】 为常绿灌木或乔木。株高达10～15米。树皮光滑灰白，枝条黄褐色，小枝绿色至绿紫色。单叶互生，革质，长椭圆形至卵形或倒卵形；基部楔状，端部短钝渐尖，缘具细齿，叶柄粗短。花顶生或腋生，单生或对生，径6～12厘米。花瓣视品种而异，单瓣或重瓣，形态、颜色多变。多数园艺品种不能结实。

【种养作业历】

季·月份	春			夏			秋			冬			备　注
项目	2	3	4	5	6	7	8	9	10	11	12	1	
繁　殖		—（扦插、嫁接）—											幼龄树修剪多在新梢萌发前；开花树修剪应花后进行 修根宜结合换盆进行，一般两年1次
定　植			————	————	————								
整　形	—(幼树)—			—（开花树）—			——（疏　蕾）——					—(幼树)—	
施　肥	————		（NPK 1次/20～30天/幼株；1次/10天/开花株）						————				
浇　水	————			（1次/1～2天夏；1次/5～7天/春秋冬）					————				
放置场所	—（室内/北方）—			——（室外/北方）——						—（室内/北方）—			
	————（室外/南方）————												
花期或观赏期	—	（花　期）	—							—	（花　期）	—	

【病虫害防治】 病害为炭疽病等叶斑病，虫害为红蜘蛛、蚜虫和介壳虫。防治方法见附录。

102. 杜鹃花（*Rhododendron* spp.）

别名映山红、满山红、照山红、野山红、应春花、踯躅。杜鹃花科杜鹃花属。杜鹃花属种类多，近70%原产于我国。我国栽培广泛，包括长江流域和珠江流域各省(含台湾省)。

【特别观赏点】　繁花满枝，遍山怒放，烂漫如锦，呈现“山河一片红”的壮丽景色。

【植物形态特点】　为常绿或落叶灌木。株高可达2～3米。分枝多，小枝多毛。叶片互生，常簇生于枝端，近矩圆形，端钝尖，全缘。叶片表面深绿，疏生毛；背面淡绿。叶近纸质。花单生或数朵簇生于枝顶。花冠杯状或漏斗状，单瓣或重瓣。花色多样。花期1～5月(华南地区)。果为蒴果。

【种养作业历】

季·月份 项目	春			夏			秋			冬			备注
	2	3	4	5	6	7	8	9	10	11	12	1	
繁殖	——	——（扦	插）——	——	——								繁殖以扦插为主，华南可早春进行，其余多在6~7月间 花期保持适当光照，及时供应水肥，保持盆土湿润勿过湿
定植		——	——	——									
整形		——	——	——	——					——	——		
施肥	——	——	——	（勤施薄施，	宜淡不宜浓）		——	——	——	——（不	施或少施）	——	
浇水	——	——	——	（保持盆	土湿润）	——	——	——	——	——	（湿偏干）	——	
放置场所	——	——	——	——	（室	外）	——	——	——	——	（室	内）——	
花期或观赏期	——	（花期	华南）	——								——	

【病虫害防治】　病害为褐斑病，虫害为网蝽，防治方法见附录。

103. 比利时杜鹃（*Rhododendran hybridum*）

别名称西洋杜鹃、西鹃、杂种杜鹃。杜鹃花科杜鹃花属。由西洋人用原产于我国的映山红（*R.simsii*）、白花杜鹃（*R.mucronatum*）和日本的举月杜鹃（*R.indicum*）等反复杂交而成。大体分为美国式西洋杜鹃和比利时式西洋杜鹃两类。近年引入我国的主要是比利时式杜鹃，在华南地区已成为节日家庭盆栽木本花卉的新秀。

【特别观赏点】 重瓣。花形花色艳丽多样。适于室内盆栽，四季有花可赏。

【植物形态特点】 为常绿灌木。植株低矮（株高以30～50厘米居多），分枝少。叶卵状椭圆形，端钝尖，全缘，碧绿，具光泽，叶面毛稀疏而短。花朵大，皆为重瓣。其形状、颜色变化大，艳丽异常。花期长，四季皆可开花。

【种养作业历】

季·月份 / 项目	春			夏			秋			冬			备注
	2	3	4	5	6	7	8	9	10	11	12	1	
繁殖	—（压条）—	————	（扦插）	————	————								肥水宜足，勤施薄施，盆土保持湿润勿过湿 宜室内盆栽
定植			——（扦插苗）	——				—（压条苗）—					
整形	-(换盆)-											-(换盆)-	
施肥	————		（花期施氮为主，中后期增施磷、钾）				————			——（少施或不施）——			
浇水	————			（保持盆土湿润勿过湿）			————			——（湿润偏干）——			
放置场所	————				——（室内为主，不定时短时移置室外）——								
花期或观赏期	————					（全年有花供观赏）							

【病虫害防治】 参照杜鹃花。

104. 杜鹃石楠（*Rhododendron degronianum* f. *varegatum*）

别名称洋石楠。杜鹃花科石楠属。原产于日本，我国喜马拉雅山麓达高加索山脉至阿尔卑斯山脉亦有分布。洋石楠由于杂交技术的不断改进，新育成的品种繁多。近年成为我国南北方相当流行的春节、元宵节盆花。

【特别观赏点】　繁花满枝，艳丽夺目。

【植物形态特点】　为常绿性灌木。株高可达3米。盆栽株高多近1米，由石楠与杜鹃杂交而成。叶互生，长椭圆形至披针形，质厚，面滑亮，无毛，全缘。叶缘稍向叶背处卷曲。伞形花序，顶生。花大，花冠漏斗状。花有红、淡红、粉红、紫红、橙红、黄、橙黄、白等颜色。花期为2～4月。

【种养作业历】

季·月份 / 项目	春			夏			秋			冬			备　注
	2	3	4	5	6	7	8	9	10	11	12	1	
繁　殖			——										除冬季外其他季节午后的强光宜避免 每次摘芽后宜立即施肥1次
定　植				——									
整　形				——	——		——			——	——	——	
施　肥	——	——	（NPK 1～2次／月／生长期／盆株）				——	——	——	——	——	——	
浇　水	——	——	——	（保持盆土湿润勿过湿／生长期／盆株）						——	——	——	
放置场所	——	——	——	——	（室外／华南）		——	——	——	——	——	——	
花期或观赏期	——	（花　期）	——										

【病虫害防治】　病害为叶斑病，虫害为刺吸式口器害虫。防治方法见附录。

105. 金 橘（*Fortunella margarita*）

别名称枣橘、牛奶金柑、金橘、金枣、金柑、牛奶橘。芸香科金柑属。原产于我国。以江南及华南地区栽植最为普遍，广州多作春节、元宵节盆栽时花应市。

【特别观赏点】 树形优美，枝叶密生，果色金黄。果长椭圆形或卵形，硕果累累，既可观赏，又可生食，酸甜可口。为重要的观景花木。

【植物形态特点】 为常绿灌木或小乔木。株高约4米。盆株多近1米或更矮。树冠半圆形，枝细密，无刺。单叶互生，披针形至长椭圆形，面滑亮、深绿，背面散生油点。花单生或2～3朵聚生于叶腋，白色，芳香。果长椭圆形或卵形，长3～4厘米，金黄色，果面平滑，密现腺点，有香气。11～12月果熟。

【种养作业历】

季·月份 / 项目	春			夏			秋			冬			备　注
	2	3	4	5	6	7	8	9	10	11	12	1	
繁　殖	———	———	———	———									
定　植		———	———	———									
整　形			———	———	———	———	———	———					
施　肥	———	———	———	（花前、果期供足肥，花果期增施磷、钾）					———	———	———	———	
浇　水	———	———	———	———	（除7月中～8月上旬控水促花芽分化外，其余保持盆土湿润）					———	———	———	
放置场所	（室内／北方） ———	——— ———	——— ———	——— ———	——— ———	（室外／北方） （室外／华南）	——— ———	——— ———	——— ———	（室内／北方） ———	——— ———	——— ———	
花期或观赏期					———	（花　期）	———						

【病虫害防治】 病害为溃疡病、疮痂病，害虫为潜叶蛾、红蜘蛛和凤蝶。防治方法见附录。

106. 佛　手（*Citrus medica* var. *sarcodactylis*）

别名称五指柑、佛指香橼、佛手柑。芸香科柑橘属（也有归枸橼属）。原产于亚洲热带地区。我国南方特别是华南地区广有栽培。

【特别观赏点】　果实如佛手，橙黄色，形态奇特，香气无比，可谓色、香、形俱佳。

【植物形态特点】　为常绿灌木至小乔木。盆栽的株高数10厘米。茎干粗短，株形奇特。分枝多，小枝密集。单叶互生，柄短，长椭圆形，缘具微锯齿，叶腋带刺。圆锥花序，瓣5枚，多为白色。一年可多次开花、结果。果基部圆形，上部分裂，状如佛手，故名。鲜黄至橙黄色，冬季成熟。

【种养作业历】

季·月份 / 项目	春			夏			秋			冬			备　注
	2	3	4	5	6	7	8	9	10	11	12	1	
繁　殖			——	——	——	——							
定　植			——	——									
整　形	——	——				（视植株长势做好疏花、疏果和疏枝梢）					——	——	
施　肥	——	——				（勤施薄施、增施磷、钾，避免偏氮）				——	——	——	
浇　水	——	——				（保持盆土湿润勿过湿／生长期；湿偏干／休眠期）					——	——	
放置场所	——	（室内／江南） ——	——	—— ——		（室外／江南） （室外／华南）	——	—— ——	—— ——	—— ——	（室内／江南） ——	—— ——	
花期或观赏期	——	（观　果）	——	——	——	（花　期）	——	——	——		——	（观　果）	

【病虫害防治】　病害主要为炭疽病，虫害为潜叶蛾、凤蝶、蚜虫、红蜘蛛、介壳虫。防治方法见附录。

107. 九里香（*Murraya paniculata*）

别名称七里香、千里香、十里香、月橘。芸香科九里香属。原产于中国、印度、马来西亚、菲律宾、澳大利亚。我国南北均有栽培，尤以湖南、广东、广西、福建、台湾、贵州、云南等省、自治区为常见。

【特别观赏点】 枝条密集，叶翠绿光亮。树形圆整，花纯白、芳香，果如红念珠，给人以整洁清新、朴素淡雅之感。

【植物形态特点】 为常绿灌木至小乔木，高3～8米。小枝无毛，嫩枝略有毛。奇数羽状复叶，小叶3～9片，互生，卵形至菱形，翠绿，光滑，全缘。小聚伞花序顶生或腋生，花白色，瓣5枚，极具芳香。花期5～10月，果为浆果，成熟时呈朱红色，卵圆形。

【种养作业历】

季·月份 项目	春			夏			秋			冬			备注
	2	3	4	5	6	7	8	9	10	11	12	1	
繁殖			(扦插) (插种)					(插 种)					浇水勿多，生长期保持湿润勿过湿，冬季见干才浇 肥亦不宜多施，生长期一个月追施1次，花期增施磷钾1～2次即可
定植													
整形				(换盆、摘心、整形)									
施肥				(生长期1次/30天 花期增施磷、钾)							(不施或少施)		
浇水					(保持盆土湿润勿过湿)						(润偏干)		
放置场所	(室内/北方)				(室外/华南)	(室外/北方)				(室内/北方)			
花期或观赏期													

【病虫害防治】 病害为白粉病、煤烟病，虫害为天牛等。防治方法见附录。

108. 四季橘（*Citrus mitis* = *C. microcarpa*）

别名称月月橘、长春橘、长寿橘。芸香科柑橘属。原产于我国。江南各省均有栽培。

【特别观赏点】 叶翠绿，富有光泽。花乳白素净，气味芳香浓郁。果色长期金黄色，果形圆整，寓意好景长存、四时吉利，深受人们喜爱。为著名的观果植物。

【植物形态特点】 为常绿灌木。地栽的株高2～3米，盆栽的多为1米左右，分枝低矮，枝多叶茂。叶单生、互生，长椭圆形，端渐尖，顶端常有明显凹缺。叶翼小，叶近革质。花单朵或2～3朵，簇生于叶腋，瓣长约1厘米，花白色。果扁圆形，横径2.5～3厘米，顶端略凹入。

【种养作业历】

季·月份 / 项目	春			夏			秋			冬			备注
	2	3	4	5	6	7	8	9	10	11	12	1	
繁殖		—（嫁接）—	—（高压）—										
定植		——	——										
整形		—（换盆修剪）—			（疏花、疏果）								
施肥							（NPK 1次／季／盆栽幼株；各2～3次／花期果期／结果株）						
浇水							（适度浇水保持盆土湿润 勿过湿）						
放置场所		—（室内／北方）—					（室外／北方） （室外／南方）				—（室内／北方）—		
花期或观赏期	—（观果）—										—（观果）—		

【病虫害防治】 病害为叶斑病，虫害为凤蝶、蚜虫。防治方法见附录。

109. 代代果（*Citrus aurantium* var. *amara*）

别名称代代花、玳玳、回青橙。芸香科柑橘属。原产于我国浙江黄岩等地。现全国各地均有引种栽培，多作为春节观果盆花。

【特别观赏点】 花极芳香，果大而美，果皮当年冬季呈橙红色，翌年夏季以后渐变青色，故别称“回青果”。

【植物形态特点】 常绿灌木或小乔木。株高2～4米。枝细长疏生，嫩枝具短刺。叶互生，卵状椭圆形，先端钝尖，边缘具波状缺刻，革质。叶柄有阔翼。花白色，单生或簇生于叶腋，极芳香，花期5～6月。果扁圆形，挂枝上可2～3年不落，隔年花果同存，犹如“三代同堂”，故名代代花。

【种养作业历】

季·月份 / 项目	春			夏			秋			冬			备注
	2	3	4	5	6	7	8	9	10	11	12	1	
繁殖			—（扦插）—										代代果可挂枝2～3年不落，隔年花、果同存
定植		——											
整形	剪换盆）—				——（疏花、疏果）——							—（修	
施肥	——（NPK 1～2次/月/盆栽幼株；各2～3次/开花结果期/成株）——												
浇水	——（保持盆土湿润，勿过干过湿/生长期）——												
放置场所	—（室内/华北）— ——（室外/华南）——			——（室外/华北）——						——（室内/华北）—			
花期或观赏期	——（观果/全年）——			—（花期）—									

【病虫害防治】 病害为炭疽病、褐斑病、煤烟病，虫害为蚜虫、吹绵介壳虫。防治方法见附录。

110. 朱砂橘（*Citrus reticulata* var. *erythrosa*）

别名称年橘、红橘。芸香科柑橘属。原产于我国。浙江黄岩、温州，现江苏、江西、湖南、湖北、广东等柑橘栽培区均有种植。是广州地区春节盆栽观果植物之一。

【特别观赏点】 果扁球形，果皮朱红色，叶果红绿辉映，喜气充盈。

【植物形态特点】 为常绿灌木或小乔木。树冠广展，半直立，徒长枝有棘针。叶椭圆形，两端尖，全缘，或有枝状钝齿，正面深绿色，背面淡绿色。花小，黄白色，单生或簇生于叶腋。果扁球形，顶端稍凹入，果皮朱红色，果肉赤橙色，故名朱砂橘。

【种养作业历】

季·月份 / 项目	春			夏			秋			冬			备注
	2	3	4	5	6	7	8	9	10	11	12	1	
繁殖		—（播种）—	—（嫁接）—										
定植		————											
整形		—（重剪）—	—（蔬枝叶）—		—（疏花蔬果）—								
施肥						（NPK 1~2次／季／盆栽幼株；各2~3次／花期、果期／盆栽结果株）							
浇水							（保持盆土湿润 勿过干过湿／生育期）						
放置场所		—（室内／北方）—				（室外／北方） （室外／华南）					—（室内／北方）—		
花期或观赏期	—（观果）—										—（观果）—		

【病虫害防治】 病害为炭疽病、疮痂病，虫害为粉虱、介壳虫和蚜虫。防治方法见附录。

111. 月 季（*Rosa* spp.）

别名称玫瑰、月月红、四季花、胜春、胜花、徘徊花、长春花等。蔷薇科蔷薇属。原产于我国。我国南北均有栽培。

【特别观赏点】 秀丽多姿，花色艳丽，气味芬芳，品种多样，四时开放。

【植物形态特点】 为常绿或半常绿、直立或丛生的灌木或藤本。灌木株高0.3米（如微型月季）至2米；藤本枝条呈蔓性，长可达3～6米，甚至更长。枝茎有刺。叶片互生，单一或奇数羽状复叶；小叶3～11枚，卵圆形或椭圆形，端尖，缘具细齿。伞房花序顶生；花朵单生或多朵丛生，单瓣或重瓣；花色多样，具不同程度芳香。果实球形，青绿色，熟时红黄色。

【种养作业历】

季·月份 / 项目	春			夏			秋			冬			备注
	2	3	4	5	6	7	8	9	10	11	12	1	
繁殖		——	——	——	——								夏季高温或秋冬低温，不施肥 生长期及夏季高温保持盆土湿润勿过湿，冬期保持湿偏干
定植			——	——	——								
整形			——	——							——	——	
施肥		——	——	（NPK 1次/15～20天/生长期、现蕾期）					——	——	——	——	
浇水	——	——	（保持盆土湿润，勿过湿）			——	——	——	——	——	（湿偏干）	——	
放置场所	——	——	——		（室		外）	——	——	——	——	——	
花期或观赏期	——	——	——	——	——	——	——	——	——	——	——	——	

【病虫害防治】 病害为叶斑病、白粉病、锈病和枝枯病，虫害为介壳虫、蚜虫、红蜘蛛、小青花金龟和叶蜂等。防治方法见附录。

112. 梅 花 (*Prunus mume*)

别名称五福花、红绿梅、春梅。蔷薇科李属。原产于我国。野生梅广布于江南、西南、华南山区。

【特别观赏点】 树姿古朴，花色素雅，花姿秀丽，花味清香，为我国十大名花之一。

【植物形态特点】 为落叶或半落叶小乔木。树冠开张，树干紫褐色，具纵驳纹。小枝绿色，萌发力强，耐修剪，尤耐重剪。叶片广卵形，长4～10厘米，端锐尖，缘具细锯齿。花枝上每节1～2朵花，无梗或具短梗。原种花色淡粉红或白色；栽培品种则有紫、红、淡黄乃至带彩斑等色。花先叶而开。花期1～3月。果球形，径2～3厘米，绿黄色，密披细毛。果熟期5～6月。

【种养作业历】

季·月份 项目	春			夏			秋			冬			备注
	2	3	4	5	6	7	8	9	10	11	12	1	
繁殖		——	——								——		
定植	——	——							——	——	——		
整形		——	——										
施肥	——	——	(谢花后、6～7月、秋至初冬、含苞前各施肥1次，萌芽前施基肥)								——	——	
浇水	——	——	——	(保持盆土湿润 勿过湿，防渍涝／生长期；偏干／休眠期)							——	——	
放置场所	—— ——	—— ——	—— ——	(室外／北方) ——	——	—— (室外／南方)	——	—— ——	—— ——	(室内／北方) ——	—— ——	—— ——	
花期或观赏期	(花	期)	——									——	

【病虫害防治】 病害为叶斑病、缩叶病，虫害为蚜虫、介壳虫。防治方法见附录。

113. 桃 花（*Prunus persica*）

别名称碧桃、花桃、观赏桃。蔷薇科李属。原产于我国华北、华中、西南、西北等地。全国各地均有栽培，为我国传统的春节、元宵节花卉之一。

【特别观赏点】 花大色艳，娇妍媚人，盛开时满园春色。

【植物形态特点】 为落叶小乔木。株高可达8米，但以3～5米高的居多。作采果用的地栽株较高，花多为单瓣；作观赏用的多为矮生种，花多为重瓣。叶片为椭圆状披针形，缘具细齿，叶互生。花多单朵侧生，几无柄，瓣5枚。原种花为粉红色或白色，园艺品种树形、花色多变，甚至同一株上有红、白花朵及一朵花具红白相间的花瓣或条纹。食用桃6～9月成熟。

【种养作业历】

项目 \ 季·月份	春			夏			秋			冬			备注
	2	3	4	5	6	7	8	9	10	11	12	1	
繁殖	——	——					——	——	——				盆栽桃花宜控制水肥，防秋梢萌发，促当年枝条木质化 花后短截，有助来年多开花
定植	——	——	——						——	——	——		
整形				——	——	——				——	——	——	
施肥	——	——	——	（秋后、花前和6月份分别施肥1次）					——	——	——	——	
浇水	——	——	——	（间干间湿，干后才浇，浇则浇透）					——	——	——	——	
放置场所	——	——	——	（盆栽／室外）			——	——	——	（盆栽／室内）			
	——	——	——	——	（地栽／室外）			——	——	——	——	——	
花期或观赏期	——	——	——										

【病虫害防治】 病害为桃缩叶病、流胶病以及细菌性与真菌性穿孔病，虫害为叶蝉、网蝽和蚜虫。防治方法见附录。

114. 石 楠（*Photinia serrulata*）

别名称端正木、千年红、笔树、扇骨木、水红树凿木、山崖木、石眼树。蔷微科石楠属。原产于中国。多分布于我国秦岭以南各地。

【特别观赏点】 树体端正，形态优美。春季嫩叶绛红，相当显眼。初夏开花，白花点点，洁白如玉；秋季红果累累，鲜艳夺目。

【植物形态特点】 为常绿灌木至小乔木，高4～6米。树冠圆形，枝叶浓密，茎干上部分枝多。为亚热带地区优良的庭院树种。单叶互生，长椭圆形，端尾尖。嫩叶绛红色，成叶油绿，光亮，近革质。复伞房花序顶生，其上着生无数小花。小花径6～8毫米，花瓣白色，近圆形。4～6月开花。果圆球形，熟时鲜红。9～10月果熟。

【种养作业历】

季·月份 项目	春			夏			秋			冬			备注
	2	3	4	5	6	7	8	9	10	11	12	1	
繁殖		—	—	—	—								
定植			—	—					—				
整形			—	—							—	—	
施肥	—	—	(NPK 1次/月/生长期/盆幼株；1～2次/年/成株)							—	—	—	
浇水	—	—	(保持盆土湿润/生长期；润干/休眠期)							—	—	—	
放置场所	(室内/北方)	—	—	—	—	(室外/北方) (室外/华南)	—	—	—	(室内/北方)	—	—	
花期或观赏期			—	(花期)	—								

【病虫害防治】 病害为叶斑病，虫害为刺蛾和蓑蛾。防治方法见附录。

115. 蜡 梅（*Chimonanthus praecox*）

别名称香梅、黄梅、腊梅、唐梅、黄金茶、蜡木、香木。蜡梅科蜡梅属。原产于我国，陕西、湖北、四川等省为主产地。现我国各地均有栽培。

【特别观赏点】　花色金黄如蜡，形态若梅，故名蜡梅。其香味胜于梅而形态稍逊于梅。为我国著名的观赏花木。

【植物形态特点】　为落叶或半落叶（暖地）灌木，株高达3米，盆株高30～100厘米。小枝近方形，极纤细。发枝力强，耐修剪。单叶对生，椭圆状卵形至卵状披针形，长7～15厘米，端渐尖，全缘，半革质。叶背光滑，叶表具硬毛而显得粗糙。花单生于枝条两侧，径2.5厘米。花被多数，似蜡质，外轮蜡黄色，中轮具紫色条纹而较短，具浓烈芳香。花期11月至翌年3月，7～9月果熟。

【种养作业历】

季·月份 / 项目	春			夏			秋			冬			备注
	2	3	4	5	6	7	8	9	10	11	12	1	
繁殖		——	——							——	——		
定植		——	——	——									
整形	——				——	——	——				——	——	
施肥	——	——	——	(NPK 1～2次/月/生长期；1次/秋后)						——	——	——	
浇水	——	——	——	(见干见湿，干透再浇，忌积水)						——	——	——	
放置场所	——	——	——	——	(室外/华南、华中)			——	——	——	——	——	
花期或观赏期	——	(花 期)	——							——	(花 期)	——	

【病虫害防治】　病害为叶斑病等，虫害为避债蛾。防治方法见附录。

116. 绣球花（*Hydrangea macrophylla*）

别名称八仙花、粉团花、七变花、紫阳红、洋绣球、紫阳花、千面女郎。绣球科绣球花属。原产于我国长江流域。我国南北地区均有栽培。在华南地区近年成为颇抢手的春节、元宵节盆花之一。

【特别观赏点】 花期长，如培养得当，花从4月可开到秋季乃至冬、春。花形美，小花组成的伞房花序状若绣球。花初开为白色，后随土壤酸碱度的变化而渐变为紫色或红色。

【植物形态特点】 为落叶小灌木。株高3～4米。小枝粗壮，皮孔明湿。盆栽株高多为30～50厘米。叶片交互对生，倒卵圆形，

缘具锯齿，叶大而有光泽。伞房花序顶生，近球形，直径可达20厘米，状若大彩球，由许多小花组成。白色系列花色无明显变化；紫色系列花色如土壤偏酸，则花色逐渐变为淡蓝或紫蓝；如土壤pH值大于7，则花渐变为粉红色或红色。

【种养作业历】

季·月份 项目	春			夏			秋			冬			备注
	2	3	4	5	6	7	8	9	10	11	12	1	
繁殖		——	——	——				——	——				欲改变土壤酸碱度可增施硫酸亚铁或稀石灰水 采用促成栽培可使植株春节应节开花
定植		——	——	——				——	——				
整形	——						——	——	——			——	
施肥	——	——(营养生长期追氮1~2次/月，生殖生长期施完全肥1次/15~20天)——								——	——	——	
浇水	——	——	(生长期保持盆土湿润，夏日增加浇喷水，秋、冬控水湿偏干)								——	——	
放置场所	——	——	——	——(室外/北方)——	——	—— (室外/华南)	——	——	——	——(室内/北方)——	——	——	
花期或观赏期	——		——	——	——	——						——	

【病虫害防治】 病害为炭疽病，虫害为蚜虫。防治方法见附录。

117. 金边瑞香（*Daphne odora*‘Aureo Marginata’）

别名称睡香、紫丁香、风流树、蓬来花、露甲、沈丁香、蓬来紫、千里香。瑞香科瑞香属。原产于我国。长江以南各地栽培相当普遍。

【特别观赏点】 四季常绿。绿叶边缘具黄色镶边，绿黄相间，色彩对比强烈，相当醒目。花淡紫色，开花时芳香浓郁。

【植物形态特点】 为常绿灌木。地栽的株高1.5～2米。盆栽的20～50厘米，丛生，多分枝。单叶互生，长椭圆形，端钝尖，全缘，绿色，叶缘具金黄的镶边。叶多聚生枝顶，下部较稀疏。头状花序，顶生，其上密生小花数10朵。花小，淡紫色至紫红色，萼筒花冠状，先端5裂，径1～2厘米，具芳香。

【种养作业历】

季·月份 / 项目	春			夏			秋			冬			备注
	2	3	4	5	6	7	8	9	10	11	12	1	
繁殖		——	——	——	——	——	——	——	——				
定植			——	——	——	——	——	——	——				
整形						——	——	——	——				
施肥	——	——	(NPK 1次/月/生长期/幼株；2～3次/生长期/成株)							——	——	——	
浇水	——	——	(见干见湿，保持盆土湿润勿过湿/生长期；偏干/休眠期)							——	——	——	
放置场所	——	——	——	——	(室外/华南)		——	——	——	——	——	——	
花期或观赏期	—(花	期)—											

【病虫害防治】 病害为叶斑病，虫害为红蜘蛛、蚜虫及鳞翅目幼虫。防治方法见附录。

118. 黄 槐（*Cassia surattensis*）

别名称铁刀木、山扁豆。豆科决明属（也有归苏木科决明属的）。原产于西印度群岛及东南亚等地。我国引种地区较广，从华南南部至华南北部及贵州、四川等省均有栽培。

【特别观赏点】　花期长，花色鲜黄。盛花时满树黄色，远看金色灿灿，别具佳景。

【植物形态特点】　为常绿小乔木，属热带树种。高数米至10米。树冠大而圆整。为优良的人行道树。偶数羽状复叶，小叶7～9对，长椭圆形至卵形，端钝圆，全缘，绿色。伞房形总状花序，生于上部枝条叶腋。花鲜黄色，径约3厘米。花期夏、秋季至冬季，其中5～6月及8～11月为两次盛花期。翌年春季果熟。荚果，细条状，扁平，褐色。

【种养作业历】

季·月份 / 项目	春			夏			秋			冬			备注
	2	3	4	5	6	7	8	9	10	11	12	1	
繁殖		——	——										
定植			——	——									
整形	——		——	——								——	
施肥	——	——	——	（1～2次/N/月/生长期/盆幼株；2～3次/完全肥/年/成株）							——	——	
浇水	——	——		（保持盆土湿润/生长期；湿偏干/休眠期）						——	——	——	
放置场所	—（室内/北方）—			——（室外/北方）——						—（室内/北方）—			
	——（室外/华南）——												
花期或观赏期				—（第1次花期）—			——	（第2次花期）		——			

【病虫害防治】　病害为梢枯病、叶斑病，虫害为毒蛾等。防治方法见附录。

119. 翅荚槐（*Cassia alata*）

别名称翼轴决明、翅果铁刀木。豆科决明属（也有归苏木科决明属的）。原产于美洲热带。华南地区有引种，广州公园多有栽培。

【特别观赏点】 鲜黄色的花朵密集地着生于总状花序上，远看如塔，在其阔大的羽叶衬托下特别显眼，引人注目。

【植物形态特点】 为常绿小乔木。株高3～5米。叶互生，偶数羽状复叶，羽叶8～12对，椭圆形或长卵形，远较黄槐的羽叶阔大。总状花序，顶生。花冠鲜黄色。秋季至春季开花。荚果具翅。

【种养作业历】

项目＼季·月份	春			夏			秋			冬			备注
	2	3	4	5	6	7	8	9	10	11	12	1	
繁殖		—	—	—	—								
定植			—	—	—								
整形				—	—	—							
施肥	—	—	—	（NPK各1次/春、秋/生长期/盆株；$KH_2PO_4$1～2次/花期）							—	—	
浇水	—	—	—	（保持盆土湿润勿过湿/生长期；湿偏干/休眠期）							—	—	
放置场所	—	（室内/北方）	—		（室外/华南）		—	—	—	—	（室内/北方）	—	
花期或观赏期	—	（花 期）	—					—		（花 期）	—	—	

【病虫害防治】 病害为锈病，虫害为蓑蛾。防治方法见附录。

120. 刺 桐（*Erythrina variegata* var. *orientalis*）

别名称象牙红、龙牙花、鹦哥花。豆科刺桐属。原产于印度、马来西亚等亚洲热带国家及澳大利亚。我国华南地区引种已久，已成为当地乡土树种。

【特别观赏点】　树形似桐而干有刺，故名“刺桐”。花萼、花冠红色，花冠外形似鹦鹉嘴，又似象牙，故别称鹦哥花、象牙红。

【植物形态特点】　为落叶乔木。树高8～20米。干、枝较粗，干、枝上长黑褐色圆锥形棘刺。生性强健，萌芽力强，耐修剪。叶互生，具长柄，基部具蜜腺1对。三出复叶。小叶近菱形。总状花序，顶生，长20～25厘米，先叶抽出。花大型，长8～10厘米，鲜红色，蝶形，旗瓣特别显著。花被长达4厘米，雄蕊10枚，长、短各5枚。华南地区花期为3～9月。果为荚果。

【种养作业历】

季·月份 / 项目	春			夏			秋			冬			备注
	2	3	4	5	6	7	8	9	10	11	12	1	
繁殖		—	—					—	—				花期盆土勿过湿，以免引起落花
定植			—	—									
整形	—									—	—	—	
施肥	—	—	—	(NPK 1次/月/生长期/盆幼株；1次/年/成株)						—	—	—	
浇水	—	—	—	(保持盆土湿润/生长期/盆株；润偏干/休眠期)						—	—	—	
放置场所	—(室内/北方)—	—	—	—(室外/北方)—						—(室内/北方)—			
	—(室外/华南)—												
花期或观赏期		—(花期/华南)—											
				—(花期/台湾)—									

【病虫害防治】　病害为叶斑病、枝枯病，虫害为介壳虫、红蜘蛛蚜虫。防治方法见附录。

121. 紫　藤（*Wisteria sinensis*）

别名称朱藤、藤萝、黄环。蝶形花科紫藤属。原产于我国。全国各地均有栽培。

【特别观赏点】　老枝盘旋曲折，宛若蛟龙，枝蔓缠绕，绵延纠结。花序大而悬垂，繁密艳丽，芳香浓郁。

【植物形态特点】　为落叶缠绕木质大藤本，茎长可达18～30米。茎左旋性。为奇数羽状复叶，互生。小叶7～13枚，多为11枚，卵状披针形。总状花序，悬垂，长20～30厘米，具小花50～100朵。先花后叶，小花淡紫色至紫色，芳香。花期3～5月。荚果扁长形，9～10月成熟。

【种养作业历】

季·月份 / 项目	春			夏			秋			冬			备　注
	2	3	4	5	6	7	8	9	10	11	12	1	
繁　殖		——	——					——	——				
定　植			——	——					——	——			
整　形	——											——	
施　肥	——	——	——（NPK 1次／生长期／幼株；1次／1～2个月／成株）——							——	——	——	
浇　水	——	——	——（见干就浇，浇则浇透，生长期保持湿润，余偏干）——							——	——	——	
放置场所	—— ——	—— ——	—— ——	—— ——	（室内／北方） ——	 ——（室外／南方）——	—— ——	—— ——	 ——	—— ——	（封闭阳台／北方）— ——	 ——	
花期或观赏期		——	（花　期）	——									

【病虫害防治】　病害为叶斑病，虫害为刺蛾、夜蛾幼虫。防治方法见附录。

122. 绿元宝（*Castanospermum australe*）

别名称栗豆树、元宝树、澳洲栗豆。蝶形花科（或归豆科）栗豆树属（或归澳洲栗豆树属）。原产于澳大利亚。

【特别观赏点】 盆株小巧玲珑，子叶形似元宝。故名“元宝树”，有吉祥发财之寓意。

【植物形态特点】 原为常绿乔木，高可达20米。盆栽高不足1米，小巧玲珑。一回奇数羽状复叶，小叶近对生，呈椭圆状披针形，长10多厘米，全缘，革质，叶面光滑油亮。圆锥花序，花橙红色。果为荚果，长30厘米，含种子1~5粒。种子卵状椭圆形。

【种养作业历】

季·月份 项目	春			夏			秋			冬			备注
	2	3	4	5	6	7	8	9	10	11	12	1	
繁殖		——	——										
定植			——	——									
整形						——	——	——	——	——	——	——	
施肥	——	——	——		(NPK 1~2次/月/幼株期)				——	——	——	——	
浇水	——	——	——		(生长期保持盆土湿润，休眠期湿偏干)					——	——	——	
放置场所	—(室内/北方)— ——	——	—— ——	—— ——	—— ——	(室外/北方) (室外/华南)	——	——	—— ——	—(室内/北方)— ——	——	—— ——	
花期或观赏期	——	——	——	——		(观叶/全年)		——	——	——	——	——	

【病虫害防治】 盆株子叶腐烂病或植株枯萎病，偶见叶片有虫咬缺刻，害虫科类有待进一步调查确证。防治方法见附录。

123. 红花檵木（*Loropetalum chinense* var. *rubrum*）

别名称山漆柴、檵花、纸末花。金缕梅科檵木属。原产于我国。长江以南、华南及西南各地均有栽培。

【特别观赏点】 花狭长带状，形态奇特。

【植物形态特点】 为落叶或常绿（华南）灌木至小乔木。株高4～12米。小枝、嫩叶及花萼均有锈色星状短柔毛。叶片卵形或椭圆形，端钝尖，全缘，背面密生星状柔毛。头状花序，由4～8朵花组成，簇生梢头。花原种为白色，变种为红色。花瓣狭长带状，线形，4枚。花期2～8月。蒴果近卵形，长约1厘米，褐色。

【种养作业历】

季·月份 项目	春			夏			秋			冬			备注
	2	3	4	5	6	7	8	9	10	11	12	1	
繁殖	——	——	——	——									花期盆土勿过湿，以免引起落花
定植		——	——	——	——								
整形	——									——	——	——	
施肥	——	——	——	（NPK 1～2次/月/春秋；不施或少施/夏冬）	——	——	——	——	——	——	——	——	
浇水	——（1次/2～3天）	——	——	——	（1～2次/天/夏）	——	——	——（1次/2～3天）	——	——	——	——	
放置场所	—（室内/北方）	——	——	——	（室外/北方）	——	——	——	——	—（室内/北方）—	——	——	
	——	——	——	——	（室外/华南、华中）	——	——	——	——	——	——	——	
花期或观赏期	——	——	——	——	——	——	——						

【病虫害防治】 病害有炭疽病等，虫害有介壳虫、蚜虫、粉虱和红蜘蛛。防治方法见附录。

124. 金银花（*Lonicera japonica*）

别名称忍冬、鸳鸯藤、二色花藤。忍冬科忍冬属。原产于我国。我国南北均有分布，几遍布全国。

【特别观赏点】　花成对腋生，初开时白色，2～3天后变黄色，金银二色相互辉映，格外引人注目。

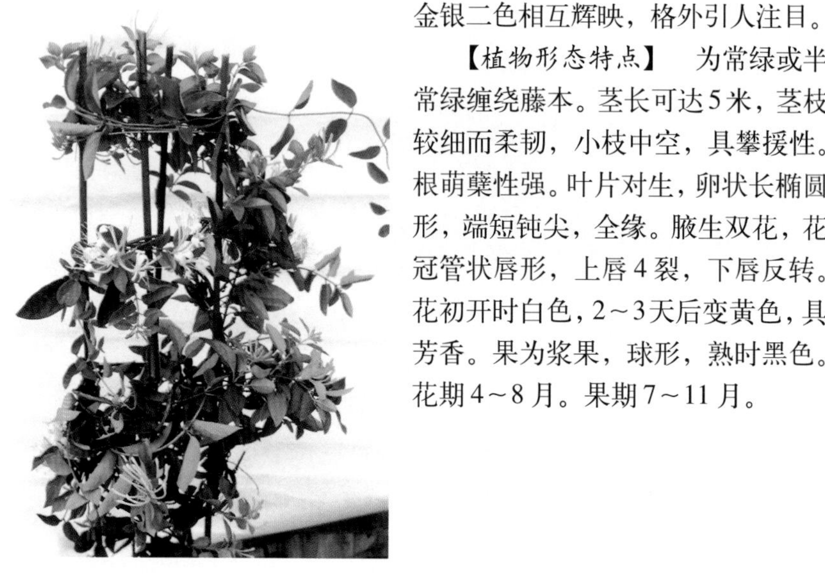

【植物形态特点】　为常绿或半常绿缠绕藤本。茎长可达5米，茎枝较细而柔韧，小枝中空，具攀援性。根萌蘖性强。叶片对生，卵状长椭圆形，端短钝尖，全缘。腋生双花，花冠管状唇形，上唇4裂，下唇反转。花初开时白色，2～3天后变黄色，具芳香。果为浆果，球形，熟时黑色。花期4～8月。果期7～11月。

【种养作业历】

季·月份 / 项目	春			夏			秋			冬			备　注
	2	3	4	5	6	7	8	9	10	11	12	1	
繁　殖	——	——	——	——	——	——	——	——	——				
定　植		——	——	——	——	——	——	——	——				
整　形										——	——	——	
施　肥	——	——	——	（NPK 1次/15～20天/幼株生长期；2～3次/成株生长期）						——	——	——	
浇　水	——	——	——	（保持湿润/盆株生长期；湿偏干/休眠期）						——	——	——	
放置场所	——	——	——	（室外/全年）			——	——	——	——	——	——	
花期或观赏期			——	——	——	- - -	- - -						

【病虫害防治】　病害为叶斑病，虫害为天牛。防治方法见附录。

125. 串钱柳（*Callistemon viminalis*）

别名称垂枝红千层、瓶刷木。桃金娘科红千层属。原产于澳大利亚。我国引种已近百年，现广布于江南，尤以华南地区为多。

【特别观赏点】 花稠密，聚生于枝端，形成奇特的瓶刷子状花枝。盛花时火树红花，相当触目。

【植物形态特点】 为常绿灌木。株高2～4米(盆栽多1米许)。老枝银白色，嫩枝棕红色。枝条细长如柳。属阳性树种(南亚热带至热带树种)。萌芽力强，耐修剪。单叶互生，披针形，全缘。其上有白色柔毛，叶子寿命长，每叶可维持数年不脱落。穗状花序着生在枝端，其上密生小花，圆柱状花序如瓶刷子状，长度可达10～15厘米。小花瓣5枚，丝状，雄蕊多数，细长。花期3～7月。花初开呈鲜红色，后期变粉红色，盛开时可谓火树红花，引人注目。果为木质化蒴果，可长挂于枝上。

【种养作业历】

季·月份 / 项目	春			夏			秋			冬			备注
	2	3	4	5	6	7	8	9	10	11	12	1	
繁殖		—(播种)—			——(扦插)——								
定植			————										
整形	剪)——		—(摘心)—									—(修	
施肥	——	——	(NPK 1~2次/月/生长期/盆幼株；1次/年/休眠期/成株)							——	——	——	
浇水	——	——	(保持盆土湿润/生长期/盆株；润偏干/休眠期)							——	——	——	
放置场所	—(室内/北方)— ————				(室外/华南)		————			—(室内/北方)— ————			
花期或观赏期		——	(花 期)		——								

【病虫害防治】 病害主要有叶斑病等，虫害有鳞翅目幼虫。防治方法见附录。

126. 福建茶（*Ehretia microphylla*）

别名称基及树、小叶厚壳树、满福木、紫草。厚壳树科厚壳树属［或归紫草科厚壳树属（基及树属）］原产于中国、印度、印尼、马来西亚、菲律宾。我国华南地区及福建、台湾省广有栽培。

【特别观赏点】 树姿苍劲挺拔，叶浓绿而富光泽。是制作盆景的好材料。

【植物形态特点】 为常绿灌木。树高1～2米。茎干挺拔，枝叶细密。叶轮生，倒卵形，革质，全缘或有锯齿。花白色，花冠筒状，花细小。果球形，熟时红色，春花夏果，夏花秋果，果熟干裂，种子落地。

【种养作业历】

项目 \ 季·月份	春			夏			秋			冬			备注
	2	3	4	5	6	7	8	9	10	11	12	1	
繁殖			——	——				——	——				
定植			——	——				——	——				
整形				——	——						——	——	
施肥	——	——	——	（2～3次/生长期/盆栽株/麸饼等腐熟有机肥）							——	——	
浇水	——	——	——	（保持盆土湿润勿过湿 雨日防涝渍）						——	——	——	
放置场所	——	（室内/北方）	——	——	——	（室外/北方）		——	——	——	（室内/北方）	——	
	——	——	——	——	——	（室外/华南）		——	——	——	——	——	
花期或观赏期		——	——	（花期/春夏）		——							

【病虫害防治】 病害为白粉病、枝枯病，虫害为蚜虫、螨类、蓟马等。防治方法见附录。

127. 非洲茉莉（*Stephanotis floribunda*）

别名称多花黑鳗藤、蜡花黑鳗藤、簇蜡花。萝藦科非洲茉莉属（或称黑鳗藤属）。原产于马达加斯加。华南地区有引种。近年在公园、庭院、住宅小区、公共广场绿地栽培相当普遍，成为当地一种新的观叶植物。

【特别观赏点】 株形美观，四季常青。为华南地区观叶植物的新秀。

【植物形态特点】 为常绿蔓性灌木，株高2～3米，枝叶繁茂。单叶对生，长9～11厘米，宽3～4厘米，长矩圆形，端短钝尖，向基部渐狭，具叶柄，全缘，半革质，叶面深绿色，背面浅绿色，正面滑亮；中脉面凹背凸，侧脉不明显。伞形花序，花白色，蜡质。花冠长管状，5裂，具芳香。果椭圆形。

【种养作业历】

季·月份 项目	春			夏			秋			冬			备注
	2	3	4	5	6	7	8	9	10	11	12	1	
繁殖			—	—	—								
定植				—	—								
整形		—	—	—							—	—	
施肥	—	—	—	(NPK 1～2次/月/生长期/幼株；1～2次/生长期/成株)							—	—	
浇水	—	—		(保持盆土湿润勿过湿/生长期；湿偏干/休眠期)							—	—	
放置场所	— (室内/北方) — —	— —	— —	—	— (室外/华南)	(室外/北方) —		— —	— —	—(室内/北方)— —	— —	— —	
花期或观赏期	—	—	—	— —	(花 期)	(观叶/全年) —		— —	— —	—	—	—	

【病虫害防治】 病害为叶斑病，虫害为蚜虫、介壳虫。防治方法见附录。

128. 气球花（*Gomphocarpus physocarpus*）

别名蝴蝶花。萝藦科钉头果属。原产于非洲南部。华南地区有引种。

【特别观赏点】 果卵圆形，黄绿色，中空，似气球，表面有许多钉状突起，形态奇特，别具一格。

【植物形态特点】 为灌木状草本。株高约2米。茎直立，灰绿色，具白毛。叶片线形或长披针形，似柳叶。花序腋生，花白色。观赏种有钉头果（*G. fruticosa*），株高1～2米，叶片线形，排列紧密，叶尖向上。花小，白色，果黄绿色，圆锥形，果面有刺突、中空。

【种养作业历】

项目 \ 季·月份	春			夏			秋			冬			备注
	2	3	4	5	6	7	8	9	10	11	12	1	
繁殖		—	—	—			—	—	—				
定植			—	—				—	—				
整形	—	—	—	—								—	
施肥	—	—	(NPK 1～2次/月/生长期/幼株；1～2次/花期/成株)							—	—	—	
浇水	—	—	—	—	(保持盆土湿润，勿时干时湿/生长期)					—	—	—	
放置场所	—(室内/寒地)— —	 —	— —	— —	(室外/寒地) (室外/华南)		— —	— —	— —	—(室内/寒地)— —	 —	— —	
花期或观赏期	—(观 果)—								—	(观 果)		—	

【病虫害防治】 病害为煤烟病，虫害为蚜虫。防治方法见附录。

129. 牡 丹（*Paeonia suffruticosa*）

别名称富贵花、洛阳花、木芍药、花王、国色天香、谷雨花。芍药科芍药属。原产于中国。山东菏泽和河南洛阳为我国牡丹的主产地。我国西部和北部各地均有栽培。

【特别观赏点】 品种及花色多样，花大而艳丽，极显雍容华贵，被誉为“花中之王”和“国色天香”，是我国十大名花之一。

【植物形态特点】 为落叶小灌木。株高1～2米。枝干自地面丛生，根系肉质、肥大，垂直向下生长，不分主侧根。二回三出羽状复叶，具叶柄，互生。顶生小叶卵形至倒卵形，先端3～5裂，基部全缘；侧生小叶长卵形，2浅裂。花单生于枝端，大型，径10～30厘米；雄蕊多数，心皮5个，萼片5枚，绿色。花形变化很大，观赏品种多为重瓣，由雄蕊或雌蕊瓣分化而来。花色多样，可谓色、姿、香、韵俱佳。花期3～5月。果为蓇葖果，9月成熟。

【种养作业历】

季·月份 / 项目	春			夏			秋			冬			备 注
	2	3	4	5	6	7	8	9	10	11	12	1	
繁 殖		——	——					——	——				
定 植		——	——	——	——								
整 形	——				——						——	——	
施 肥	——	——	——	——	(3～4次/年)			——	——	——	——	——	
浇 水	——	——	——	（盆土偏干/生长前期、休眠期；盆土湿润/生长旺盛期）					——	——	——	——	
放置场所				—（室内或室外阴处/夏秋）			——	——					
花期或观赏期		——	（观 花）	——									

【病虫害防治】 病害为灰霉病、叶斑病和线虫病，虫害有蚜虫、蓟马、粉虱等。防治方法见附录。

130. 炮仗花（*Pyrostegia ignea*）

别名称炮杖藤。紫葳科炮仗花属。原产于南美洲巴西。我国南方的广东、广西、福建、台湾、海南、云南等省、自治区均有栽培。

【特别观赏点】 盛花时繁花似锦，呈现一派喜气洋洋的气氛，十分惹人喜爱。

【植物形态特点】 为常绿木质藤本。其攀援高度常达10余米。复叶对生，小叶2～3枚，顶生小叶变为3叉丝状卷须。小叶卵圆形，端尖，光滑无毛，全缘。圆锥花序，长10～13厘米，花朵密集成簇。花萼钟状，具5小齿；花冠筒状，长7～8厘米，绽放时顶部5裂并反折。在热带地区花期可长达半年以上。果为蒴果，线形，种子具膜质翅。

【种养作业历】

季·月份 / 项目	春			夏			秋			冬			备注
	2	3	4	5	6	7	8	9	10	11	12	1	
繁殖		——	——	——	——								
定植		——	——	——	——	——							
整形	——									——	——	——	
施肥	——	——	——	(NPK 1～2次/月/盆栽幼株;1次/年/成株)								——	
浇水	——	——	——	(保持盆土湿润，既勿受旱，又勿过湿)						——	——	——	
放置场所	——	——	——	——	——	(室外/华南)			——	——	——	——	
花期或观赏期	——	——	(花期)		——							——	

【病虫害防治】 病害为叶斑病、枝枯病，虫害为蚜虫。防治方法见附录。

131. 八宝树（*Duabanga grandiflora*）

海桑科八宝树属。原产于中国、印度、马来西亚。我国主要分布于云南、广西等省、自治区。

【特别观赏点】 具有叶大、枝方、梢垂、干直、花大、蕊多、色白、果奇等8个特点，堪称“八宝”，为我国近年新发掘的遮荫与观赏俱佳的大型观赏花木。

【植物形态特点】 为常绿高大乔木。株高可达30余米。树干挺拔伟岸，枝条轮生，小枝方形，平展而下垂。叶对生，长矩圆形，端渐尖，全缘。叶大如巴掌，翠绿，质厚近革质。花朵大而多，顶生，花筒如杯状，花瓣卵形，白色，具波纹；雄蕊多而长。果椭圆形，具棱状条纹6条。

【种养作业历】

季·月份 / 项目	春			夏			秋			冬			备注
	2	3	4	5	6	7	8	9	10	11	12	1	
繁殖			(播种)				(播种)						
定植													
整形													
施肥			(NPK 1次/7~15天/苗床期；1次/有机肥/年/植后2~3年内)										
浇水				(保持床土湿润勿过湿/苗床期；视天气适当补水/植后2~3年内)									
放置场所				(向阳、通风、无风害处，勿荫蔽)									
花期或观赏期			(花期)				(观叶/全年)						

【病虫害防治】 病害为叶斑病、叶枯病，虫害为同翅目、半翅目刺吸式口器害虫。防治方法见附录。

132. 银 杏（*Ginkgo biloba*）

别名称白果树、公孙树、鸭掌木、鸭脚树。银杏科银杏属。原产于我国，为第四纪冰川后残留的中生代孑遗植物，特产于我国，世界其他地方只发现有化石而无活植物。现各地栽培的均引种自我国。在我国北起沈阳、南至广州均可栽培，尤以江南一带为多。

【特别观赏点】 树姿雄伟，叶形秀丽，寿命特长。生长期树叶一片翠绿，秋季落叶前则变成一片金黄，极为美观。

【植物形态特点】 为落叶或半落叶（广州）大乔木。株高可达40余米。幼树树冠圆锥形，老树树冠则呈宽卵形。在主干上的

枝条轮生，平展或斜伸；枝条有长枝和短枝之分。叶片扇形，先端常2裂，基部楔形，具长柄。在长枝上叶片互生，短枝上则呈簇生。雌雄异株，4～5月开花，9～10月果熟。种子核果状，椭圆形，径约2厘米，熟时呈淡黄色或橙黄色，外披白粉，实生苗20年才开始结果，嫁接苗8～10年即可结果，40年树龄进入盛果期。400年老树仍能结果。

【种养作业历】

季·月份	春			夏			秋			冬			备 注
项 目	2	3	4	5	6	7	8	9	10	11	12	1	
繁 殖	（分株）	—（春播）— —（嫁接）—						—（秋播）—					只宜疏剪，不宜短截
定 植	—	—	—										
整 形	—	—									—	—	
施 肥	—	—	—	—	—	（NPK 1次／月／盆栽幼株；1～2次／年／盆栽成株）	—	—	—	—	—	—	
浇 水	—	—	—	—	—	（保持盆土湿润／盆株生长期；润偏干／落叶后）	—	—	—	—	—	—	
放置场所	—	—	—	—	—	（室外／盆株）	—	—	—	—	—	—	
花期或观赏期			（花期） —	— —	 —	 （观叶）	 —	（果期） —	— —				

【病虫害防治】 病害为立枯病，虫害为铜绿金龟子。防治方法见附录。

二、132种木本花卉的种养要点图示

1. 桫 椤

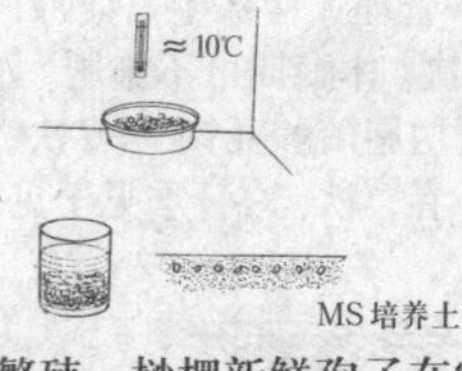

①孢子繁殖　桫椤新鲜孢子在室温下寿命只有8天。10℃贮存可达1年以上。成熟孢子有近1年的休眠期，用50mg/LGA（赤霉素）处理孢子2~5分钟可打破孢子休眠。在改良的MS培养基土上进行孢子繁殖。

②移栽定植　土壤宜疏松透水，可用等量壤土、沙和泥炭土配制。

③肥水管理　栽植时宜施基肥，生长季节每月施1次液肥。加强水管理，高温时喷雾。

④换盆　每两年换1次盆。换盆时对枯叶和过长的根进行修剪。

⑤夏、冬管理　喜温暖湿润的环境。10℃~15℃的夜温和21℃~26℃昼温对生长有利。空气相对湿度要求70%~80%。冬季减少浇水。

⑥修剪　随时剪去枯叶。

2. 苏 铁

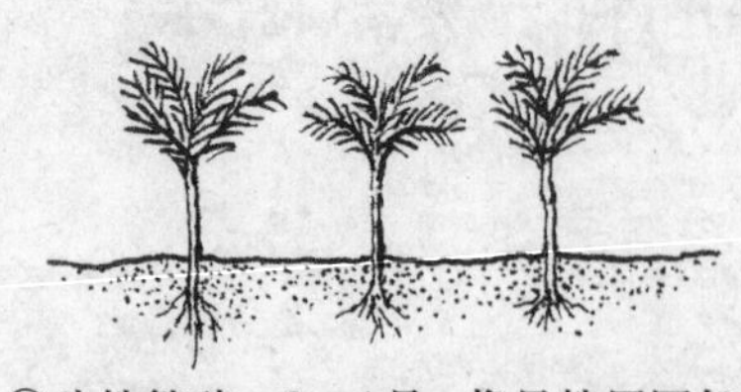

①分株繁殖　3~4月，将母株周围长出的子株挖起，上盆分栽。

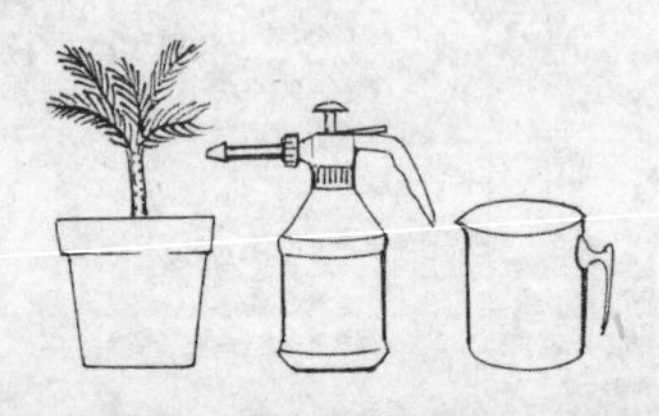

②肥水管理　盆株生长期每1~2个月施肥1次。休眠期可不施肥。如叶片泛黄，可增施硫酸亚铁1~2次。不宜多浇水，春、秋、冬3季见干见湿即可。

③修剪　于植株萌动前或新叶展开成形后修剪为宜，主要疏除叶丛底部的枯黄、残缺老叶即可。

④夏日养护　夏日高温每天至少浇水1次，以保持盆土湿润，但切忌大水。放置水泥地板的盆株，因辐射热大，应不时喷雾增加空气湿度。雨后及时防渍涝。幼株立置遮荫，避烈日直射。

⑤冬日养护　在冬季寒冷地区，盆株要入室防寒，室温保持0℃以上，以3℃~5℃为宜。

⑥换盆　一般隔3~5年翻盆换土1次，于早春新芽未萌动前换为宜。结合换盆适当修剪地上根系及地上叶丛基部枯老叶，还可在添加新土时加入防病虫的毒土。

3. 南美苏铁

①播种繁殖　于春、夏季进行。种子较大，可直接盆播，播后用浸盆法从底部供水，至表面潮润即可。

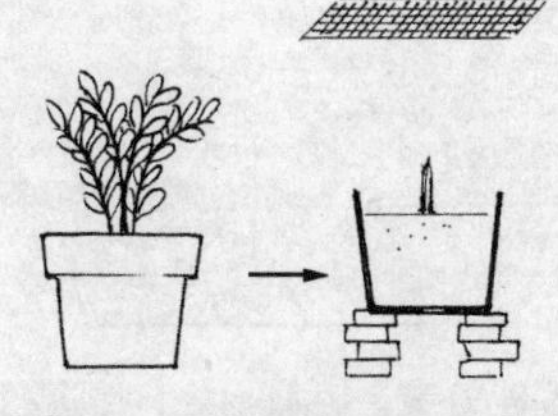

②分株繁殖　用利刀割挖茎干蘖芽移入床土，遮荫、保湿促生根后，再上盆栽植；也可挖取母株茎基萌生的吸芽苗上盆栽植。春、夏均可进行。

③肥水管理　盆栽幼株在施足基肥基础上，生长期每2～3个月施肥1次，休眠期停施。水1次不宜多浇，保持盆土稍润湿即可。

④修剪　叶片生长慢，注意慎重修剪。每年于植株萌动前或新叶展开成形后适当疏除叶丛底部枯老叶即可。

⑤夏、冬养护　参照苏铁。

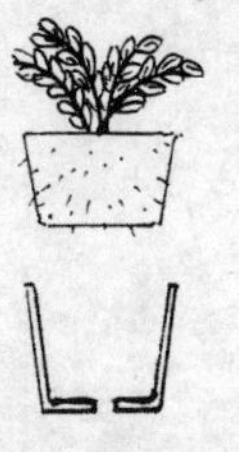

⑥换盆　每隔2～3年换盆1次，于4～5月换盆为宜。结合换盆及添加新盆土，适当修剪根部，并加入预防根部病虫的毒土，可减轻根部病虫的危害。

4. 南洋杉

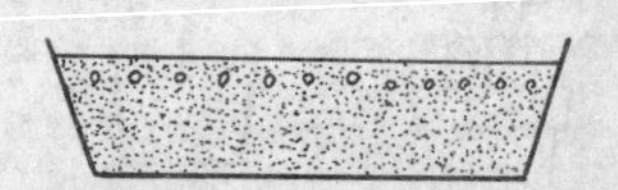

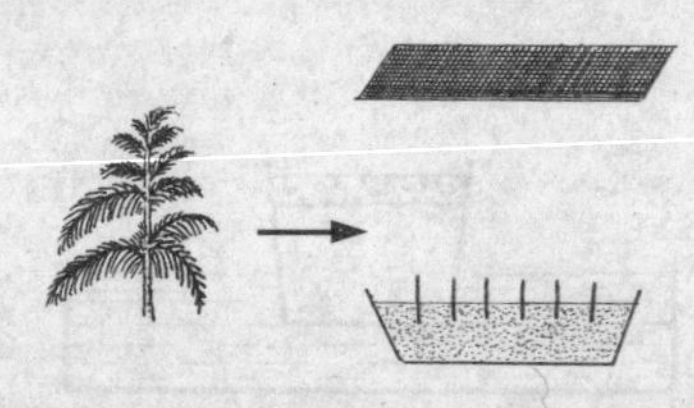

①播种繁殖　播前床土宜进行土壤消毒，以减少苗立枯病的发生。种子易失水丧失发芽力，宜随采随播，或在3℃低温密封贮藏待播。播前先用0.5%高锰酸钾液消毒30分钟沥干即播，覆5厘米厚土并喷足水，遮荫，继续喷水保湿。

②扦插繁殖　剪取生长1年的丛生梢作插穗，除去剪口溢出的树脂，蘸生根粉扦插。

③移栽定植　生长季节均可进行。北方宜盆栽，可选圃地1～2年生以上的播种苗定植；南方宜地栽，选4～5年生大苗定植。注意规划好株行距，挖大穴，施足基肥，设架扶苗。

④肥水管理　盆栽的加强肥水管理以控制株高，在达到一定高度后可少施或不施；地栽的植后以管水为主促使早日成活，以后肥水无须多加管理。

⑤夏、冬养护　盆栽幼株夏季适当遮荫并增加浇水与喷雾，室内的还需加强通风；冬季寒冷地区盆株移室内防寒，保持室温5℃以上。如盆土偏干应适当喷雾增湿。

5. 罗汉松

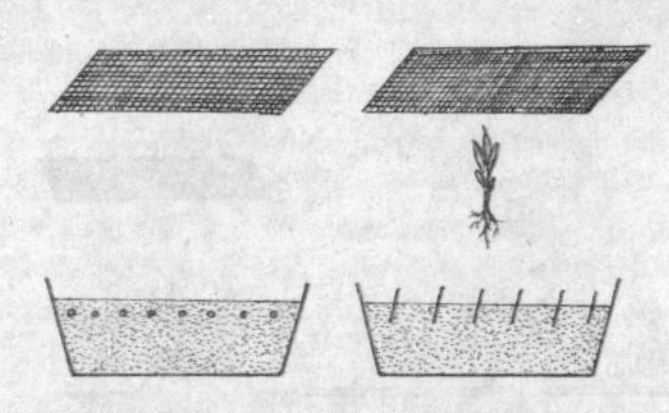

①播种繁殖　播前清水浸种4～5天（换水1～2次）待种子吸足水膨胀即播，播后覆土盖草保湿（每天喷水1次），直至出苗后除去盖草，遮荫防晒，第二年可疏遮或少遮。

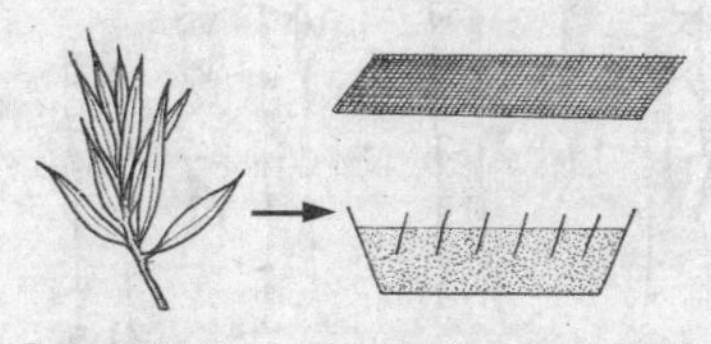

②扦插繁殖　春插宜选1年生健枝截段作插条，夏末秋初插可选半木质化嫩枝，插条均以母株外围的顶部枝梢为好。

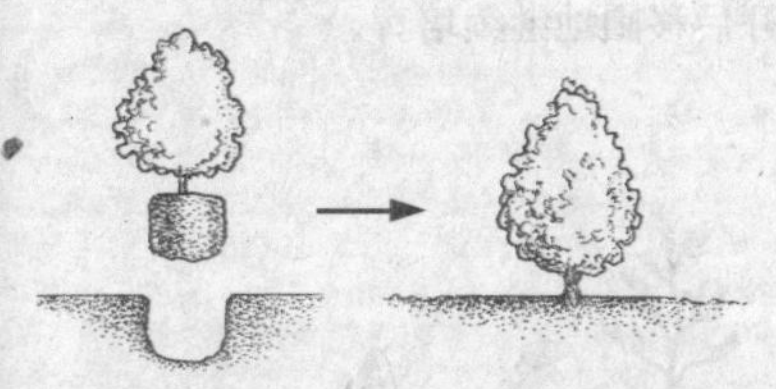

③移栽定植　春末夏初或秋初均可进行。盆栽的宜选1.5～2年生苗带宿土上盆；地栽的宜选3～4年生大苗带土团移栽，并注意定好株行距，挖大穴施足基肥，设架扶苗。

④肥水管理　盆栽成形前每月施速效肥1次；成形后每年施肥1～2次，水不宜多浇，保持盆土湿润即可；地栽的成活后肥水无须多加管理。如持续干旱适当补水。头2～3年每年冬、春结合松土培土补施1次有机肥即可。

⑤修剪　盆栽的宜早摘顶芽促分枝，作盆景的要经常短截不整齐的枝梢，使树冠层次分明。

⑥夏、冬养护　喜弱光，圃地宜适当遮荫。盆株避烈日曝晒。夏、秋遇干旱高温天气时，适当增加浇水与喷雾，保持盆土湿润。冬季控制浇水，盆土湿偏干，室温保持5℃以上。过于干燥宜适时喷雾增湿。江南露地栽的植株，入冬前盖薄膜防寒。

6. 五针松

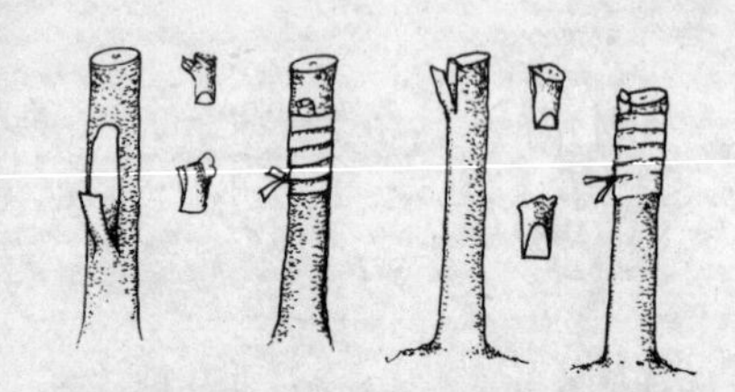

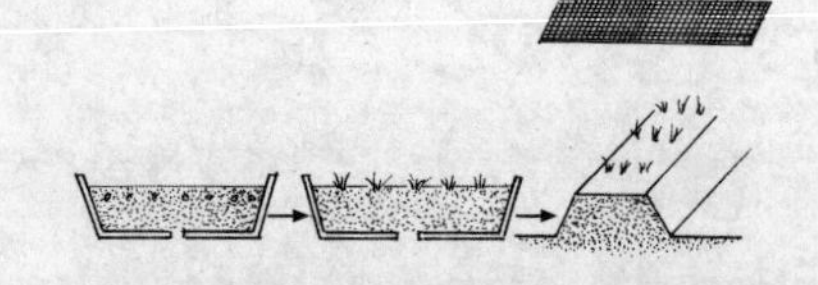

①嫁接繁殖　于3月进行。以2～3年生马尾松为砧木，以尚未萌动的五针松越冬芽为接穗，行单芽腹接或切接。以当天阴天无风、湿度较大的天气进行嫁接为佳。

②播种繁殖　4月上中旬播种。先将种子外种皮逐一轻轻敲开（勿伤内种皮），去一半外种皮后点播。用浸盆法供水，移遮荫处促进发芽。待子叶展开后移圃地继续培育。

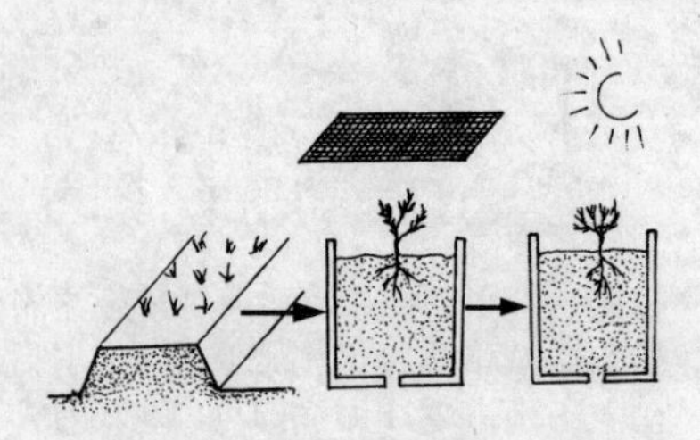

③移栽定植　秋季至翌年春2～3月均可，尤以萌叶前1个月为佳。盆栽的选小苗带宿土或裸根蘸泥浆上盆；地栽的宜选大苗。注意定好株行距，挖大穴，施足基肥。

④肥水管理　肥水管理是种养能否成功的关键。宜平衡施肥，忌偏施氮肥；见干即浇水，浇则浇透，保持盆土中度湿润即可。

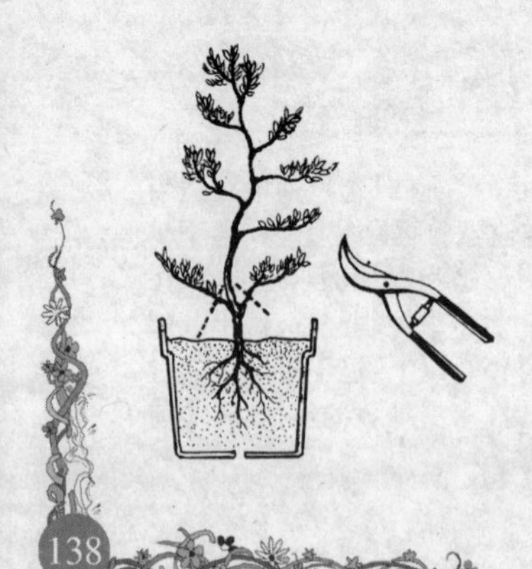

⑤修剪　适当疏枝修剪，忌重剪。

7. 马尾松

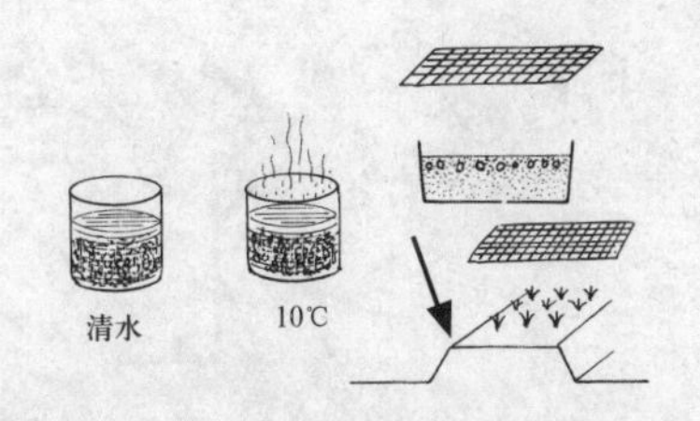

①播种繁殖　春、秋季均可进行。播前种子用清水及温水处理后播种，播后遮荫保湿，待苗高约10厘米左右移圃地继续培育。

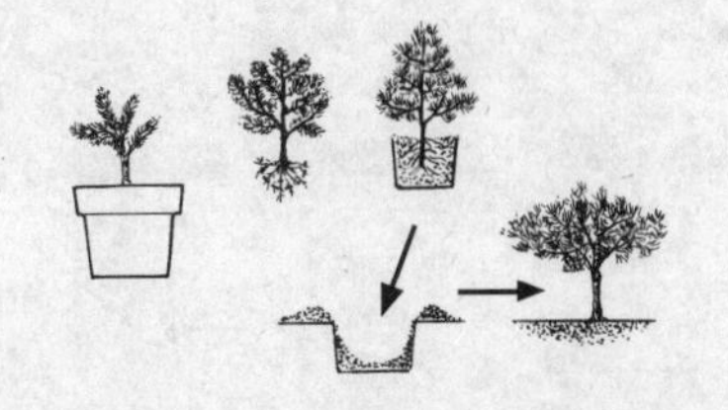

②移栽定植　盆栽宜选苗高30厘米左右的幼苗上盆；地栽宜选2年生以上大苗定植。移前适当断根，蘸氧氯化铜浓液（20倍）消毒再定植。

③肥水管理　生育期每2～3个月追肥1次（以氮、钾比例较高的复合肥为宜），水不宜多浇，平时隔2～3天浇水1次。

④修剪　植株生长缓慢，除树冠不良可稍作局部修剪外，一般应尽量少修剪，尤其不宜强剪。

⑤冬、夏养护　夏季高温宜增加浇水与喷雾增湿，冬季寒冷地区盆株移室内越冬，室温保持10℃以上，尽量让其多见阳光。

8. 雪 松

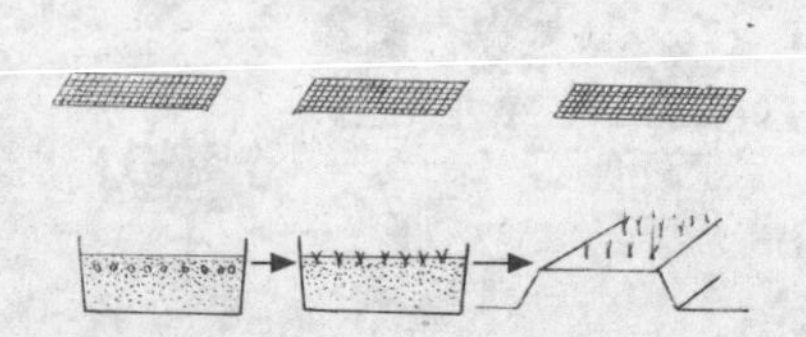

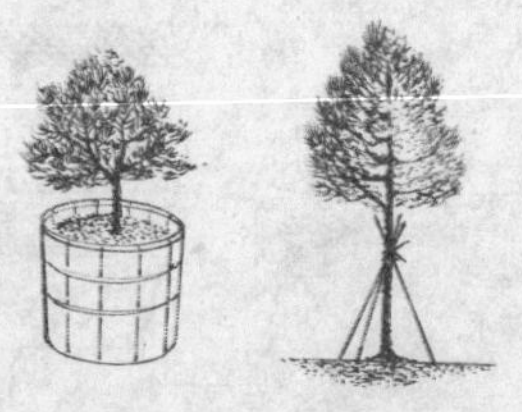

①播种繁殖　3月中下旬进行。播前冷水浸种1～2天，沥干即播。种子出土持续月余、苗高10厘米左右，移圃地继续培育。

②移栽定植　3～4月间进行。盆栽用大木桶作迷你式栽培；地栽宜选圃地培育3～4年生大苗带土团在大穴施足基肥定植，植后设架扶持。

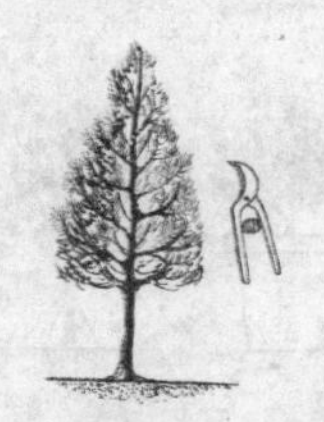

③肥水管理　盆栽幼株每1～2个月追薄肥1次，以后视生长势每年补施1次基肥即可。适度浇水保持盆土湿润勿过湿；地栽的一般无须追肥，每年冬、春季结合松土培土，沟施1次基肥，持续干旱则适当浇水。

④修剪　盆栽的注意控制株高，适当疏枝，培育优美株形。地栽的一般无须修剪，任其自然生长，每年冬、春季萌动前适当疏除过密枝、徒长枝等即可。

9. 扁柏

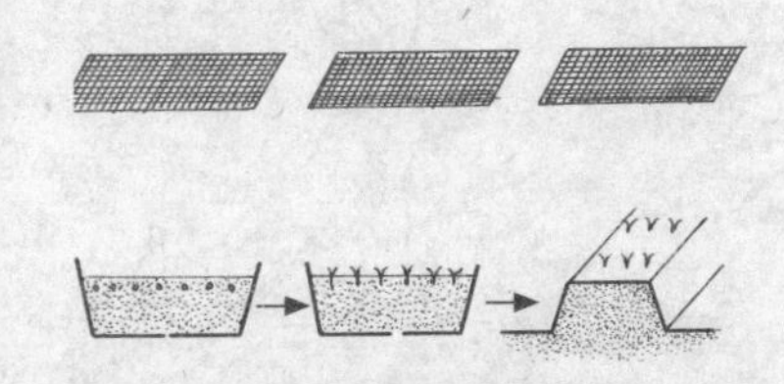

①播种繁殖　春末初夏播种，出苗稍大后移圃地继续培育。

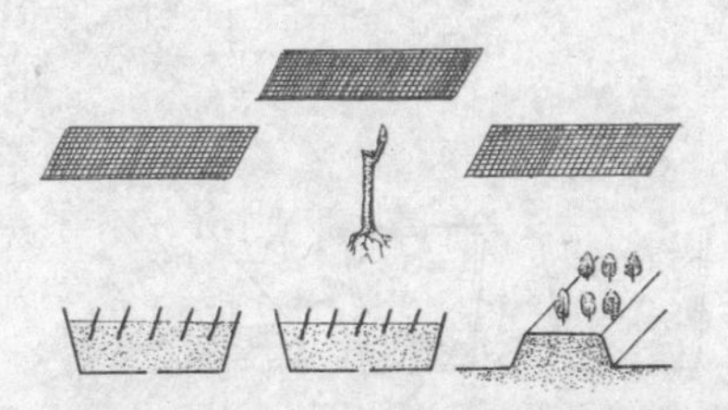

②扦插繁殖　在春季植株萌动前进行。选顶部健枝截茎段作插条，基部浸50～100毫克/千克萘乙酸溶液24小时，扦入沙土中，保温保湿促生根。

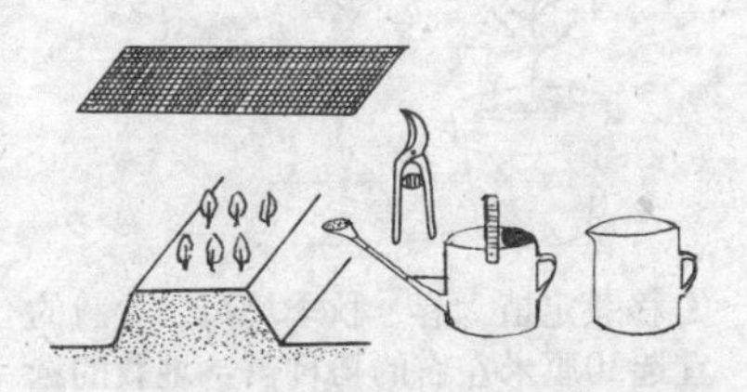

③苗床管理　幼苗生长慢，需精心管理。除做好疏苗、除草、松土外，还要适当施肥疏枝，促进苗木生长。

④盆株肥水管理　盆株头年生长期每月施肥1次，从第二年起每年春、秋季各施肥1次。适度浇水，保持盆土湿润。

⑤修剪　盆株宜早摘心促分枝，培育塔状株形。成形后适当疏枝，改善株间通透性。

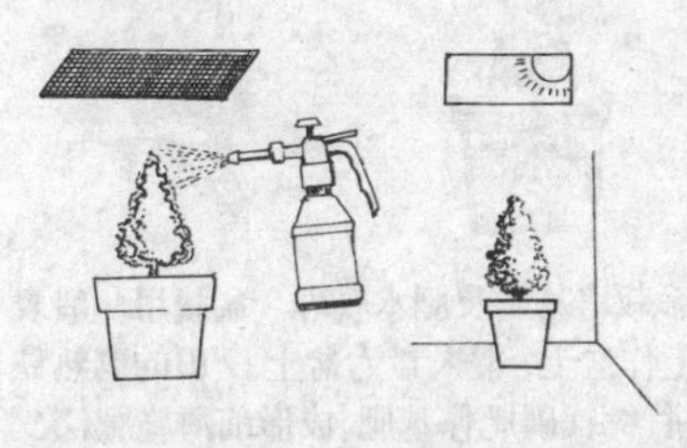

⑥夏、冬季养护　夏季高温盆株适当遮荫，增加浇水与喷雾；在冬季北方寒冷地区，盆株应入室越冬，并不时给予充足光照。

10. 圆 柏

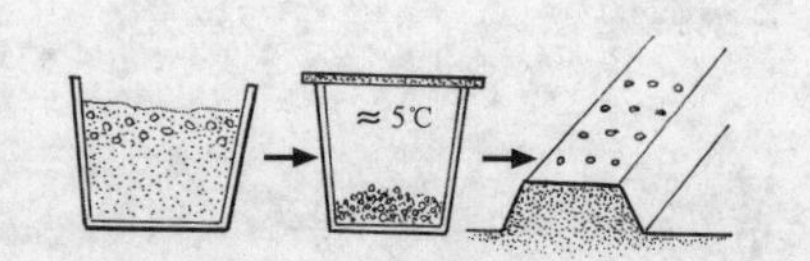

①播种繁殖　种子具深休眠性，阴干后混干沙贮藏200多天，播前将种子置于5℃左右的低温处2～3个月，可促进发芽。

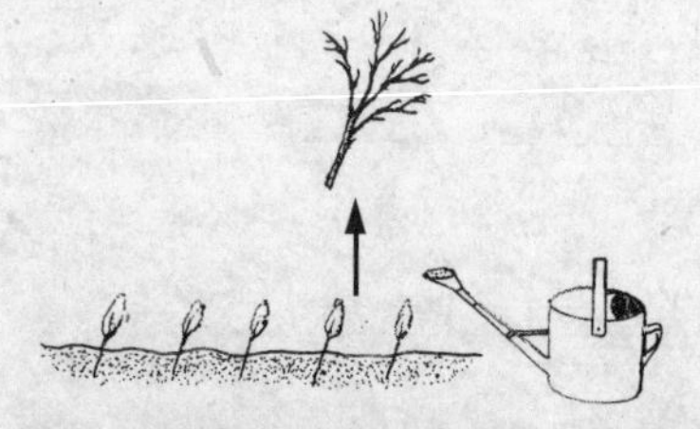

②扦插繁殖　早春剪取嫩枝，带叶在全光照下扦插于湿沙床内，经常喷雾保湿，1个月可发根，2～3个月可移栽。

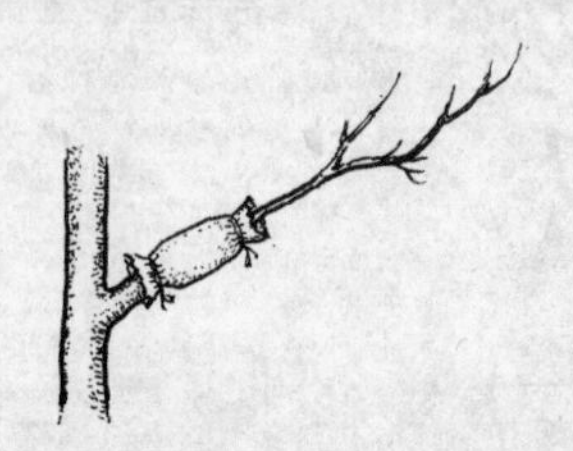

③高压法繁殖　选2～3年生枝条，于生长旺盛期进行环状剥皮，裹水苔泥用薄膜包扎，约2个月可发根，3个月左右可剪下移圃地培育。

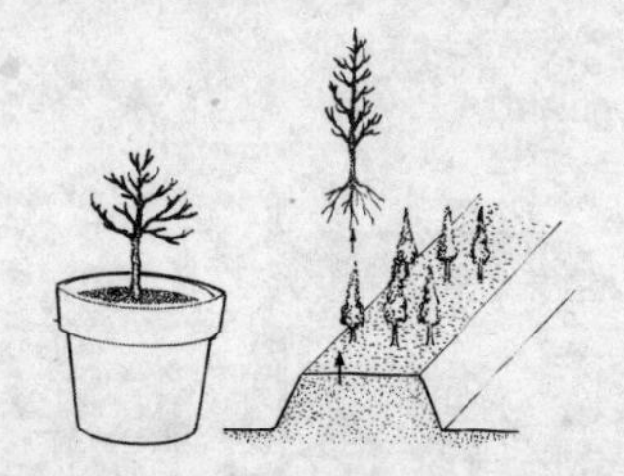

④移栽定植　春、秋季均可。盆栽的宜选30厘米左右的播种苗；地栽的选圃地2～3年以上大苗。

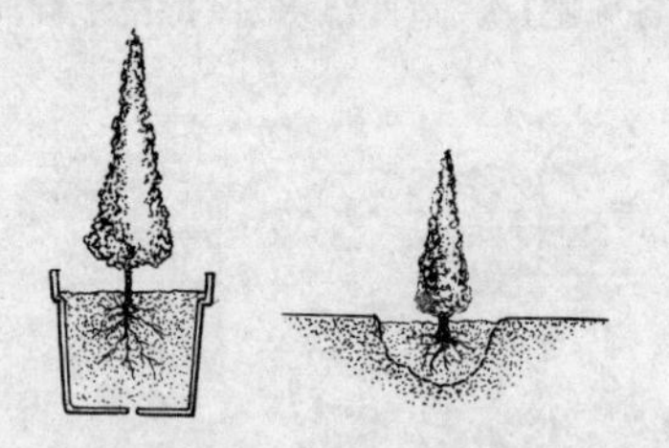

⑤栽培基质及肥水管理　盆栽用一般表土作盆土，混入量为盆土1/10的腐熟麸饼、钙镁磷肥作基肥。成形前薄施肥1次/月；成形后各施1次/春、秋，水不宜多浇，保持湿润勿过湿。地栽的在施足基肥的基础上，每年冬季结合松土培土增施1次基肥，自然雨水可满足其需要。

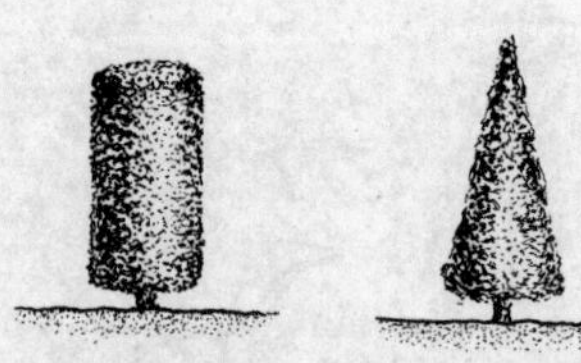

⑥修剪　可修剪成圆柱状或圆锥状。

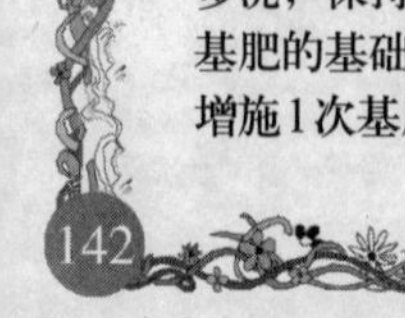

11. 柏 木

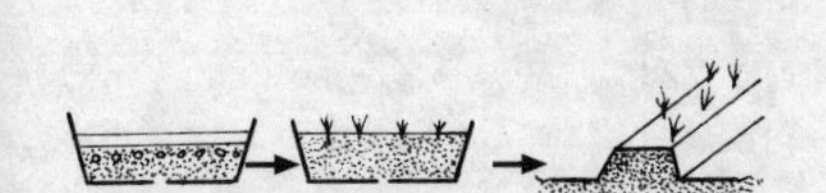

①播种繁殖　及时采种，秋或春播均可。播前用50℃温水浸种24小时。播后覆细土和盖草保湿，适当遮荫。

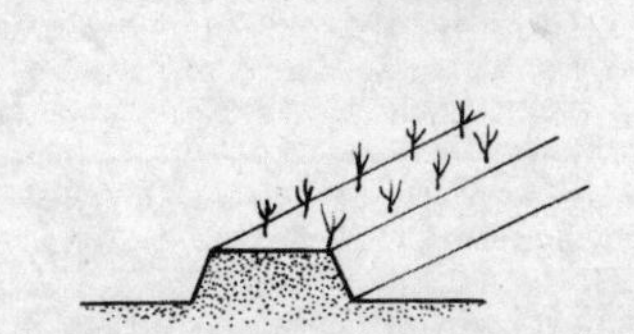

②苗期抚育　按常规做好间苗、除草、松土、培肥、浇水及疏剪与病虫防治等抚育工作。

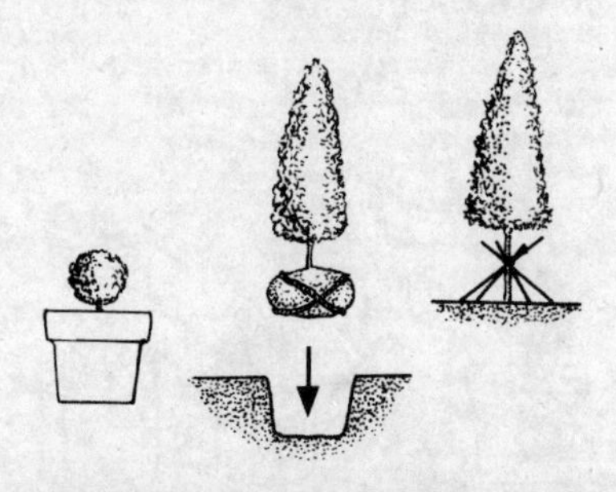

③移栽定植　春、夏均可进行。盆栽用1～2年生小苗；地栽用3～4年生以上大苗，带土移栽，注意保持适当株行距和植后设架扶苗。

④肥水管理　盆栽幼株每1～2个月施肥1次。成形后每年施肥1～2次，生长期保持盆土湿润。地栽的成活前管好水，头1～2年冬春萌动前补施1次有机肥；成形株一般无须专门肥水管理。

⑤修剪　盆栽的宜早摘心促分枝，培育迷你式圆锥状株形；地栽的一般任其自然生长，及时剪除下部枯黄叶。

12. 落羽杉

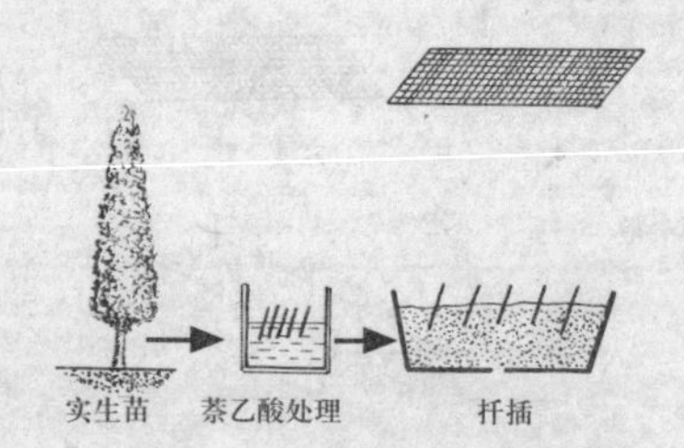

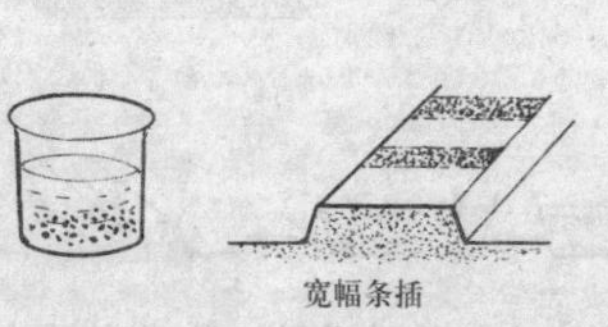

①扦插繁殖　春季选硬枝作插条，插前用100～150毫克/千克萘乙酸溶液浸基部24小时后扦插；夏季选嫩枝用50毫克/千克萘乙酸溶液处理6小时，可收促根之效。

②播种繁殖　秋、春季播均可。播前用清水浸种4～5天(每天换水)有助于发芽。床土以沙、土各半为佳。幼苗期夏季需遮荫。

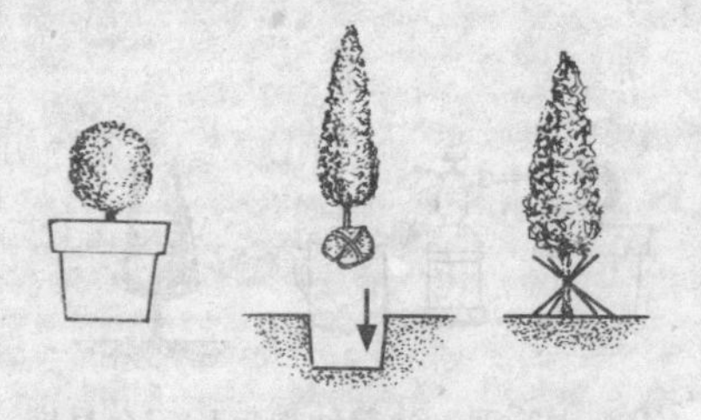

③移栽定植　春季或初夏进行。盆栽的选小苗；地栽的选圃地培育的大苗带土移栽，植前规划好株行距，挖大穴，施足基肥，植后淋足定根水和设架护苗。

④肥水管理　盆栽幼株头年每2个月施肥1次，成长后每年施肥1～2次；适度浇水，保持盆土湿润。地栽的植后视天气管好水，促早成活。以后肥水无须多管理，视生长势每年补充基肥1次即可。

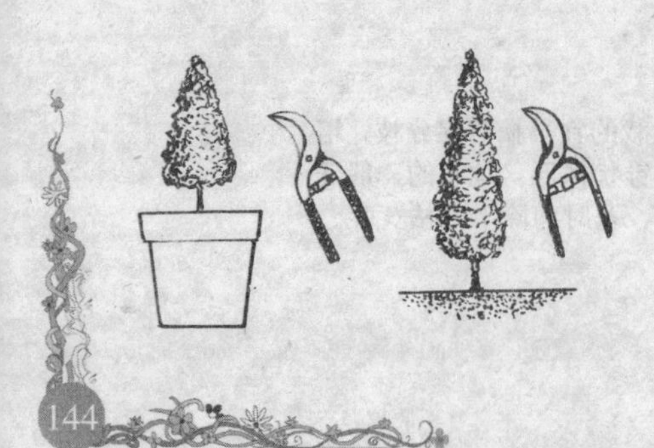

⑤修剪　盆株的宜控制株高，培育迷你式株形；地栽的一般无须多修剪，保持其自然株形即可。

13. 佛肚竹

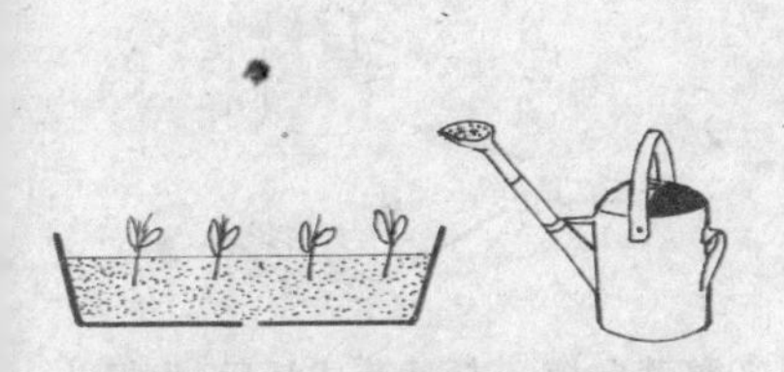

①扦插繁殖　春2月下旬至3月上中旬，选健壮母竹的主、侧枝，截含2～3个节（带2～3片叶）的茎段作插条插入沙床中。也可于初春或秋末挖取地下茎（俗称竹鞭）截段扦插。

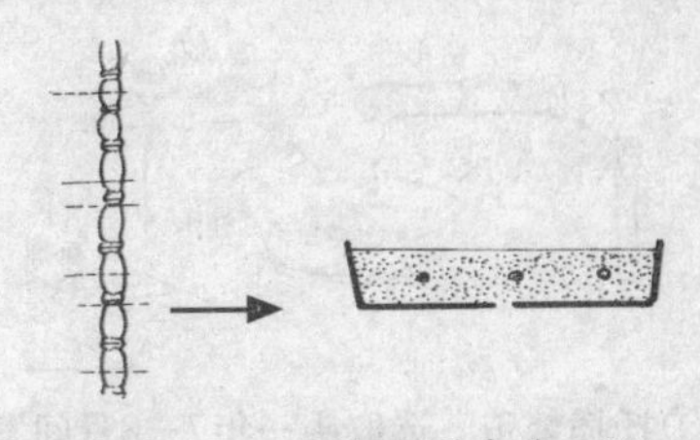

②埋节育苗　此法成活率为50%～90%。将竹秆截成含2～3个节的茎段埋于苗床。

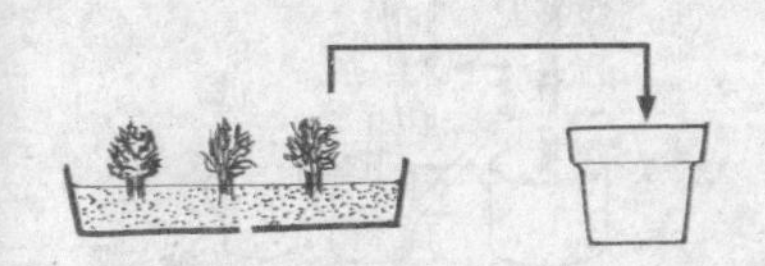

③移栽定植　插条经过1年生根成活后，萌发新蘖枝，形成小株丛即可移栽，注意保持移栽后土壤湿润。

④水肥管理　适度浇水，保持盆土湿润勿过湿。气候干燥时，要经常用清水喷洒叶面，使其保持翠绿。4～9月间，每月施1次稀薄肥水并耙松土面，以利于透气。

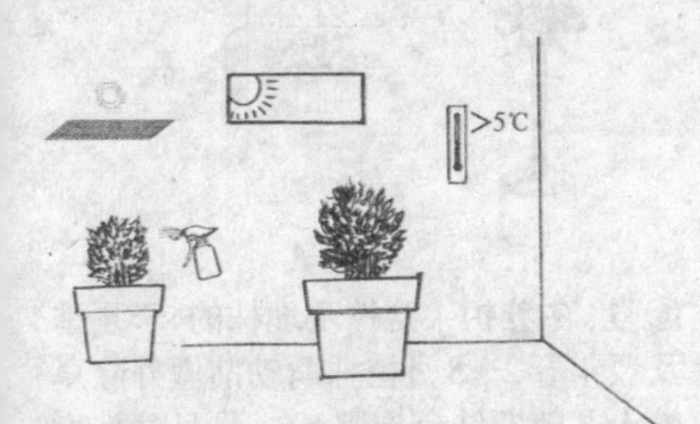

⑤夏、冬养护　盛夏高温，盆株适当遮荫避烈日；冬季北方入温室越冬，保持室温>5℃。

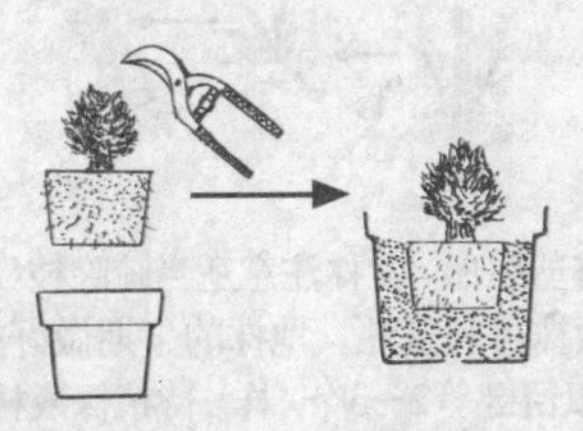

⑥换盆　每两年于秋季换1次盆，没分株的要去老留幼，去弱留强，保留培养幼嫩而有生机的植株。

14. 黄金间碧玉竹

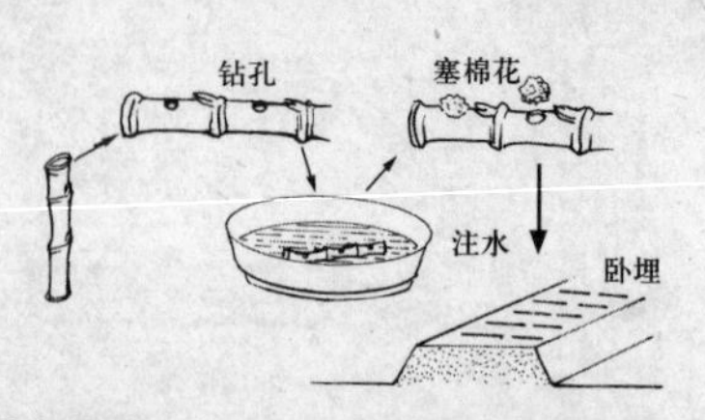

①扦插繁殖　选取头一年7～8月间发生的幼竹，取其中间部分，截含2～3节的茎段作插条，于节间中央穿孔注水，以棉花塞孔后埋入床土中，覆土。

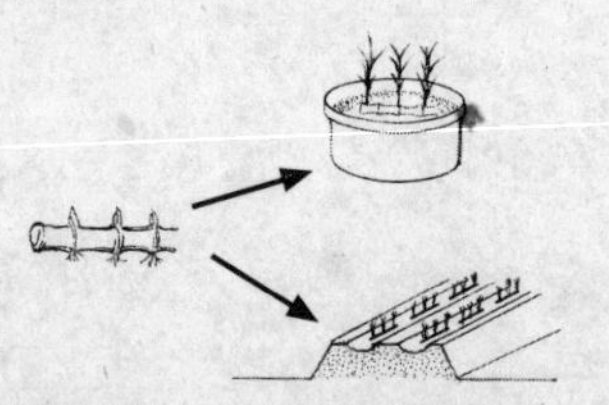

②移栽定植　扦插苗成活后，生根并长出新芽，即可移栽定植。1年中以2～4月间移栽最适。盆栽用大木桶或大盆植，1～3株／盆(桶)；地栽沟植，注意保持足够株行距，淋足定根水。植后视天气补水直至成活。

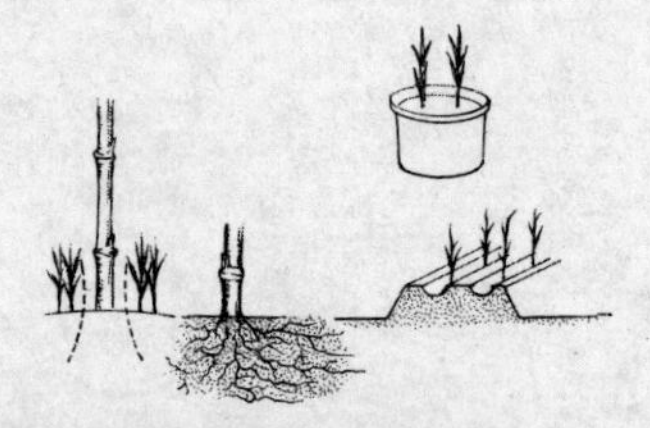

③分株繁殖　春末初夏进行。挖取秆枝附近的萌蘖分栽。

④肥水管理　施肥应以腐熟有机肥与复合化肥相结合施用，避免偏施氮肥，幼株期1～2个月施肥1次。成株视生长势结合中期松土培土每年施肥1～2次即可。适度浇水保持盆土湿润，既勿过湿，也不使受旱。连雨天注意排渍防涝。

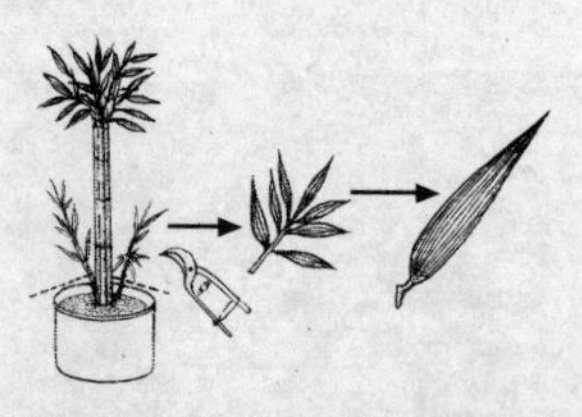

⑤修剪整形　盆株注意适当疏除枝杈，保持盆株可观赏性。地株的早期做好护笋疏笋(留健笋2～3个／株)，待植株成林后，做好疏笋养竹。按砍小留大原则合理采伐(秋末冬初进行)。欲矮化竹株可通过除早笋(8月以前抽生者)和勤加剥壳完成。

⑥夏、冬养护　盆株及地株的，于夏季及翌年春2～3月植株萌动前做好除草松土并随即结合施肥1次，夏日盆株增加浇水与喷水。冬季寒冷地区，盆栽移室内越冬，保持室温10℃左右，并给予较好光照(＞3～4小时光照／天)。

15. 大王椰子

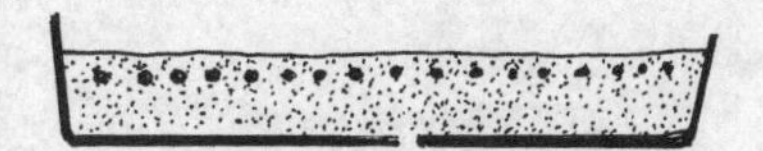

①播种　种子成熟后采下立即播种。如干藏易丧失萌发能力。采种即播一般50天可以发芽。

②移栽定植　在4~6月份进行。移栽时小苗应多带宿土，大苗带土团。为保证苗木成活，移栽前须剪除部分老叶。

③肥水管理　生长期每月施2~3次稀薄液肥，并经常保持盆土湿润。夏季需向叶面喷水，冬季停止施肥。

④冬季养护　寒冷地区可盆栽幼株，冬季将花盆移入室内养护，室温不得低于5℃。

⑤翻盆换土　8~10月翻盆换土，盆土选用腐叶土、园土和混合的培养土混合配成。

16. 酒瓶椰子

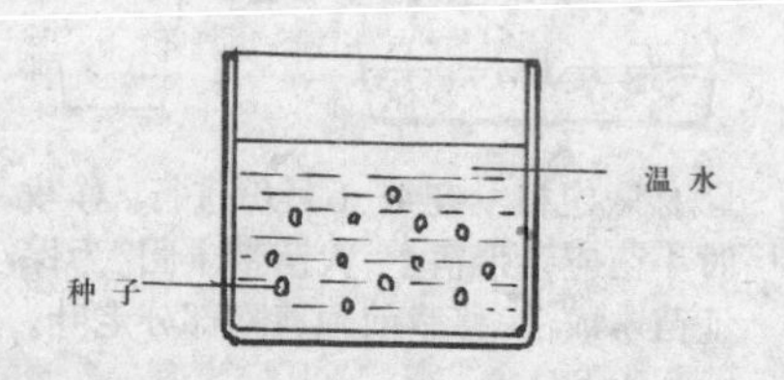

①播前温水浸种　用30℃温水浸种24小时。

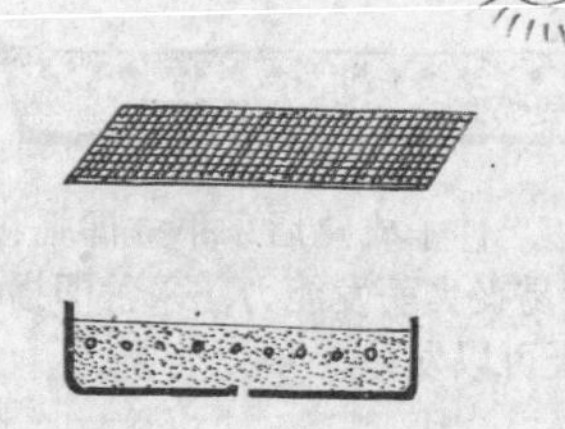

②播种繁殖　春末夏初播。点播，播后遮荫保湿，约50天左右发芽。

③移营养杯假植　于苗高10厘米左右进行。

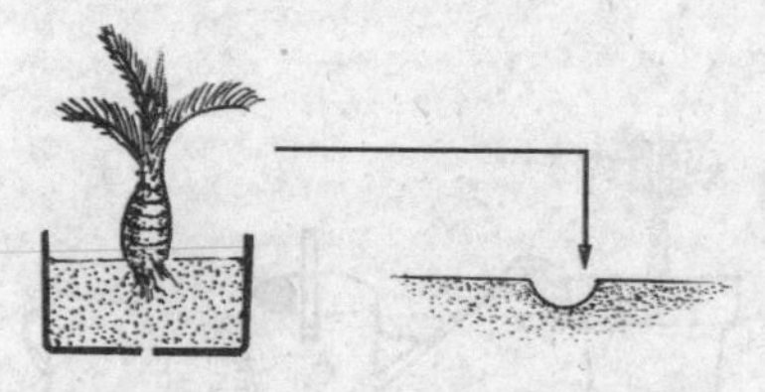

④定植　盆栽时选1~2年生播种苗，地栽的宜选3~4年生大苗，气温在20℃以上均可进行。

⑤肥水管理　在盆株生长期施肥1~2次，适度浇水，保持盆土湿润稍偏干。夏日高温，每天浇水1~2次，不定期喷雾以增加空气湿度。地栽的在施足基肥基础上每年增施1次有机肥即可，无须过多肥水管理。

⑥换盆　每2年换盆1次。结合换盆适当修剪地下部根系及地上部叶丛下部枯老叶，并在添加新盆土的同时加入配好的毒土，以预防根部病虫害的发生。

17. 加拿利海枣

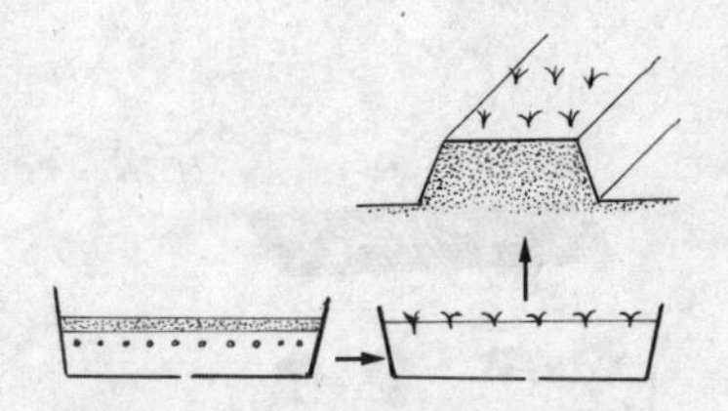

①播种繁殖　春、夏均可。播后保温(22℃~28℃)保湿，需1~2个月或更长时间方可发芽出土。

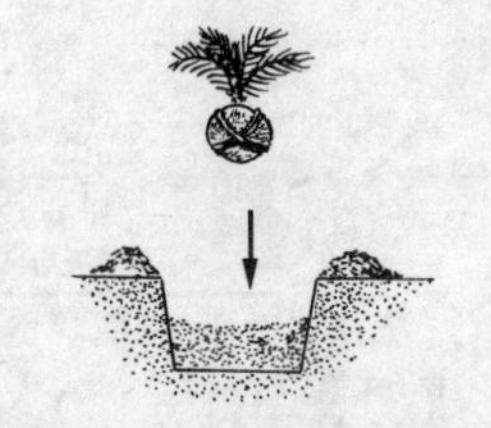

②移栽定植　于春末初夏进行。盆栽的宜用大木桶，选圃地培育1~2年苗上盆；地栽的宜选5~6年生大苗，注意保持足够株行距，挖大穴施足基肥。

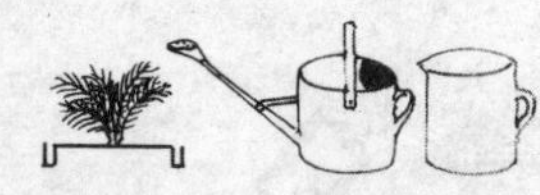

③肥水管理　盆株生长期每月薄施完全肥1次，勿过施氮肥，以免盆株徒长。视天气在春、秋季2~3天浇水1次，夏季每天浇水1~2次，并不定时喷雾1次，雨天注意排渍防涝。地栽的正常年份自然雨水就可基本满足需要，遇持续干旱年份适当补水，每年冬季结合松土培土施1次有机质肥即可。

④修剪　一般无须多进行。地栽群植的注意疏除下部交叉叶，以改善株间通透性，欲促其长高，应适时剪除叶丛底部老化叶片。

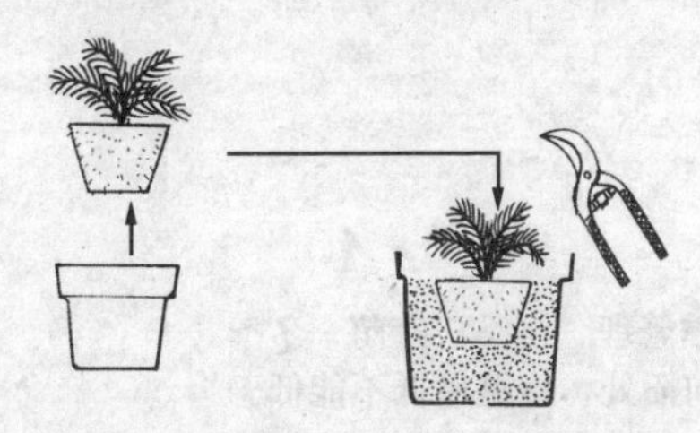

⑤换盆　视植株根系生长情况及生长势酌情进行。一般盆栽头2~3年宜每年换盆1次。

⑥冬日养护　在北方冬季寒冷地区，盆株的入室防寒，室温保持在10℃以上。

18. 蒲 葵

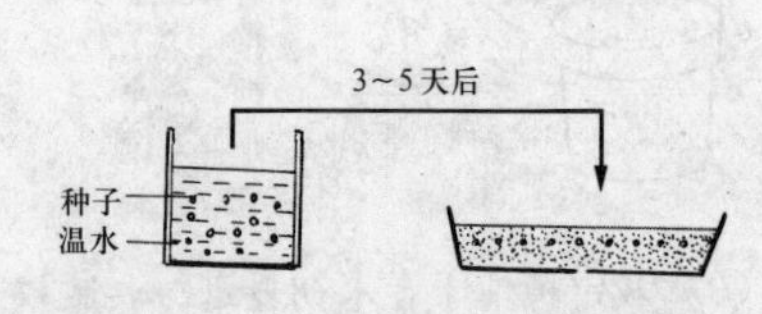

①繁殖　种子常采自20年生以上健壮植株的成熟果实，洗净、阴干，播种前用温水浸种3~5天催芽，发芽适温为28℃~38℃，待幼芽突破种皮后播种。

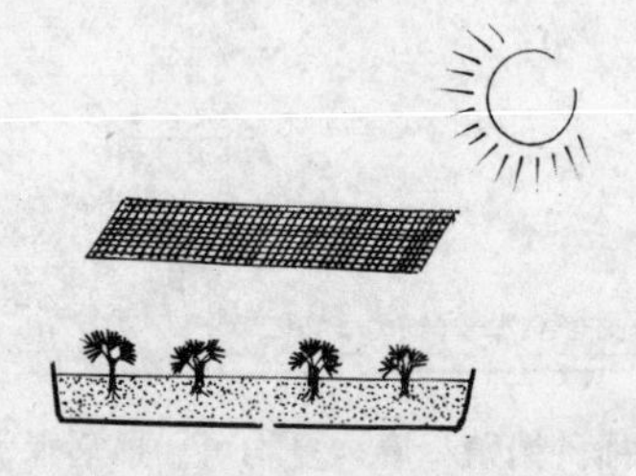

②遮荫　播后7~10天发芽出苗。露地播种的，幼苗出土后要适当遮荫，以免因阳光曝晒而影响成苗率。

③肥水管理　生长旺盛期，每半个月施肥1次，可选用卉友20–20–20通用肥。夏、秋季除浇水外，应多向叶面喷水，以免盆土缺水而引起叶片凋萎枯黄。

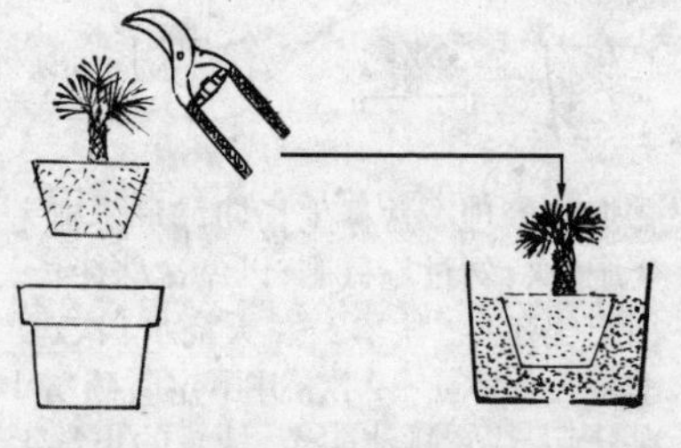

④换盆　蒲葵幼苗期每1~2年换盆1次，适当修整根部。成株每2~3年换盆1次，剪除老叶，以托高茎干。

⑤夏、冬季管理　夏季应遮荫，冬季放入温室向阳处，室温最低不能低于5℃。

19. 老人葵

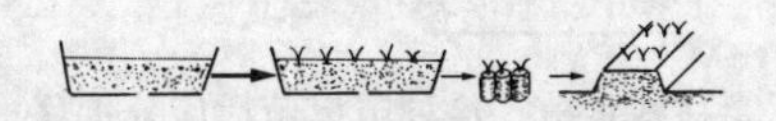

①播种繁殖　春季播种，发芽后移营养杯培育一段时间后转圃地继续培育。

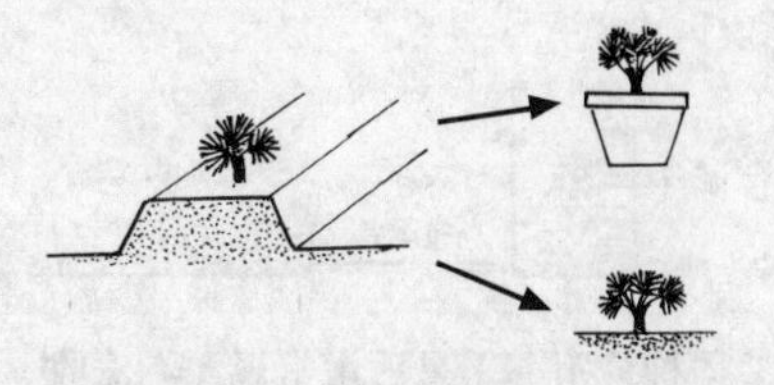

②移栽定植　春、秋均可进行。盆栽的宜选1～2年生幼株，地栽的宜选4～5年生大苗。群植时注意保持足够株行距。

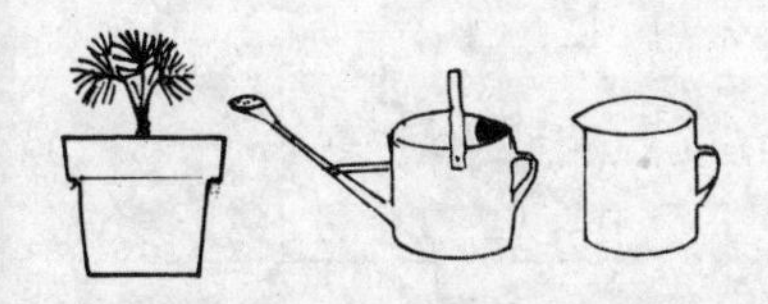

③肥水管理　盆栽的生长期每1～2个月薄施完全肥1次，勿偏氮过氮；适度浇水保持盆土湿偏干即可。地栽的成活后一般无须过多肥水管理。

④修剪　视生长势及时疏除底部枯老叶，改善株间通透性。

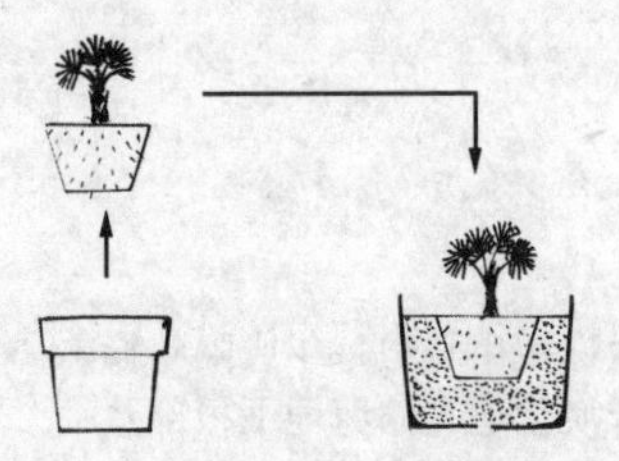

⑤换盆　盆栽一般植后每隔2～3年换盆1次。

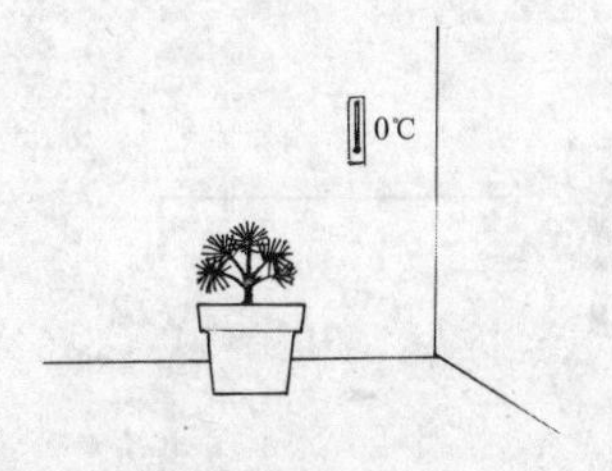

⑥冬日养护　冬季寒冷地区入室越冬，保持室温在0℃以上，以3℃～5℃为宜。

20. 假槟榔

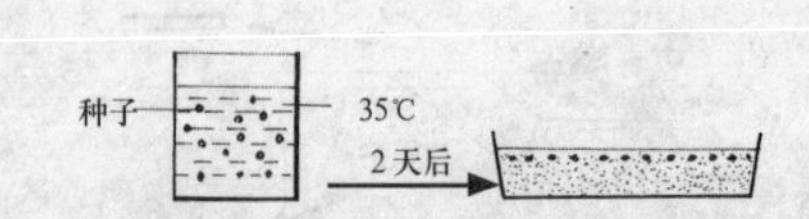

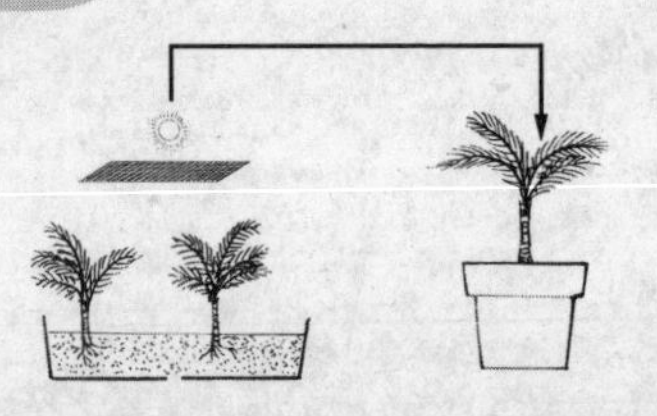

①播种繁殖　采果后用常规漂淘法收集种子，种子具3个月左右的休眠期，宜沙藏待翌年春暖后播种，播前用温水（35℃）浸2天再播。

②移栽定植　播种苗出苗后应分批移圃地进一步培育。盆栽的宜选1～2年生苗（1株/盆）；地栽的宜选4～5年生大苗，并规划好株行距，使之有足够空间发展。

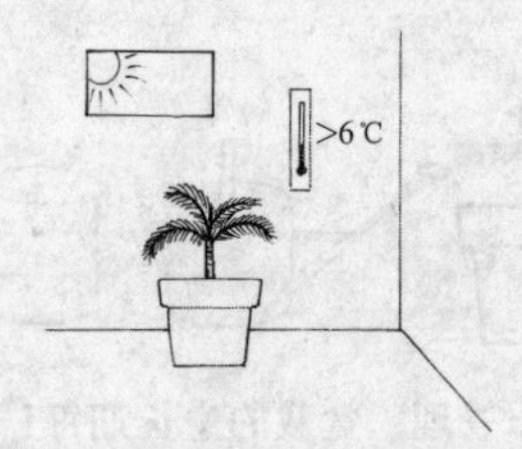

③肥水管理　地栽的在施足基肥基础上每年冬春施1次有机肥即可；盆栽的生长期每2个月追肥1次。适度浇水保持盆土湿润勿过湿。地栽的自然雨水可满足其需要，雨天注意防渍。

④光温管理　苗床期及盆株幼株夏日宜适当遮荫，避烈日直照，其余季节及生育阶段光照宜充足。冬日寒冷地区盆株宜入室防寒，室温保持6℃以上，仍以10℃左右为安全。

⑤换盆　盆株视生长势每年或隔年换盆1次，结合换盆适当修剪地下根部及地上部，在添加新盆土时加入防病虫的毒土。

21. 鱼尾葵

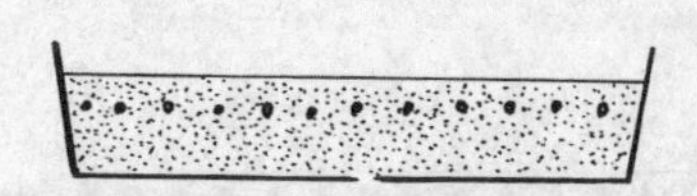

①播种繁殖　采种后即播或沙藏。播种深度为2～3厘米，发芽适温为30℃。播后1.5～2个月发芽。出苗长真叶后陆续移圃地继续培育。

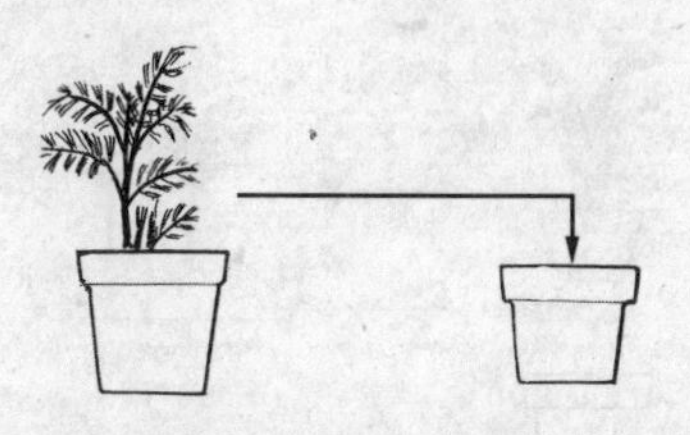

②分株繁殖　主干旁的根上生长出吸芽，长大后可在春季进行分株繁殖。刚分栽的株苗，需适当遮荫和保持较高空气湿度，避免强光直射。

③肥水管理　盆栽幼株每半个月施肥1次；成株每1～2个月施肥1次，秋末冬季视苗情少施或不施。适度浇水，保持生长期盆土湿润勿过湿，休眠期湿润偏干，并视天气增加喷雾提高空气湿度。

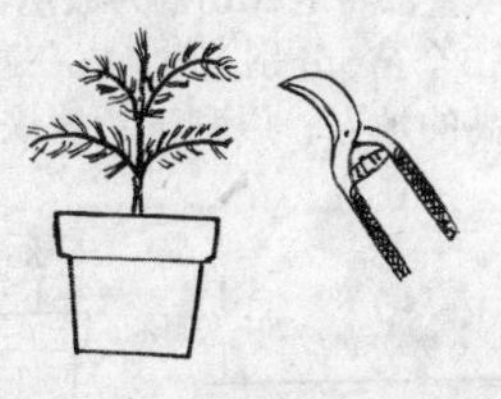

④整形修剪　生长过程中，随时剪除下部枯、黄、老、病、密叶，以减少养分消耗和改善株丛通透性。保持美观的外形。修剪后最好随即树上地面喷施1次叶面营养剂与杀菌剂（如氧氯化铜）混剂，有助于减少伤口感染。

⑤冬夏养护　应在半阴环境下栽培，尤其是阳光强烈的盛夏须遮荫，否则叶子会被晒黄。冬日寒冷地区盆株入室越冬，保持室温不低于6℃～7℃，以10℃左右为安全。

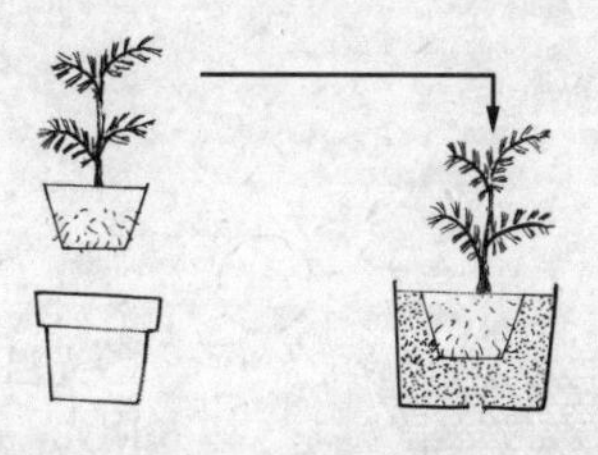

⑥换盆　每2～3年换盆1次。换盆时修剪根系去除根部过多的分蘖苗（可结合行分株繁殖）。老植株过高，可截顶促进侧枝萌发。

22. 散尾葵

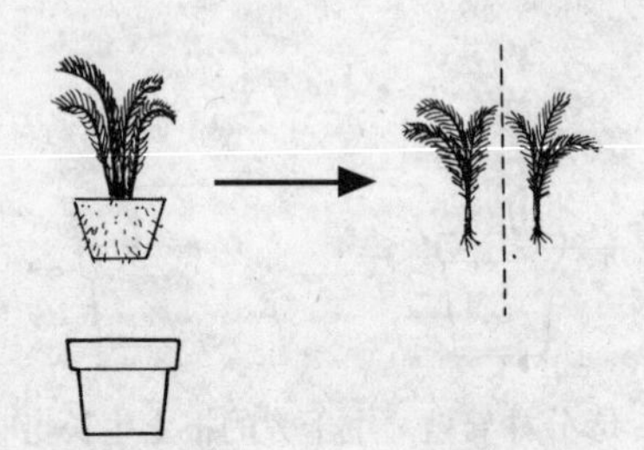

①分株繁殖　对3年以上老株可于4月中旬分盆，分盆前2天不再浇水，以利于脱盆。磕出土坨后，去掉宿土，用快刀从基部将老株切割为数丛，每丛应有2～3个苗，分别上盆，放在遮荫、湿度较高的地方，以利于新株恢复。

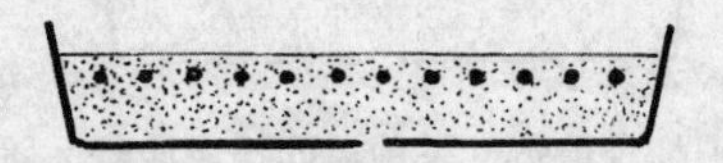

②播种繁殖　春季温度上升以后，用浅盆播种。出苗并长真叶后移圃地继续培育。

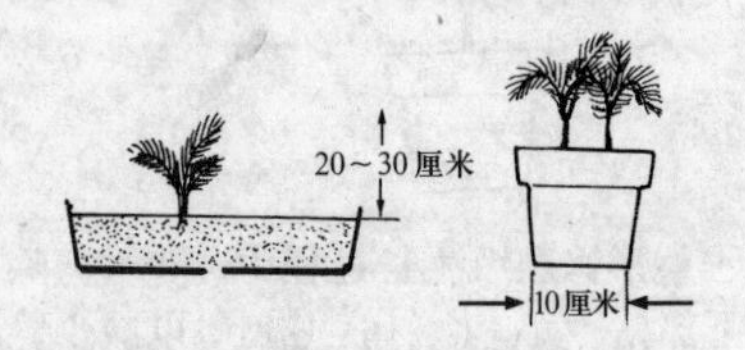

③移植　待苗高20～30厘米，将2～3株栽种在直径为10厘米左右的盆中。因其生长缓慢，约需2年时间方可长到1米左右。

④盆土基质与肥水管理　可用腐叶土、泥炭土各1份，加河沙或珍珠岩1份，加入基肥配成培养土上盆，要埋得稍深些。在旺盛生长的5～9月份，每1～2个月施肥1次；适度浇水，保持盆土湿润勿过湿，并不时喷水提高空气湿度；秋末、冬及初春，盆土湿润偏干，肥少施或不施。

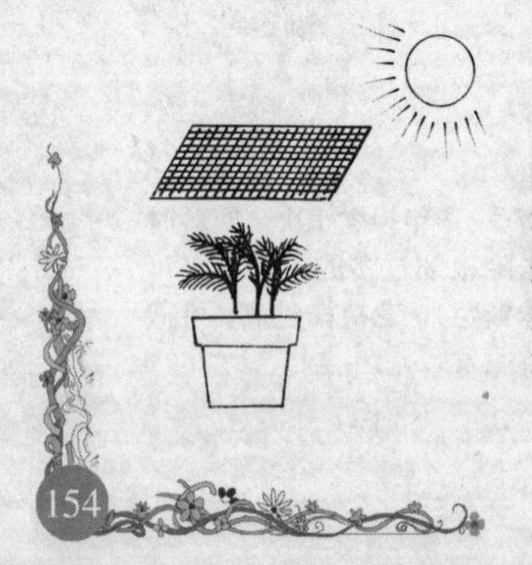

⑤光温管理　夏季初秋应遮去50%的阳光。春、秋、冬季不必遮光，南方以夜间保持15℃，白天保持25℃左右为最佳。冬季寒冷地区，盆株宜入室防寒，室温保持>6℃～7℃，以10℃左右为安全。

23. 董 棕

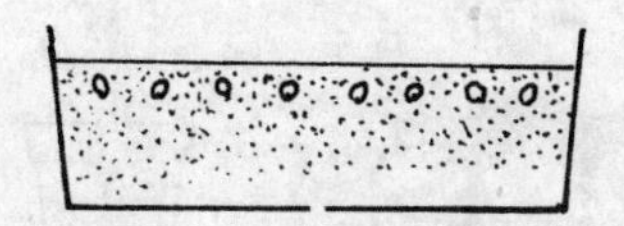

①播种繁殖　采成熟果，堆沤后用漂淘法收集种子，即播或沙藏待翌春初夏播。

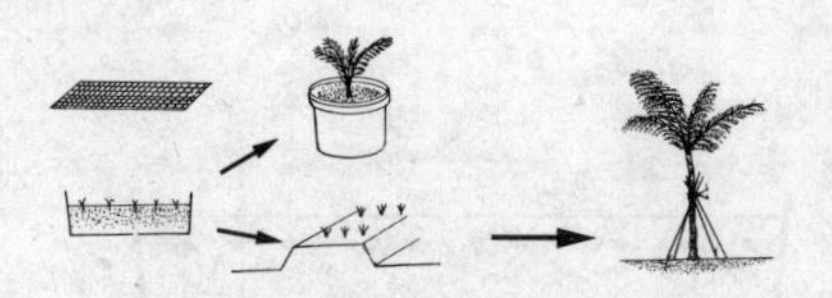

②移栽定植　清明后进行（华南地区）。盆栽的选圃地长至20～30厘米的小苗定植；地栽的选圃地2年生以上大苗带土团移植。挖大穴，施足基肥，淋足定根水，植后设架扶持。

③肥水管理　盆栽幼株期每1～2个月追肥1次，适度浇水保持盆土湿润勿过湿。地栽的成活前注意补水及喷雾，促早成活。一般无须追肥。以后每年结合松土培土增施1次基肥即可。

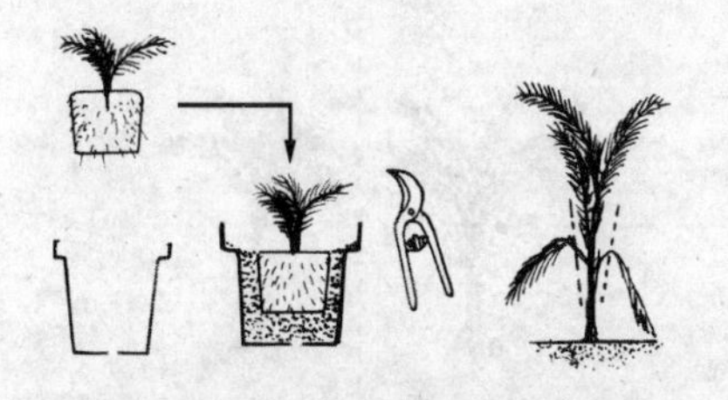

④修剪与换盆　盆栽幼株期头1～2年可每年换盆1次，结合换盆适当修剪地下根部及地上植株下部枯老叶。地栽的适时疏除基部枯老叶，可促植株长高。

⑤夏冬养护　夏日应增加浇水和不时喷雾，适当遮荫避烈日直射。冬季寒冷地区盆株移室内养护，保持室温6℃以上，以10℃左右为安全；置光线明亮处，并不时移室外接受阳光。

24. 三药槟榔

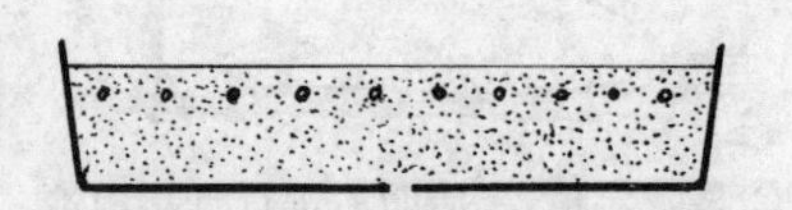

①播种繁殖　在秋冬季果熟时采下，按常规漂淘法收集种子，播于沙床中。保温保湿，约3个月左右发芽，待长真叶后移遮荫的圃地继续培育。

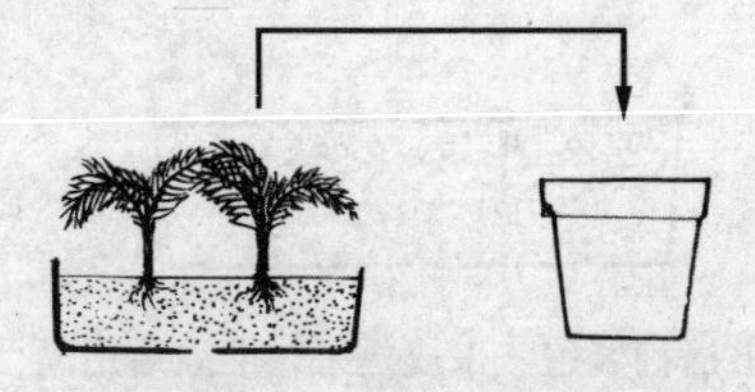

②播种苗定植　播种苗移圃地培育为2～3年生苗方可上盆定植。地栽的宜选5～6年生大苗，带土团定植，规划好株行距，挖大穴，施足基肥，植后淋足定植水及设架扶持。

③分株繁殖　4～6月间挖取植株基部萌生的带根小苗，先移遮荫圃地培育，翌年上盆分栽。

④肥水管理　盆栽幼株生长期每1～2个月施肥1次，成株每年施肥1次；适度浇水保持盆土湿润但切忌过湿。地栽的一般土壤自然肥力及降雨即可满足其生长需要。

⑤冬季养护　华南北部可在露地安全越冬；华中、华东南部一些经驯化耐寒品种在正常年份亦可露地越冬；华北地区盆株需入室防寒越冬，室温保持5℃～10℃，以10℃左右为安全。

25. 美丽针葵

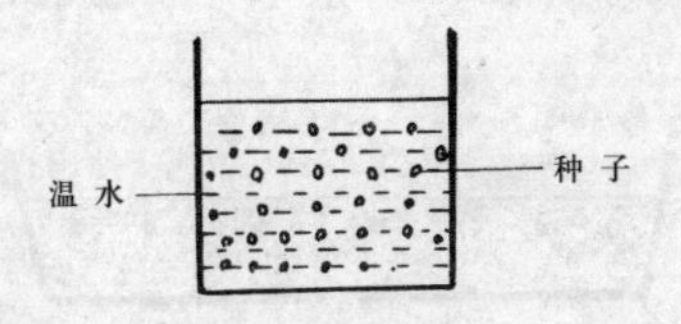

①种子处理　播前采用温水浸种，可提前出苗。

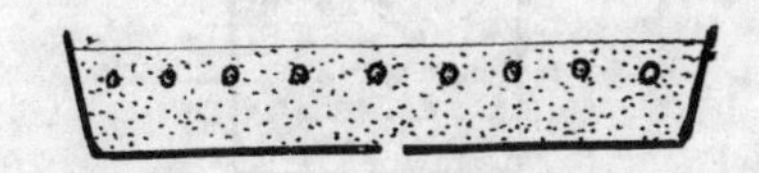

②播种　种子成熟后及时采收，采后即播或在第三年春季播种。播种土用砂质土壤，覆土2~3厘米厚。种子发芽适温为25℃左右，一般约1个月萌芽。

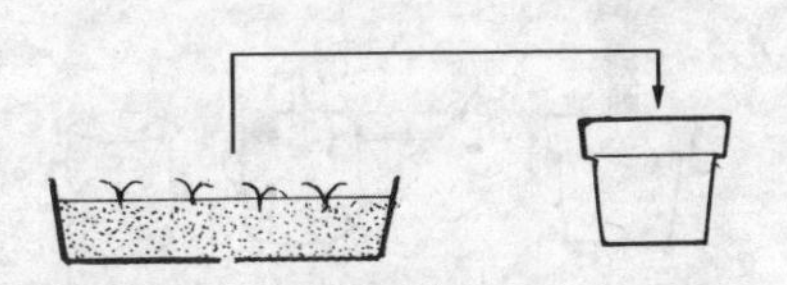

③上盆　春、夏季栽植上盆。以园土、腐叶土、沙（比例为4∶4∶2）混合后做盆土，并混入适量有机肥。

④肥水管理　生长期应经常浇水，保持盆土湿润，空气干燥时向叶面喷水。每月施1~2次稀薄液肥。冬季减少浇水，停止施肥。

⑤夏季管理　夏季应遮荫并随时剪除枯黄老叶。多喷雾提高空气湿度。冬日寒冷地区盆株入室，室温保持≥10℃。

⑥换盆　每2~3年换1次盆，换盆时应多带宿根土。

26. 棕 竹

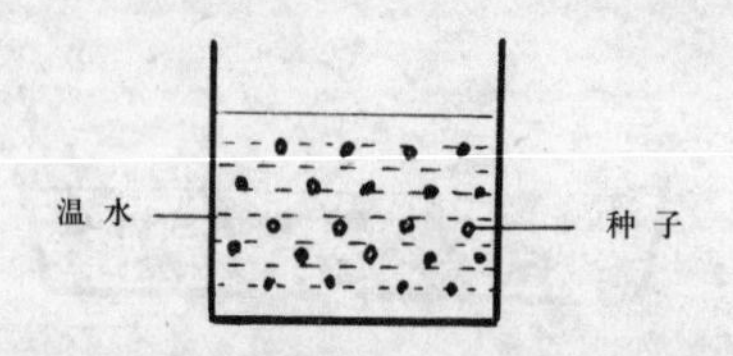

①播前处理　先将种子用35℃温水浸泡1天，捞出沥干水进行播种。

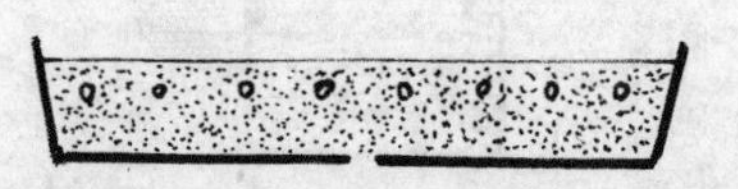

②播种　播种在4～5月进行，播后约2个月发芽，注意给予保湿。

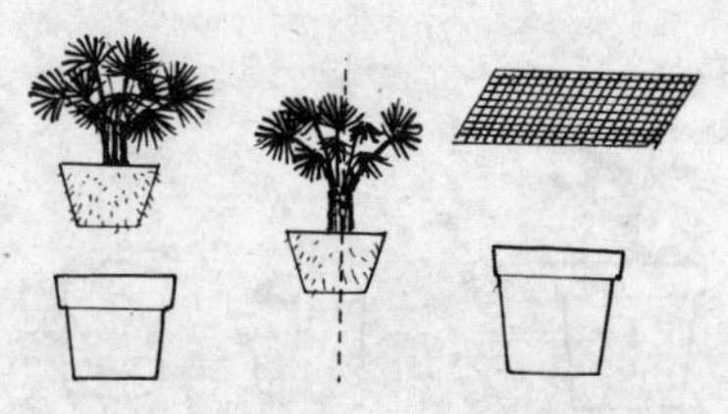

③换盆分株　分株与春季换盆结合进行。分株前停止浇水1天，待盆土稍干时，将整株倒出，视株型大小将其切割成2～4个小丛，每丛需带2～3个小株，盆栽后浇透水放半阴处养护。

④肥水管理　每个月施薄氮肥1次。高温季节除浇水外，每天早晚要分别喷水1～2次，以保持较高的空气湿度。

⑤整形修剪　注意整形修剪，把枯叶及时剪去，保持优美形态。

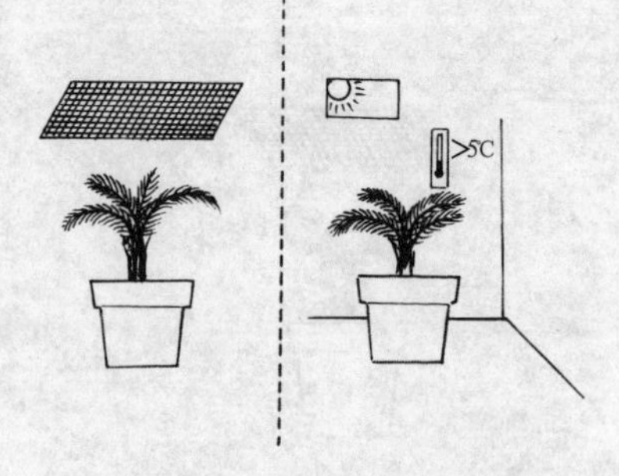

⑥光温管理　夏季应适当遮荫，冬季应置于室内，保持室温不低于5℃，以10℃左右为安全。

27. 袖珍椰子

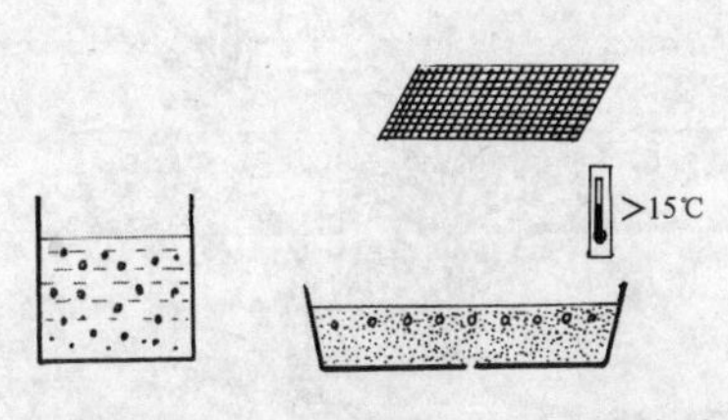

①播种繁殖　于春夏季进行。播前种子用萘乙酸浸种，以促进发芽(种子有生理后熟现象，各地用萘乙酸处理的浓度和时间宜先行试验)。点播，30℃下经2～3个月发芽。

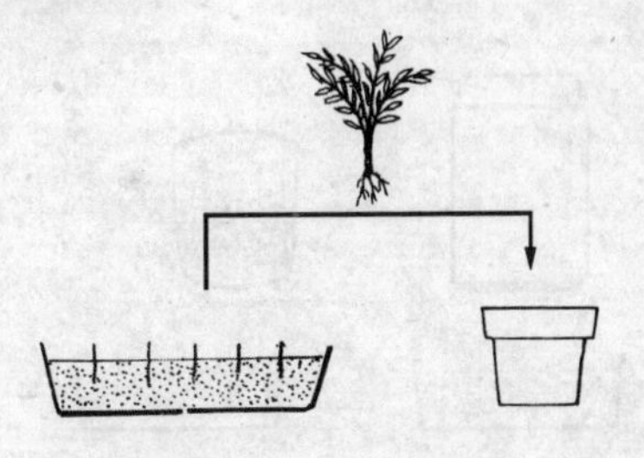

②盆土基质　以园土∶腐叶土∶沙=5∶3∶2作盆土，再混入数量为盆土1/10的腐熟有机肥。

③肥水管理　盆栽幼株生长期每月施肥1～2次，成株视生长势1～2个月施肥1次，适度浇水保持盆土温润但切忌过湿。休眠期控水使盆土稍润偏干。

④修剪　及时剪除下部枯黄老叶，有助于新叶抽生。

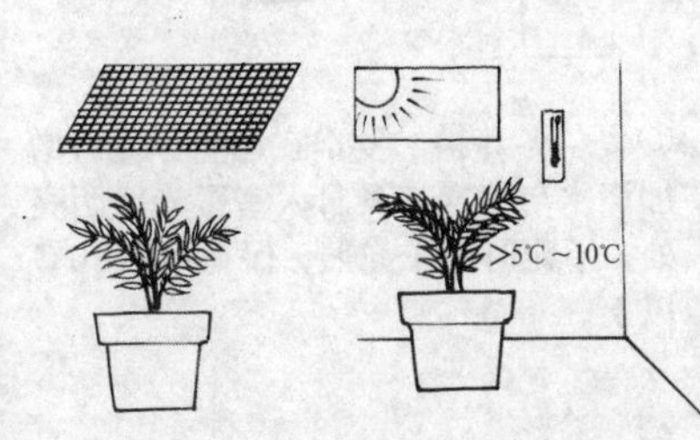

⑤夏冬养护　夏季盆株宜适当遮荫，避烈日曝晒，增加浇水与喷雾；冬日北方寒冷地区盆株入室防寒，置光线明亮处，室温保持在5℃～10℃，以10℃左右为安全。最好定期置阳光下接受光照。

28. 夏威夷椰子

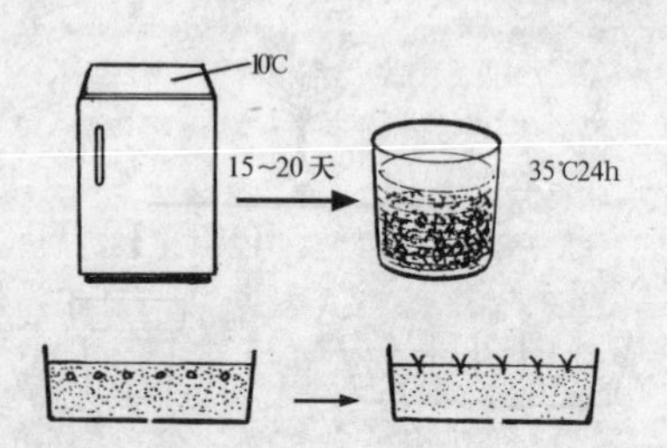

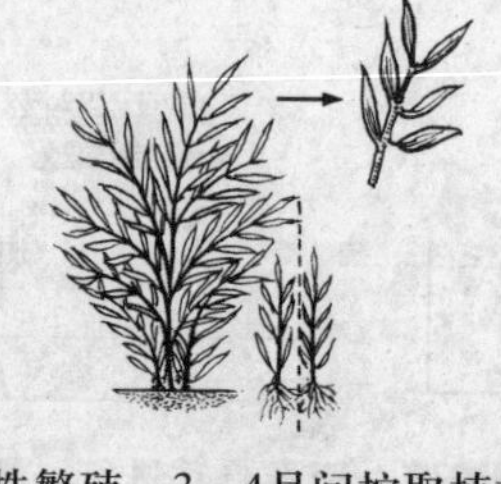

①播种繁殖　春播，播前种子经10℃低温处理15~20天再经35℃温水浸种24小时，有助于促进发芽。

②分株繁殖　3~4月间挖取植株茎基周围萌生的小株带根蘸泥浆水分栽。

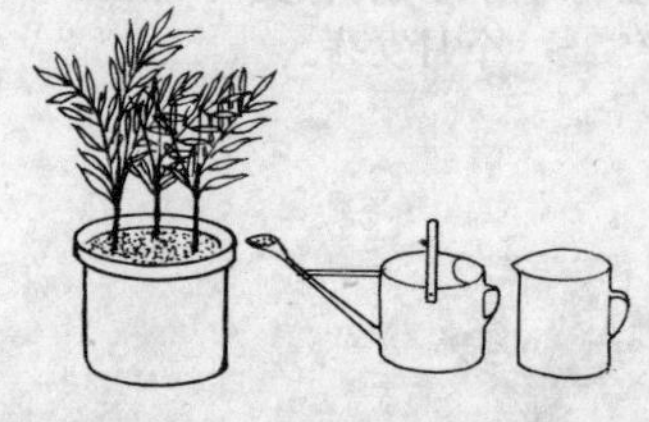

③移栽定植　播种苗长出2片原生叶及1片真叶可上盆；分株苗蘸泥浆上盆分栽（3株／盆）。

④肥水管理　盆栽幼株生长期每月施肥1~2次，成株每年春、秋季各施肥1~2次，适度浇水，保持盆土湿润勿过湿，雨天注意防渍。

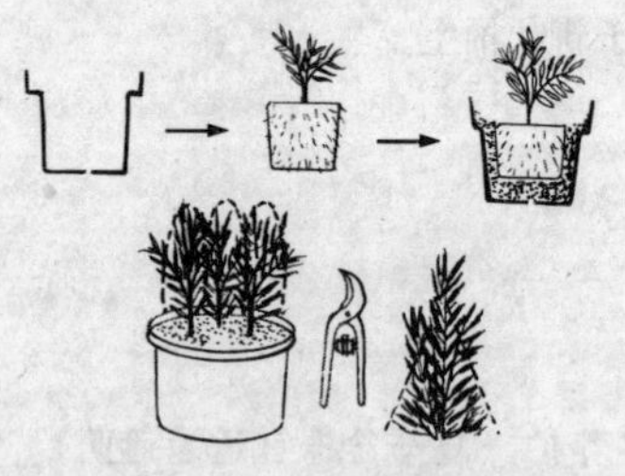

⑤修剪与换盆　以及时剪除植株底部枯老叶为主。羽叶叶尖易干枯，宜避免横剪降低植株观赏性，应作楔状剪除干枯叶尖。一般2~3年换盆1次，结合换盆适当修剪地下部根系及疏除下部枝叶；在添加新盆土时加入毒土。

⑥夏、冬养护　夏季宜遮荫，适当增加浇水与喷雾；冬日入室置光线明亮处，不定时给予光照，保持室温10℃以上。

29. 狐尾椰子

①播种繁殖　春末初夏播。催芽后播，薄覆土，淋足水，发芽后结合间、疏苗，分批移营养袋假植。再转入圃地培育成大苗出圃行地栽。

②移栽定植　华南地区以清明节后气温稳定回升至20℃以上定植为宜。盆栽的至少选长出1～2片真叶的播种苗定植（1株／盆）；地栽的宜选圃地培育2～3年生大苗带土团定植，注意保持足够株行距和植后扶苗。

③肥水管理　盆栽幼株生长期每1～2个月施肥1次。适度浇水，保持盆土湿润勿过湿。地栽的成活前适当补水，遇大雨及时清沟排渍防涝，每年结合松土培土穴施1次有机肥即可。

④修剪整形　盆栽的注意控制株高，一般无须多行修剪；地栽的如欲促其长高，适时疏除下部枯老叶即可。

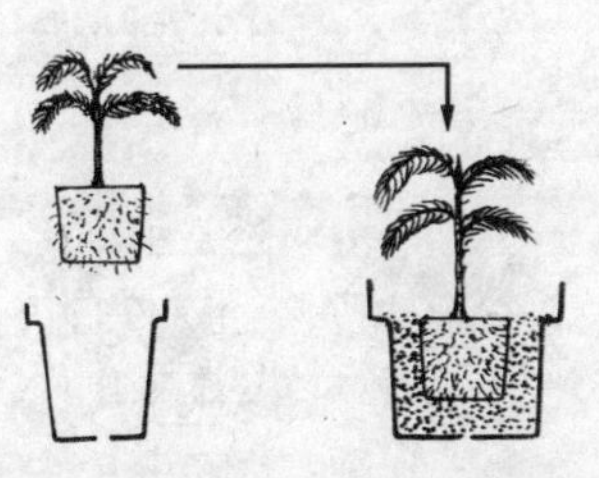

⑤换盆　盆栽的头2～3年可每年换盆1次，结合换盆适当修剪地下根部。在添加新盆土的同时，加入含配好的杀虫杀菌剂毒土，有助于预防减轻病虫害发生。

⑥夏冬养护　夏季高温盆株视天气适当增加浇水（2次／天）和喷雾增加空气湿度。冬日寒冷地区宜入室防寒，置光线明亮处，尽可能给予充分光照，如天气过于干燥亦需喷雾增湿。室温保持>6℃，以10℃为安全。

30. 国王椰子

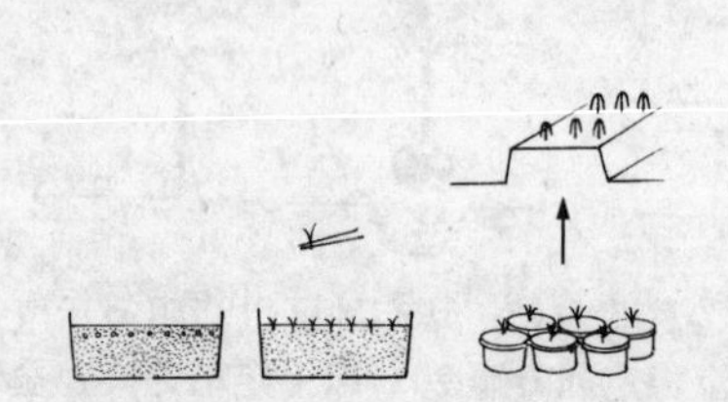

①播种繁殖　春末初夏催芽后播种。发芽后适当间苗，选壮苗分批移营养袋及圃地继续培育。

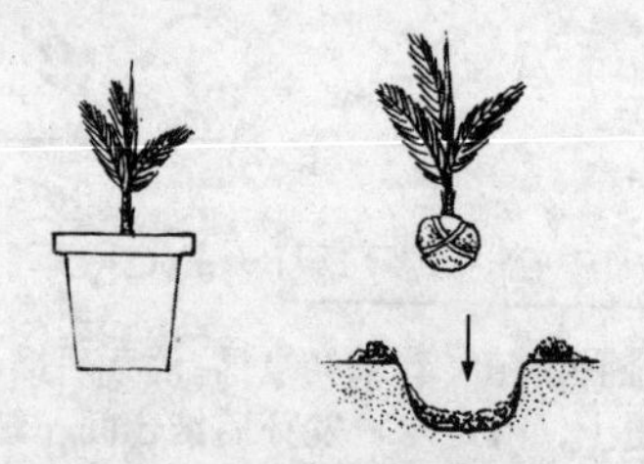

②移栽定植　盆栽的选长出1片以上真叶幼苗带袋上盆（1株／盆）；地栽的宜选圃地1~2年生苗带土团定植。单干高可达5~9米，地栽时宜留足株行距，挖大穴，施足基肥后移植。

③肥水管理　盆栽幼株生长期每月施肥1~2次；适度浇水，保持盆土湿润勿过湿。地栽的在施足基肥后，平时不必追肥，每年结合松土培土补充1次腐熟有机肥即可。视天气适当补水确保成活，连雨天注意清沟排渍防涝。

④修剪整形　一般无须多行修剪。盆栽的注意控制株高；地栽的欲促其长高，可及时疏除下部枯老叶，减少养分消耗，促新叶抽生。

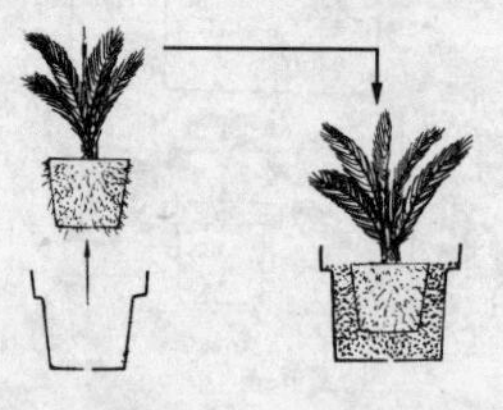

⑤换盆　盆栽的头2~3年，可每年换盆1次，适当修剪地下根系。并结合换盆添加新盆土时，加入备好的含杀虫杀菌剂毒土，有助预防病虫害。

⑥夏、冬养护　夏天高温耗水量大，盆栽的宜适当增加浇水（2次／天）和不定时喷雾，以增加空气湿度。冬季寒冷地区需入室防寒越冬，置光线明亮处，盆土保持湿润偏干，室温保持>6℃，以10℃左右为安全。

31. 鸳鸯椰子

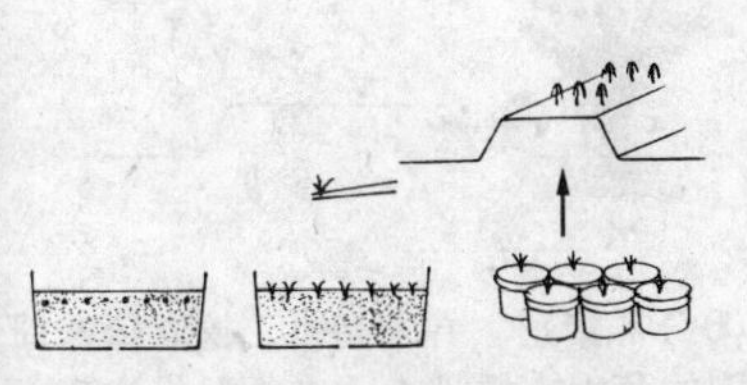

①播种繁殖　春末初夏按常规方法播种，出苗后移营养袋及圃地继续培育。

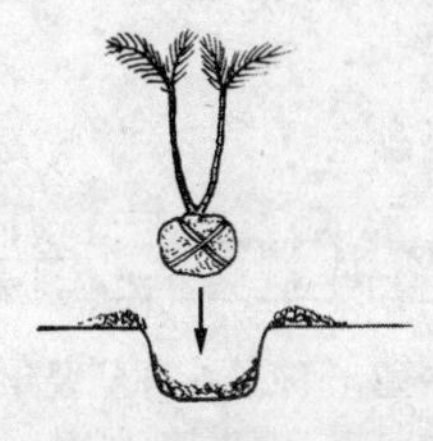

②移栽定植　选圃地培育的1～2年生播种苗行地栽。注意保留足够株行距，挖大坎，施足基肥，植后浇足定根水。移栽时更要注意小心保护植株生长点勿受伤害。

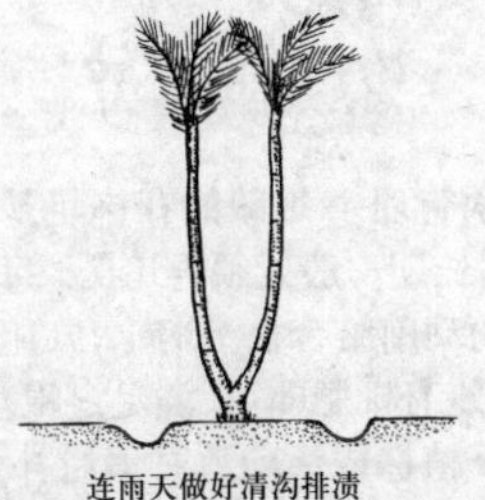

连雨天做好清沟排渍

③肥水管理　地栽植株植后肥水管理主要以管好水为主，促植株早成活。成活后，正常天气一般肥水无须多加管理，遇连雨天注意及时清沟排渍，干旱天适当补水。每年增施1次腐熟有机肥。

④修剪整形　生长期及时钩除底部枯黄复叶，以减少养分消耗，促新叶抽生和植株长高。

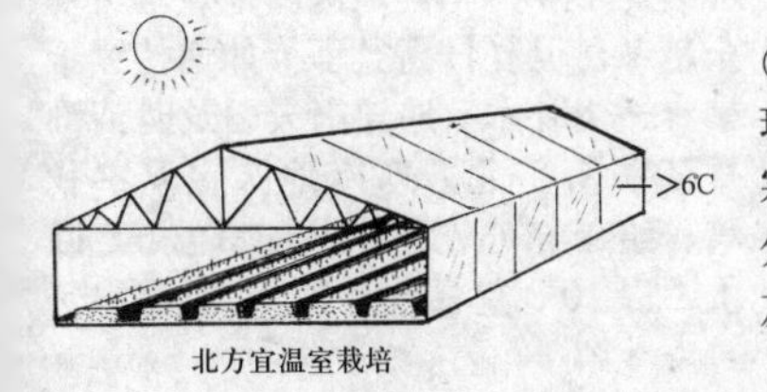

北方宜温室栽培

⑤光温管理　喜温暖、湿润阳光充足环境，广州地区露地可安全越冬。北方寒冷地区宜温室栽培，尽可能给予充分光照，室温保持在6℃以上，以10℃左右为安全。

32. 鱼骨葵

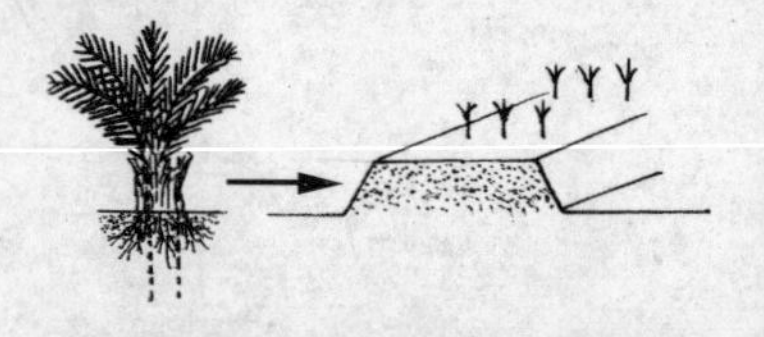

①播种繁殖　种子6月至翌年3月成熟，采后即播。置阴处保湿，种子发芽适温22℃～28℃，播后约2个月左右发芽。

②分株繁殖　春末初夏，挖取植株周围的萌生小株带土团或蘸泥浆分栽。

③移栽定植　多行地栽。播种苗宜选圃地培育2～3年生大苗带土移栽。注意保持足够株行距（4～5米以上），挖大坎，施足基肥。分株苗移圃地培育为大苗后再出圃。一般以清明节后移栽为宜。

④肥水管理　地栽的在施足基肥基础上，生长期一般无须再追肥，每年春初植株萌动前结合松土培土，穴施或沟施1次腐熟有机肥即可。浇足定根水后，视天气于植株成活前适时适量补水1～2次，成活后自然雨水即可满足其需要。

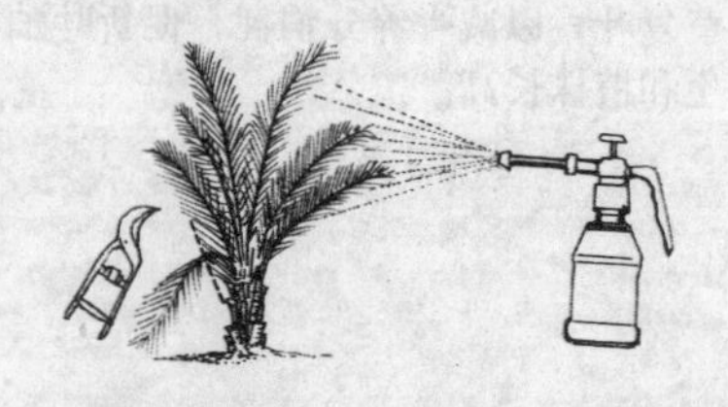

⑤修剪整形　植株成活后，任其自然生长，平时无须过多修剪。如基部出现枯黄叶，应及时割除，以减少养分消耗，有助于新叶抽生。每年冬至早春植株萌动前，结合清园全面疏剪1次。随即地面及株上喷施1次杀虫杀菌剂，有助于减少翌年病虫害发生。

⑥夏冬养护　华南地区露地栽培可安全越冬。但夏日高温季节如遇持续干旱宜适当补水，遇连雨天要及时清沟排渍防涝。北方寒冷地区宜温室栽培，给予充分光照，保持室温6℃以上，以10℃左右为安全。

33. 扇 桐

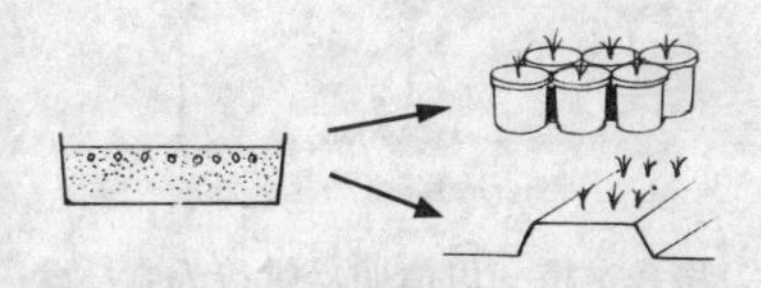

①播种繁殖　春、夏均可。按常规点播。出苗后分批移营养杯假植及圃地继续培育为大苗。

②移栽定植　盆栽的宜选长出2～3片真叶的播种苗上盆定植；地栽的选圃地培育2～3年的大苗带土团移栽。

③肥水管理　盆栽幼株头年每月施肥1次，以后每年施肥1～2次。适度浇水，生长期保持盆土湿润勿过湿。地栽的头年以管好水促早成活，一般无须追肥，以后每年补施1次基肥。

④修剪　盆栽幼株一般无须多修剪；地栽的欲促其长高，应及时适当疏除下部枯老叶片。

34. 棕 榈

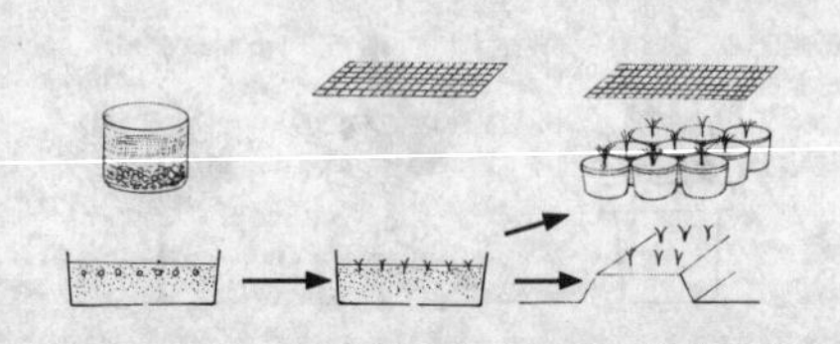

①播种繁殖　播前温水浸种，沥干点播。遮荫保湿，一般需2个月许出苗，结合间苗，分批移营养杯或圃地假植。

②移栽定植　以清明后进行为宜，盆栽的选长出1～2片真叶的幼苗上盆，地栽的宜选圃地培育2～3年或3～4年大苗带土团移栽。

③肥水管理　幼苗生长慢，除圃地要加强肥水管理外，盆栽幼株每1～2个月施肥1次，地栽的每年补肥1次。适度浇水，保持盆土湿润即可。

④修剪　盆株要控制植株高度，一般无须进行修剪；地栽欲促其长高，应及时疏除下部枯老叶，以减少养分消耗。

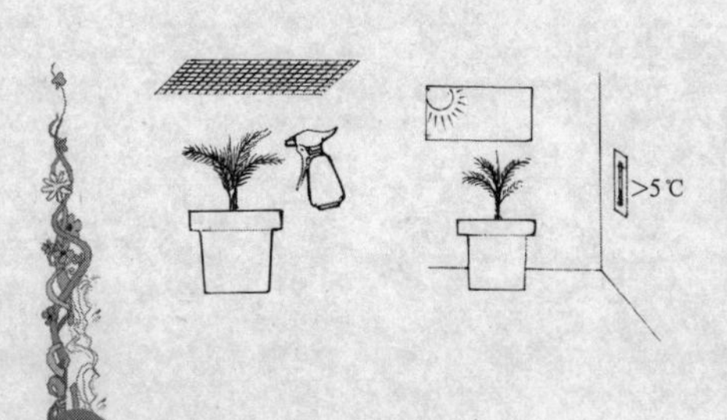

⑤夏、冬养护　夏季高温，盆栽幼株要适当遮荫避烈日曝晒，增加浇水与喷雾；秋、冬季低温，盆株入室过冬，室温保持5℃以上，以10℃左右为安全。

35. 朱蕉

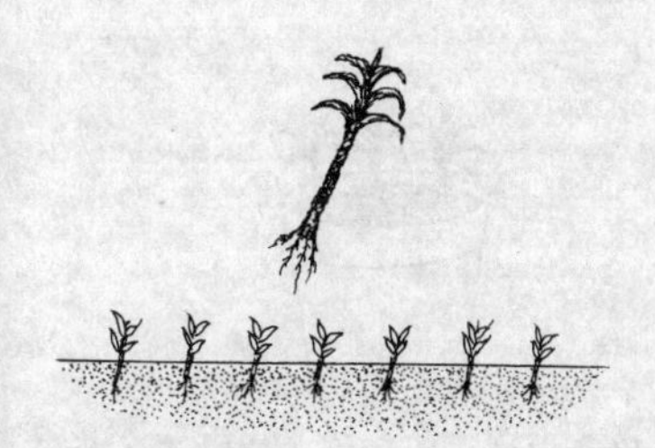

①扦插繁殖　4月份左右将枝顶带叶剪下，剪去部分叶片，蘸生根粉后将1/3～1/2插入沙中，置于阳光下，用塑料膜覆盖，经常浇水，1个月后生根。根长至3～5厘米可移栽。

②压条繁殖　5～6月份在顶端叶下无叶处环剥，行高压法繁殖。

③肥水管理　用腐熟有机肥做基肥，多施磷、钾肥。春、秋季气温在15℃以上时，每20天追肥1次，夏季10天1次。春、秋季气温较低，应保持盆土湿润。夏季应注意浇水，冬季土表干后浇水。

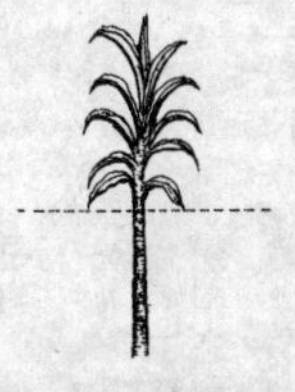

④修剪　如植株太高，可将顶梢剪下扦插，促使其下部萌发新生枝代替老枝。发现病叶、黄叶时应随时清除。

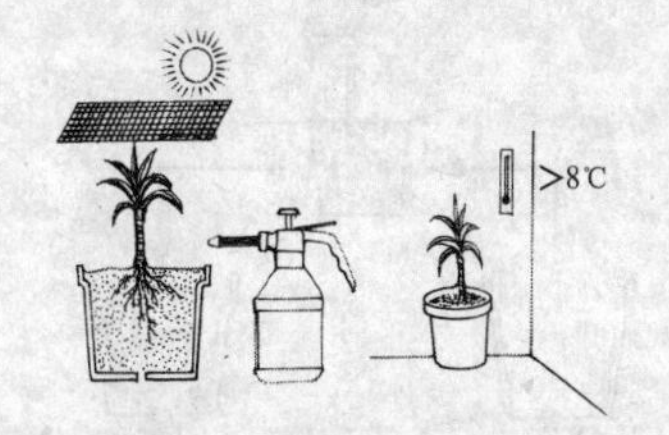

⑤夏、冬养护　夏季光线较强时，可适当遮荫，并向其四周洒水。冬季室温不宜低于8℃，保持盆土湿润偏干，不施肥。

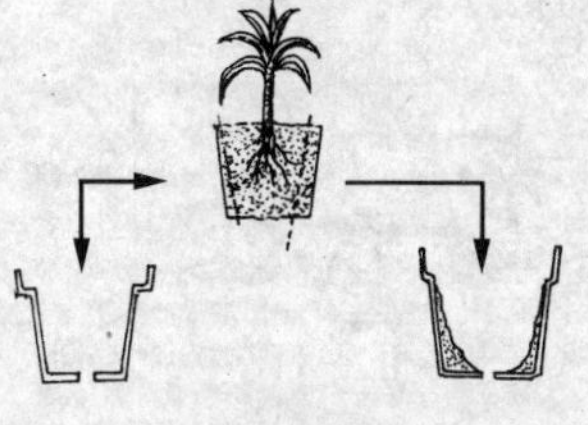

⑥换盆　一般每年换盆1次，在春季（3～4月）气温稳定在10℃以上时进行。结合换盆，适当修剪并去除根部外层土壤，保留心土，栽后浇透水后，置于半阴处培养。

36. 龙血树

①扦插繁殖　6～7月取长为10～15厘米的嫩枝，留顶部2～3片叶，插1/2于沙床中，浇透水，保持较高的空气湿度。

②移栽定植　以园土：腐叶土：沙＝4：4：2作盆土，以量约为盆土1/10的腐熟有机肥，加入少量骨粉或过磷酸钙为基肥，待出根发新芽时，上盆定植，栽后置于半阴处。

③肥水管理　成型株对肥水要求不高，但根部忌积水。幼株生长季节每15天施50～100倍腐熟麸饼液肥1次，成株1～1.5个月施1次，并喷施磷酸二氢钾1000倍液1～2次。

④修剪整形　随时修剪枯黄叶；如长得过高时，可按需要高度行短截；也可按个人喜爱进行弯曲造型。

⑤夏、冬管理　夏季注意水分供应，不时喷雾增加空气湿度，室内注意通风。冬季寒冷地区盆株入室越冬。非斑纹品种室温保持≥8℃；斑纹品种至少需保持>10℃。注意给予充足光照。

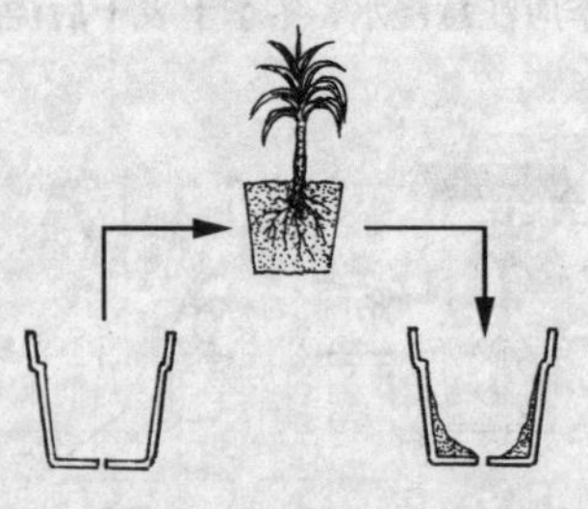

⑥换盆　幼株每年换盆1次，脱盆后，剔去根部四周土壤，留根心部加新土并混入毒土栽种。成型株无须换盆。

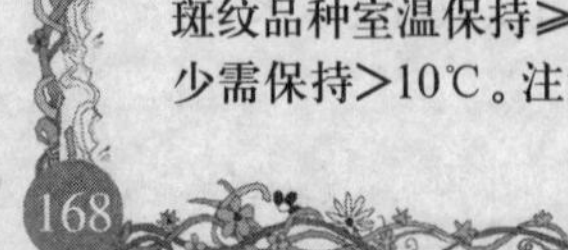

37. 富贵竹

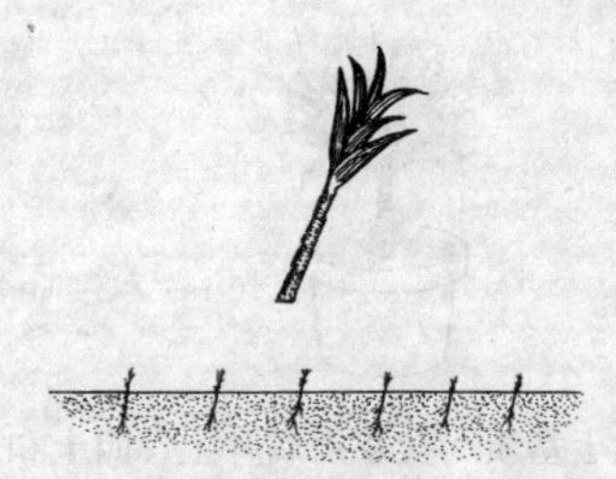

①扦插繁殖　春末夏初，气温回升至20℃以上时，选择粗壮的茎干剪去部分叶片，每穗保留3个节，插入湿沙床内，遮荫保湿。约20天可发根，1个半月可上盆。

②肥水管理　对做切花配叶的富贵竹可多施氮肥及复合肥，以促进生长。盆栽应施过磷酸钙或干粪，少施氮肥，以免生长过快。富贵竹极耐水湿，盆土应经常浇水保湿。

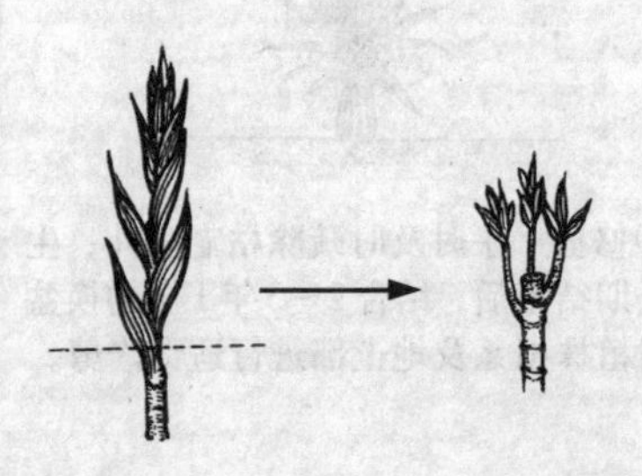

③修剪　当植株过高，应从基部剪下做繁殖材料，以利于重新萌发芽苗。

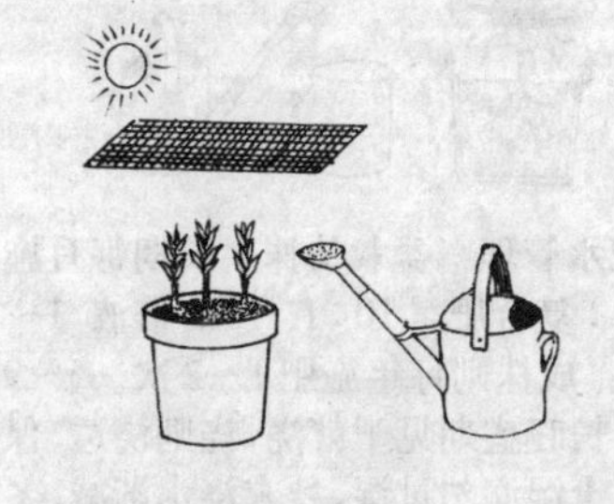

④夏季养护　该种喜弱光，不耐烈日直射。华南地区夏日需遮荫；较耐荫蔽，可长期置室内栽培，并加强浇水。

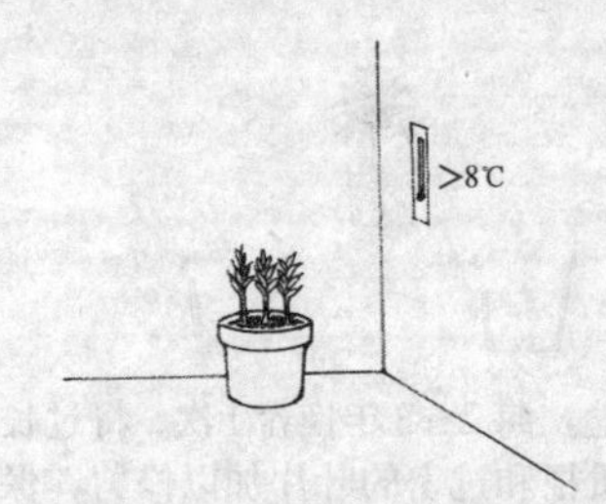

⑤冬季养护　喜高温喜湿。气温在15℃以下，植株停止生长；在5℃～6℃下，植株受寒害。室温宜高于8℃，以高于10℃为安全。

⑥整形　可整理成各种形状。

38. 红刺露兜树

①分株繁殖　春季4～5月，将母株旁生的子株切下，插入沙床中，保持室温15℃～26℃，待发根较多时盆栽。也可将切下的子株基部用苔藓包扎，保持湿润，待长出新根后盆栽。

②盆土基质　盆栽用腐叶土，园土和粗沙，按3∶5∶2作盆土，混入约为盆土1/10的麸饼或禽畜粪干、少量过磷酸钙或骨粉作基肥。盆底多垫瓦片，以利于排水和根部发育。

③肥水管理　盆栽幼株生长期每月施麸饼∶复合肥＝10∶1、1000倍液 1～2次；成株则每年施肥1～2次。5～9月生长旺盛期见干就浇，浇则浇透，保持盆土湿润勿过湿。秋末浇水渐减，冬春保持盆土湿润偏干即可。

④修剪　平时及时疏除枯老病叶；生长期结束后，结合2～3年1次的换盆对植株根系及地上部进行适当修剪。

⑤冬夏养护　喜高温湿润和阳光充足环境。不耐寒，较耐阴。盛夏向叶面多喷水，适当遮荫。冬季寒冷地区盆株移室内养护，减少浇水，置光线明亮处，不定期给予直射柔和阳光。保持室温不低于8℃，以10℃以上为安全。

⑥换盆　每2～3年换盆1次，将过长的肉质根和过密的叶片加以修剪，保持树姿美观。在添加新盆土时混入适量毒土，有助防治病虫害。

39. 木 棉

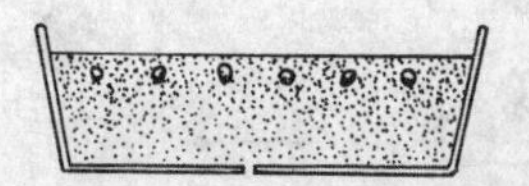

①5～6月间及时采种（果变褐未裂即采下），摊晒后处理棉絮收集种子，随即播种，约一周可发芽（不宜久置，否则会大大降低发芽率）。

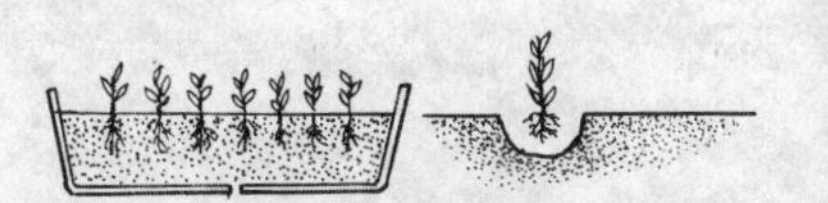

②幼苗3～5片叶移栽1次。

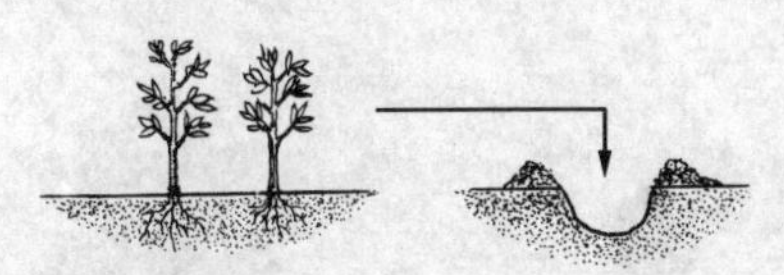

③苗高1米左右再移栽1次。

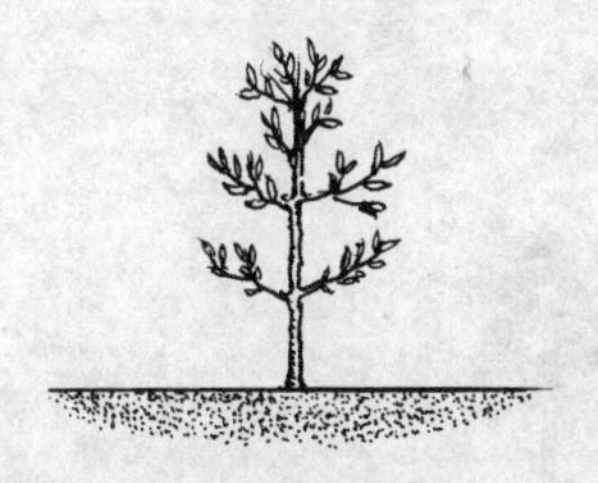

④定植　苗高4～6米时，常裹泥球定植于庭院或公共绿化地点。3～6月份均可定植，以春季萌芽前最佳。行植或片植注意保持足够的株行距。挖大穴，施足基肥，设架扶苗。

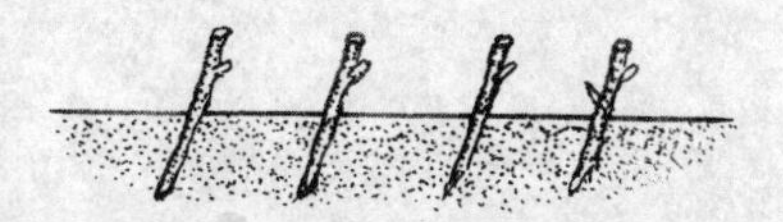

⑤扦插繁殖　砍下直径为7厘米左右的萌芽条或主干，剪去枝叶，插入圃地育苗，易生根。

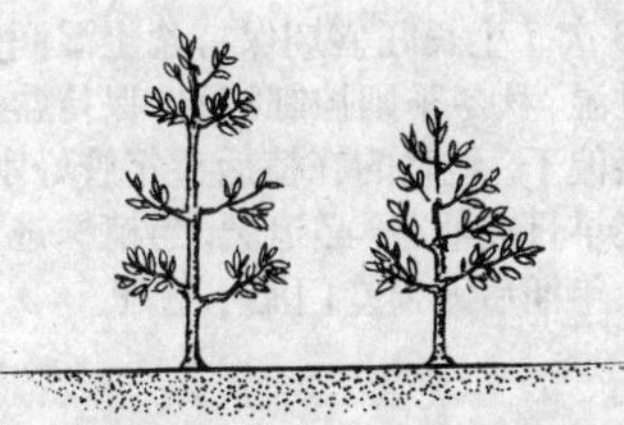

⑥肥水管理及整形修剪　按一般常规管理，头年主要管好水，促早成活，植后1～2年内，视生长势每年结合松土培土增施1次有机肥。慎事修剪，注意保持其特有的高大雄伟树形即可。

40. 美丽异木棉

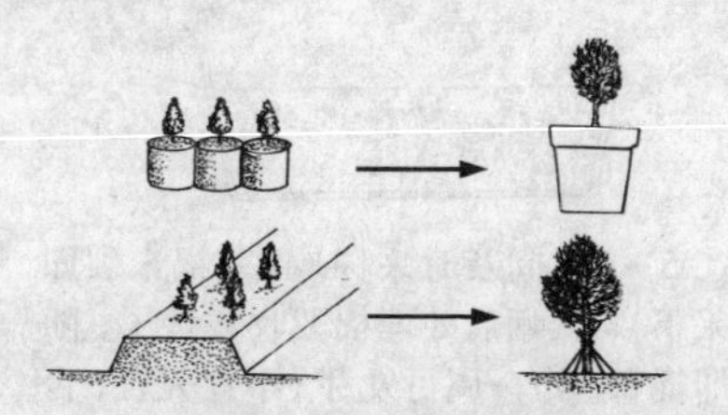

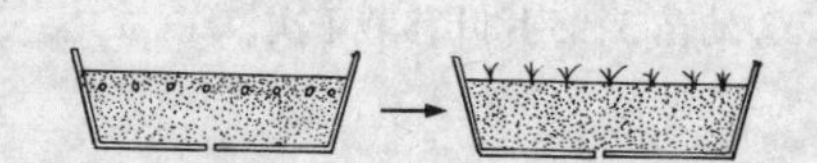

①播种繁殖　于春、秋季播种。发芽适温为18℃～24℃，保持适宜湿度，经20～30天可发芽。

②移栽定植　播种苗长至20～30厘米高时可移营养杯或圃地进一步培育，也可上盆定植。地栽的宜选圃地培育的大苗栽植，注意规划好株行距，挖大穴，施足基肥，植后淋好定根水和支架扶苗防倒。

③肥水管理　盆栽宜用大木桶或大盆行迷你式栽培。幼株生长期每月施肥1次，成形盆株则可每年施肥1～2次或2～3次。生长旺盛期保持盆土湿润但勿过湿，秋冬季则控制浇水，保持盆土稍湿偏干。地栽的在植后头年管好水，以促早日成活，不必追肥。当植株进入青壮年期后无须专门肥水管理。

④修剪　盆株成形前早摘心促分枝，培育主干粗、分枝低矮且分布均匀的株形。成形后通过适当疏枝修剪，保持良好株形。地栽的为促植株快长高，应做好适时疏除主干下部的侧枝和过密枝。

41. 发财树

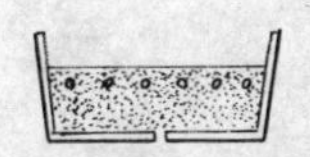
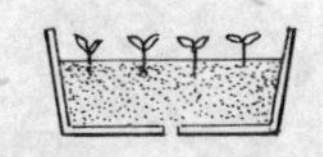

①播种繁殖　种子随采随播，用新鲜种子播种，约1周后发芽。

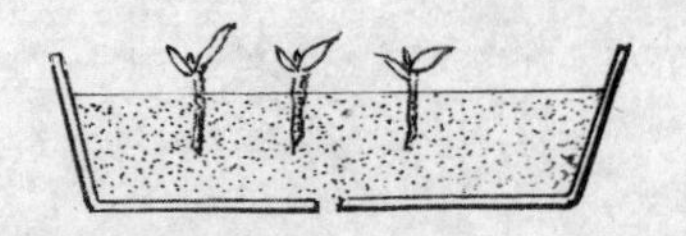

②扦插繁殖　扦插苗茎基常不膨大。

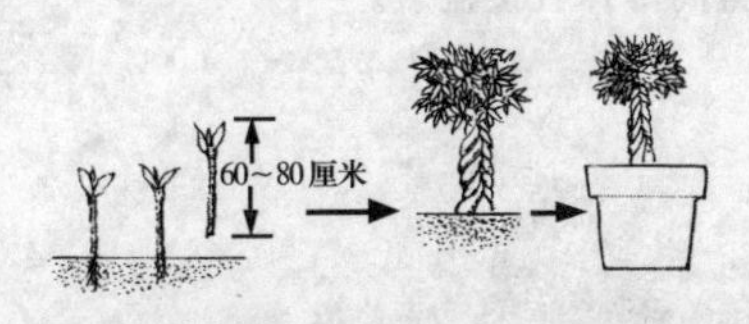

③作辫状桩景式盆栽　常先在苗地育成高60～80厘米的小苗，挖起置于阴处晾1～2天，待茎稍变软后以3～5株编成辫状，再栽植于苗地育成成品上盆。

④肥水管理　生长季节每月施肥1～2次，保持盆土湿润。

⑤栽培管理　本种适应性强，可粗放管理。在露地或疏荫棚下培植，喜肥沃疏松的微酸性土壤，忌积水，较耐旱。

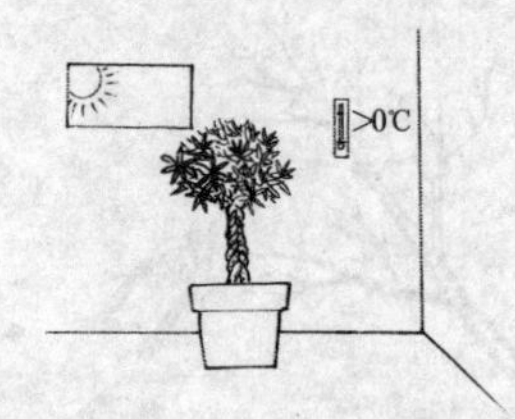

⑥温度管理　冬季注意防寒，生长适温为20℃～30℃。不畏炎热，稍耐寒，可耐0℃左右的低温。但低温、干燥时易落叶。

42. 榕 树

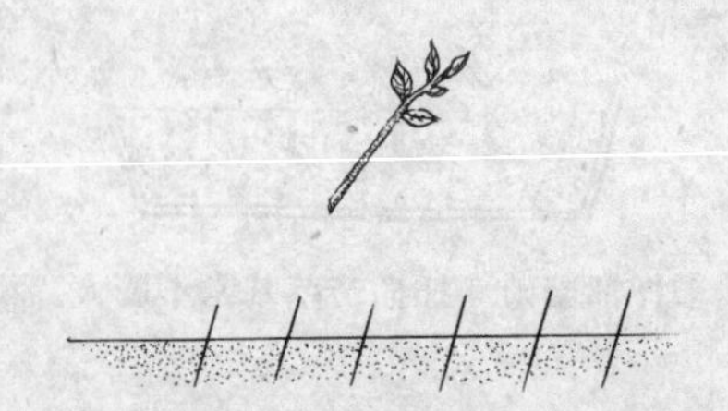

①扦插繁殖　于5～6月份进行。取健壮成熟的顶端枝条截为10～12厘米的段，剪除部分叶片，留顶端2～3片叶，待切口干燥后插入沙床内。保持室温为20℃～25℃和较高的空气湿度，插后30天可生根。

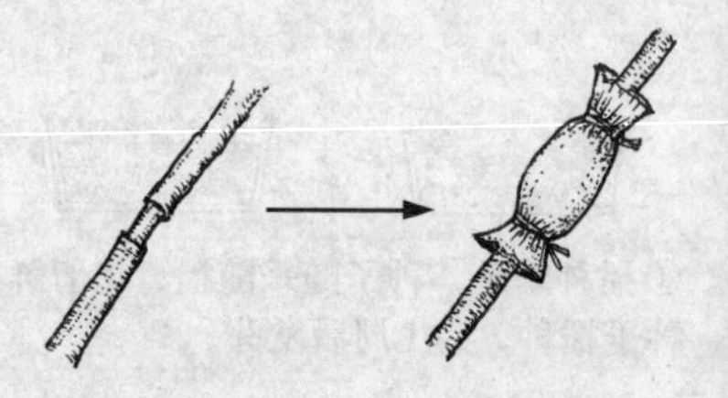

②压条繁殖　于5～7月份进行。采用高压法，在离顶端20～25厘米处进行环状剥皮，压条长15厘米，用腐叶土和薄膜包扎，15～20天生根，30天后剪离母株直接盆栽。

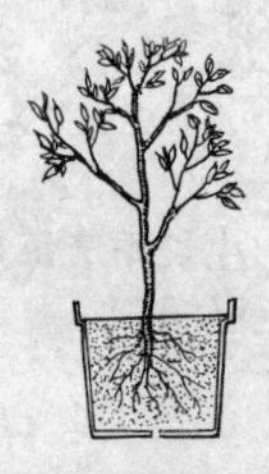

③移栽定植　宜移栽到肥沃、疏松、排水良好的砂质壤土中。

④肥水管理　每旬施肥1次，可选用卉友15-15-30盆花专用肥。生长期保持土壤湿润，除浇水外，应经常向叶面喷水。

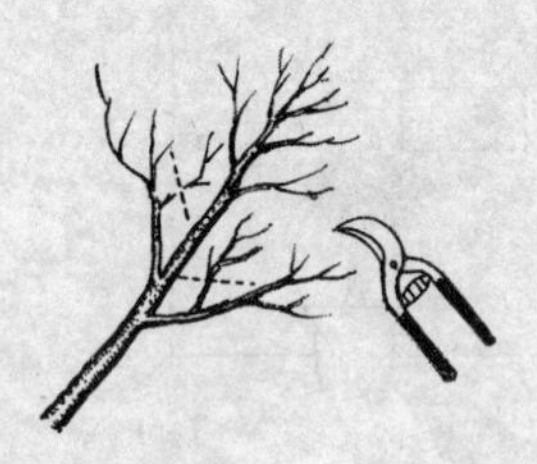

⑤整形修剪　茎、叶生长过密时，需进行修剪，剪除交叉枝和内向枝。

⑥夏、冬养护　盛夏时节由于强光曝晒，叶片易枯黄，应适当遮荫。喜温暖、湿润和阳光充足的环境。较耐寒耐阴。冬季温度不得低于15℃。

43. 印度榕

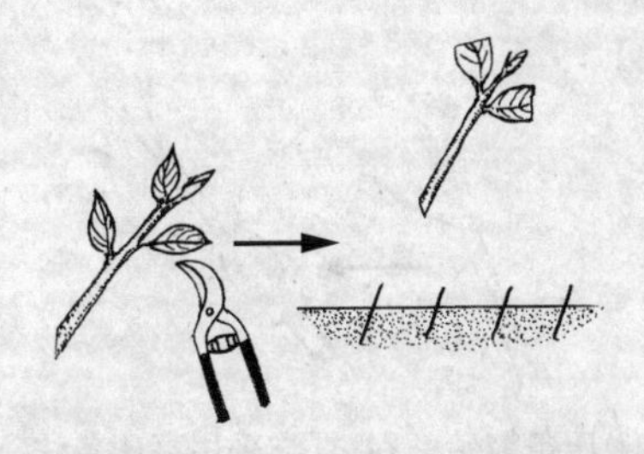

①扦插繁殖　于5~8月进行。取顶端成熟枝15~20厘米长，剪去下部叶片，留2片叶，叶顶端剪半。用清水洗净白色乳汁，晾干后插入沙床中，保持24℃~26℃室温和较高的空气湿度，30天后可生根。

②移栽定植　以肥沃、疏松的微酸性砂质土为好。可盆栽，也可做风景树栽植。

③肥水管理　生长期每半个月施肥1次。增施3~4次磷、钾肥。但氮肥用量不宜多，否则茎叶易徒长。盛夏期保持盆土湿润，每天早晨或傍晚喷水。如果土壤过干会落叶，过湿会烂根。

④修剪　植株过高时进行摘心1~2次，以促进分枝，扩大冠幅。应经常修剪，剪除萌发的杈枝和枯枝。

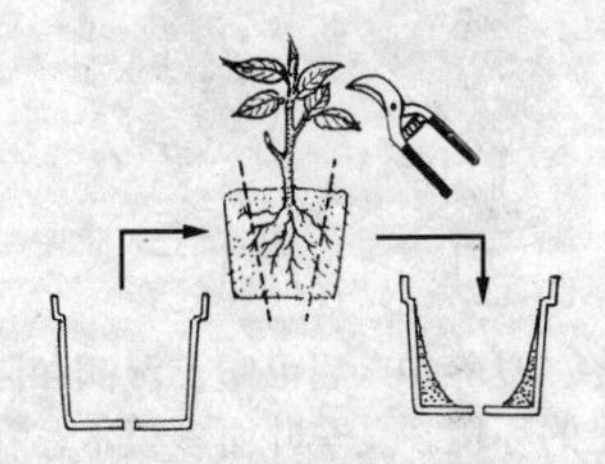

⑤换盆　每年春季换盆，修剪多余的过长根，盆中添加土壤。

⑥夏、冬养护　夏季早晚喷雾，但盆土不可过干或过湿。春、秋、冬季均应有充足光照。冬季寒冷地区入室防寒，室温保持10℃以上。

44. 琴叶榕

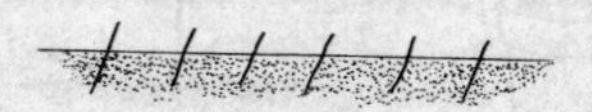

①扦插繁殖　于春季（4～5月）进行。剪取腋芽饱满的长为15～20厘米健壮枝条做插条，插入沙床，保持湿润和室温20℃～25℃。插后20～25天生根，成活率高。

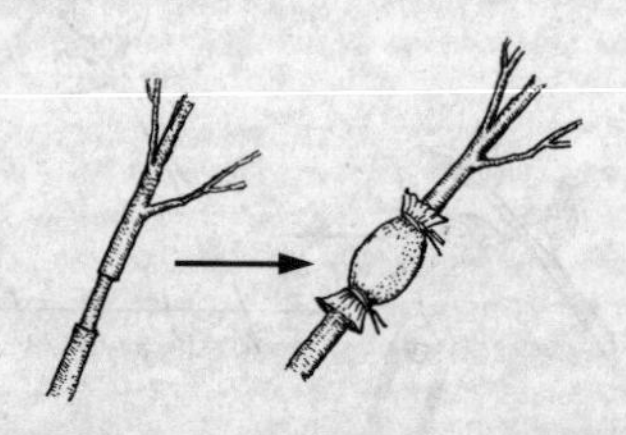

②压条繁殖　春、夏季采用高压条法，在离枝顶40～50厘米处行环状剥皮，宽2厘米，用腐叶土和塑料薄膜包扎，夏、秋季即可剪下上盆。

③移栽定植　盆栽土用腐叶土和粗沙配成的混合土，盆底要多垫碎瓦片，有利于排水。

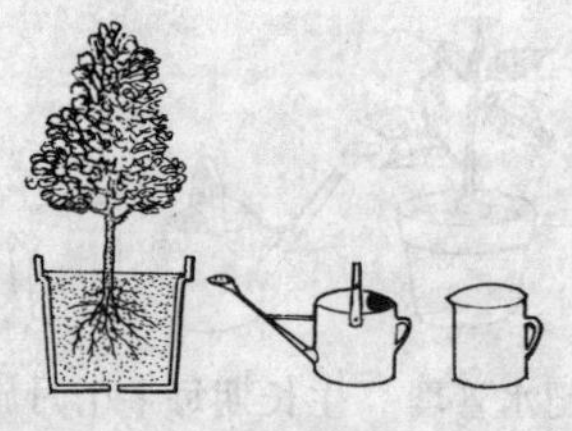

④肥水管理　每月施肥1次，可选用卉友20-20-20通用肥。生长期要保持盆土湿润。

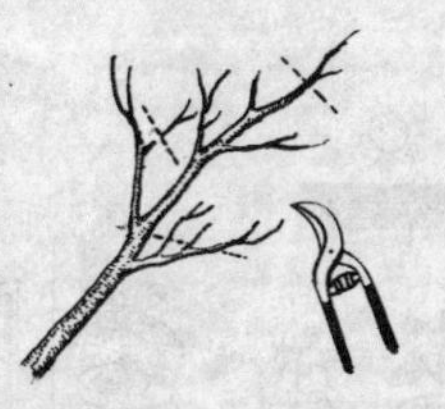

⑤整形修剪　盆栽时注意去除过密枝、过长枝以及黄叶、枯叶，以利于通风和树冠匀称。

⑥冬、夏养护　喜温暖、湿润和阳光充足的环境。夏季叶面多喷水，在半阴处栽培。浇水不宜多，冬季放阳光充足处养护，盆土可稍干燥。温度不宜低于5℃。冬季寒冷地区入室，室温应保持10℃以上。

45. 亚里垂榕

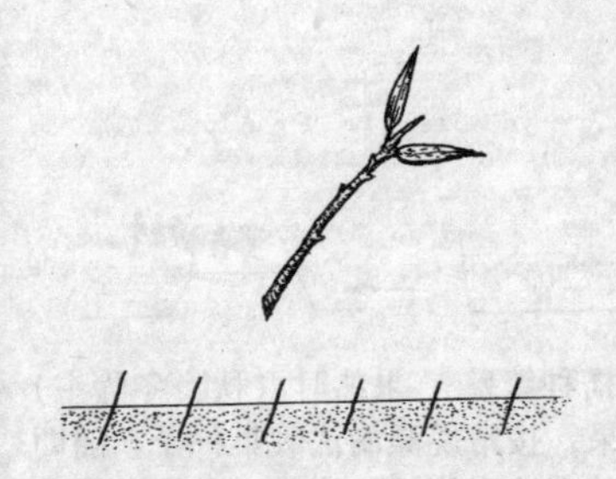

①扦插繁殖　于4~5月进行。剪15~18厘米长的健壮枝，保留顶端两片叶，插入沙床。保持室温20℃~25℃和较高空气湿度，插后18~20天可生根，40天后可上盆。

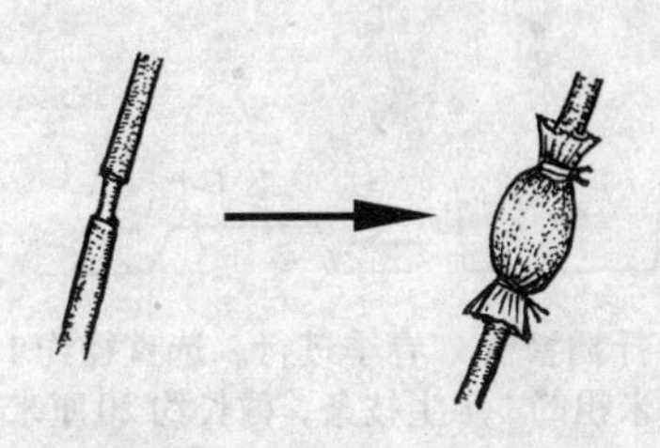

②压条繁殖　于5~6月（梅雨季节）进行。离枝顶20~30厘米处，选择粗壮的侧枝进行环状剥皮，用腐叶土和塑料薄膜包扎。2个月后可剪离母株直接盆栽。

③移栽定植　以肥沃、疏松、排水良好的酸性土壤为宜。不适宜盐碱土中生长。

④肥水管理　每月施肥1次，可选用卉友20-20-20通用肥。如肥料不足，盆土过于干旱，叶片易发黄甚至落叶。

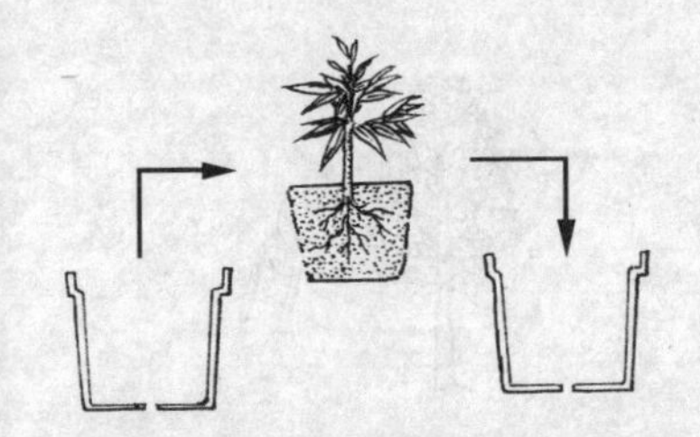

⑤换盆　生长较快，每年需换盆1次。可结合换盆添加新盆土，适量加入毒土防治病虫害。

⑥冬、夏管理　夏季生长期保持盆土湿润，叶面上多喷水。阳光不足或盆土过湿会引起大量落叶。冬季温度过不低于5℃。

46. 对叶榕

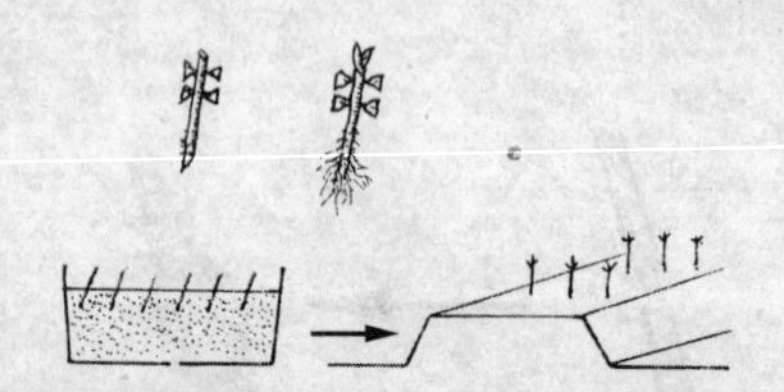

①扦插繁殖　春季进行。选直径约1厘米粗的1年生枝条，截长约20厘米的茎段，顶部保留1～2片叶插入沙床中，遮荫保湿，约1个月生根，移圃地培育成1～2年以上大苗再出圃地栽。

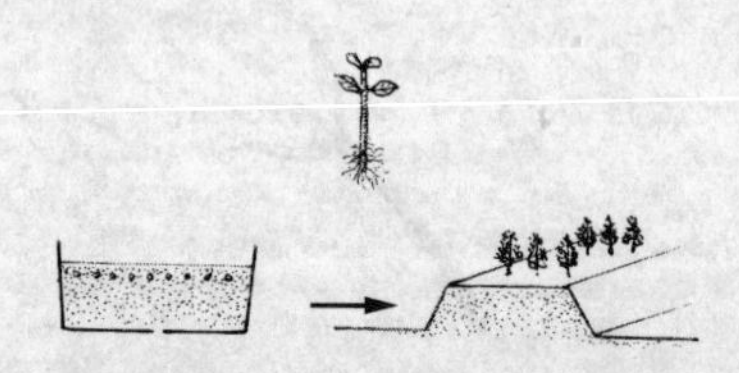

②播种繁殖　果熟时（秋、冬为主）采果；按常规漂淘法收集种子，随即播种或沙藏待播，幼苗移圃地继续培育为1～2年生以上大苗再出圃地栽。

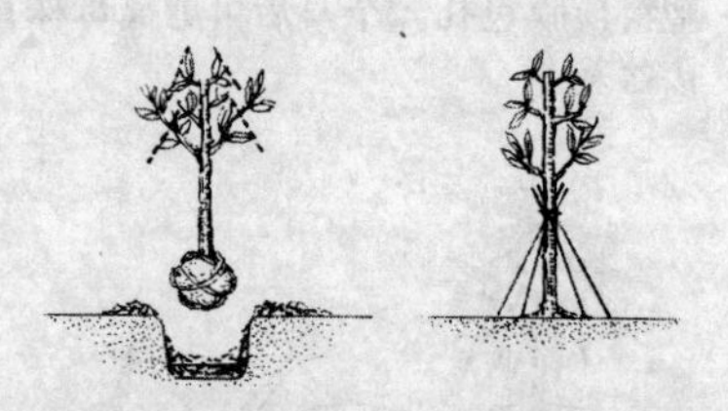

③直接插干繁殖　选茎粗6～7厘米、长约2米左右的枝干，预留少数枝叶，基部包泥团，直接放入植穴内栽植。淋足定根水及做好扶持护苗。成活前视天气适当补水，促早成活，如遇连雨注意清沟排渍防涝。

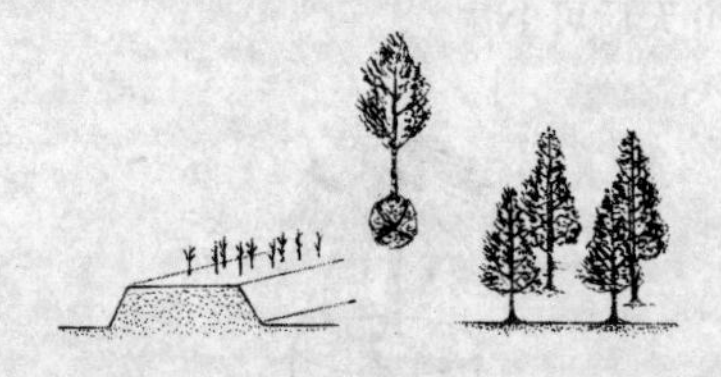

④移栽定植　春末初夏进行。多行地栽，地力中上的植地可不施基肥，注意保持足够的株行距，挖大穴，植后淋足定根水和支杆扶持护苗，成活前视天气适当补水，遇雨及时清沟排渍。易成活。

⑤肥水管理　粗生粗长，成活后头1～2年于冬、春季植株萌动前，结合松土培土增施1次腐熟有机肥，遇持续干旱天气适当补水即可。

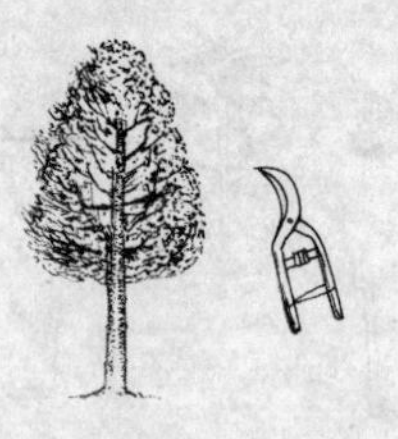

⑥修剪　生长期任其自然生长，每年冬、春植株萌动前适当修剪1次。疏除过密枝、弱枝即可。

47. 羊蹄甲

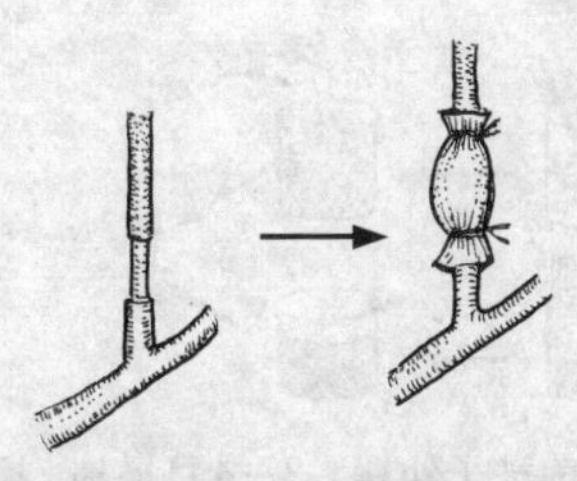

①高压法繁殖　华南春季进行。选健枝环状剥皮，包以湿润苔藓泥，再裹以塑料薄膜，以塑料绳绑扎，2个月后割离母株种植。

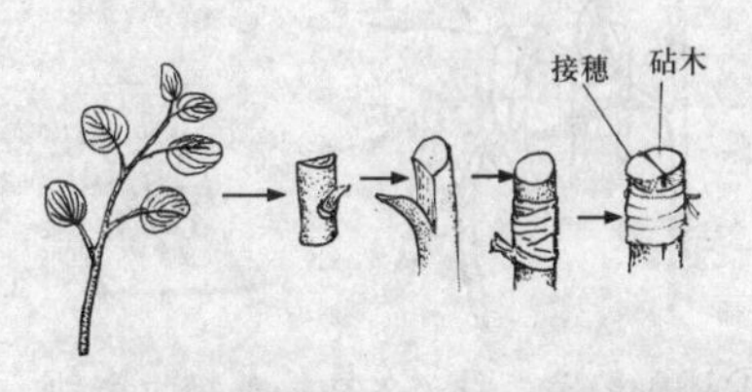

②嫁接法繁殖　以羊蹄甲实生苗为砧木，以花大叶厚的壮年母树上1年生枝条为接穗进行枝接。

③嫁接苗、高压苗培育　嫁接成活后留原圃地培育2～3年或更长时间，待育成强健的大苗木后方可出圃定植。高压苗生根后割离母体移圃地继续培育为大苗再出圃定植。

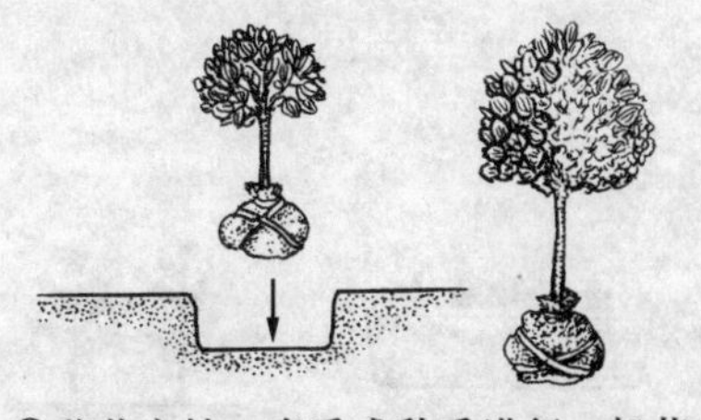

④移栽定植　春季或秋季进行。起苗出圃根部应带土球，并用塑料袋包好，保护好苗木根系。对较大的树还需剪去部分枝叶，以利于植后成活。

⑤设架扶持　定植后应随即设架或支竹竿扶持，以防止强风刮倒。

⑥肥水管理　定植前植穴应施入基肥，如来不及施下，亦可于冬末春初在树冠下周围穴施或沟施。定植后的头1～2年，追肥视生长势1年施1～2次，浇水则视天气于成活前适当补水促早成活。成活后如遇天旱应继续补水。当长成青壮年树后，一般无须多加肥水管理。

48. 凤凰木

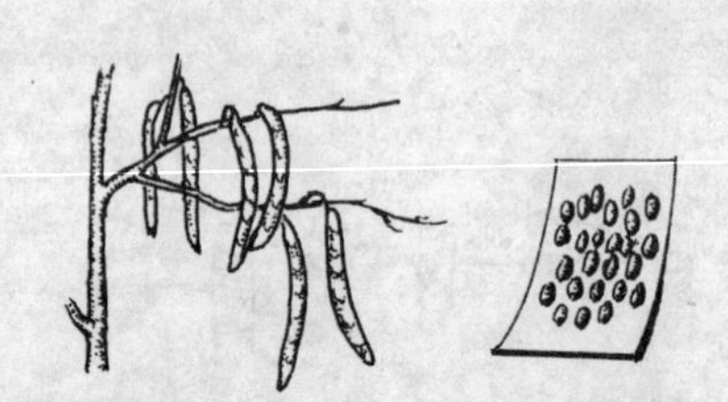

①播种繁殖　秋、冬钩摘荚果收集种子。

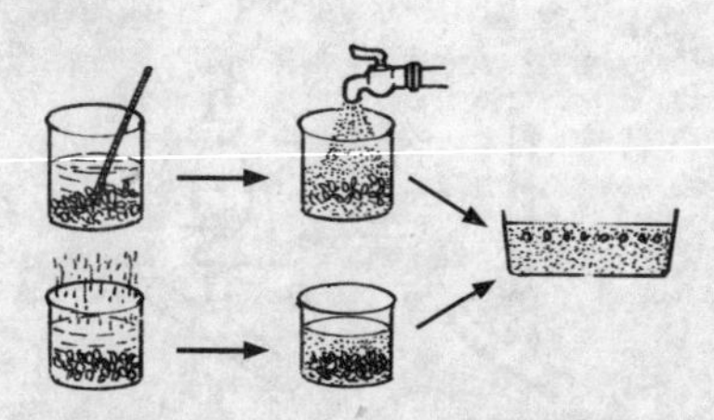

②播前种子处理　3～4月播种。播前种子用浓硫酸拌种，以腐蚀种皮，随即充分水洗；或用沸水烫种。冷却后继续用清水浸泡24小时后点播。

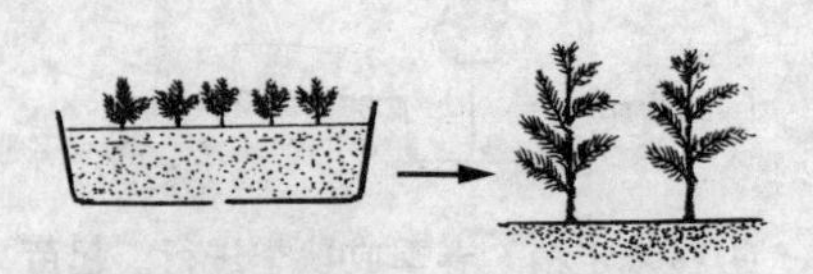

③间苗、移苗、定植　播后半个月左右出苗，不时间苗去弱留强。苗高15厘米左右移圃地培养，长至50～80厘米的1年生苗可带土出圃在庭院种植。

④肥水管理　定植成活后按常规加强肥水管理即可。勿偏施氮肥，每1～2个月施1次复合肥，秋末冬初停施。5～7天浇1次水。3～5年成景后无须专门肥水管理，雨后注意防涝渍。

⑤整形修剪　幼树注意培育主干，使枝条分布均匀，呈现其特有的伞形树冠。成长树一般不用过多修剪。

⑥冬季养护　不耐寒霜。广州、南宁市正常年份露地可安全越冬。如遇特冷持续低温，成幼树皆易受冻害甚至死亡，冬季宜做好防寒准备。

49. 白兰花

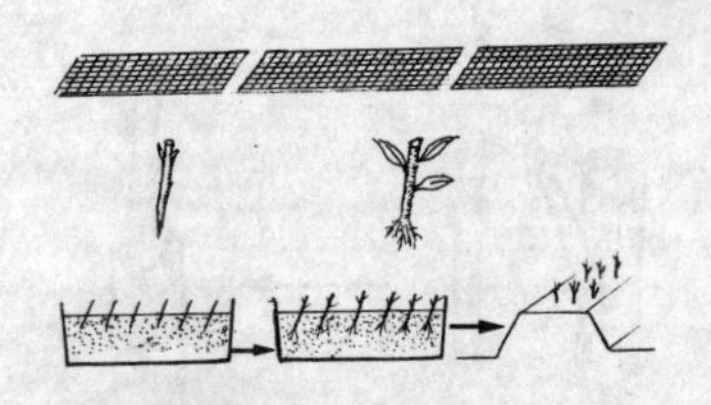

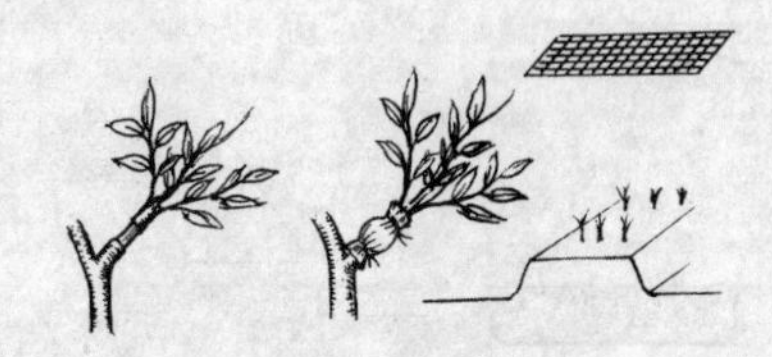

①扦插繁殖　春季选树冠上半部向阳嫩枝截长约10厘米茎段做插条，蘸生根粉，插后常喷雾保湿，早期遮荫，发根后移圃地培育成2年生苗出圃。

②高枝压条繁殖　春末初夏选直径为1厘米的2年生枝，环状剥皮1～2厘米宽，晾2～3天，裹以苔藓泥，用薄膜扎紧，约2个月生根，割离母体入圃假植，翌年出圃。

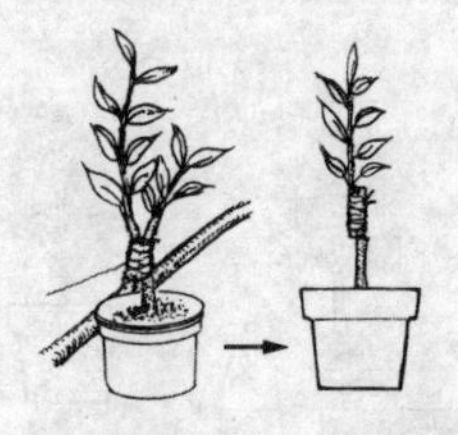

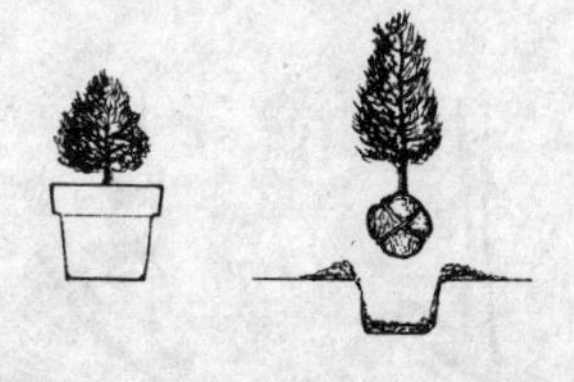

③嫁接（靠接）繁殖　以盆栽黄兰花实生苗做砧木，与白兰花枝条按常规“挨接”，多于梅雨季进行。约2个月后挨接口愈合，割离母体入圃培育2～3年生苗方可出圃。

④移栽定植　嫁接苗、扦插苗一般需入圃培育2～3年生大苗再出圃定植。压条苗入圃培育1年生苗即可定植。春末夏初气温稳定回升后定植为宜，带袋或带土团定植。华南北部、华中地区宜盆栽，华南南部可地栽。

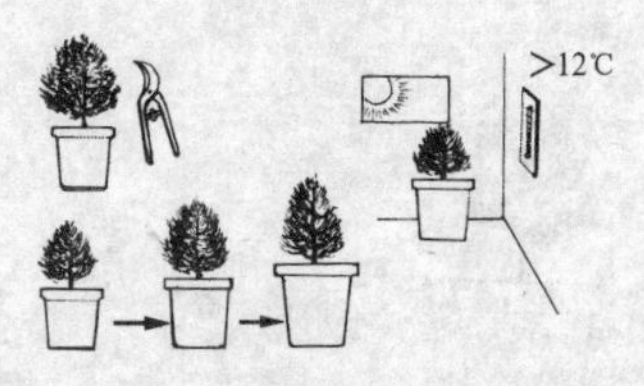

⑤肥水管理　盆栽的在生长期每半个月施稀薄氮液肥1次，花期增施磷、钾肥2～3次，越冬期停止施肥。管好水是关键，切忌积水。春季需中午浇，浇则浇足。夏季早晚喷水。冬季严格控水，土过干时轻浇水。

⑥修剪、换盆和冬期养护　幼株培育好主干，使主枝均匀分布。大株花后剪除病枝、枯枝和徒长枝，摘除下部部分叶片，以减少养分消耗。盆栽的每年换大一号的盆。华中、华北地区盆株在秋、冬季移入室内，气温保持在12℃以上。

50. 荷花玉兰

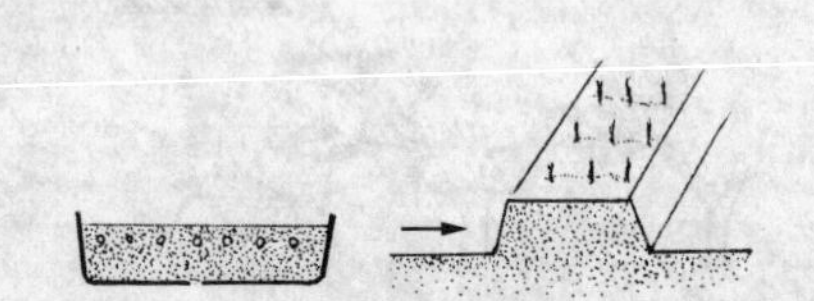

①播种繁殖　秋季采种即播，翌年移入圃地培育成3~4年生大苗再出圃定植。

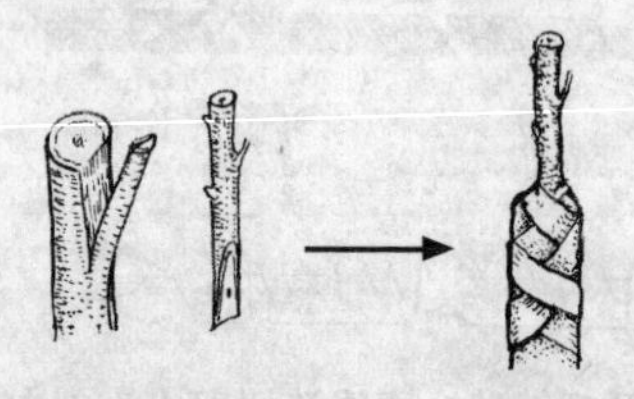

②嫁接（枝接）繁殖　春季进行，以本砧或紫玉兰作砧木，以花大、叶厚的壮年母枝作接穗进行枝接。

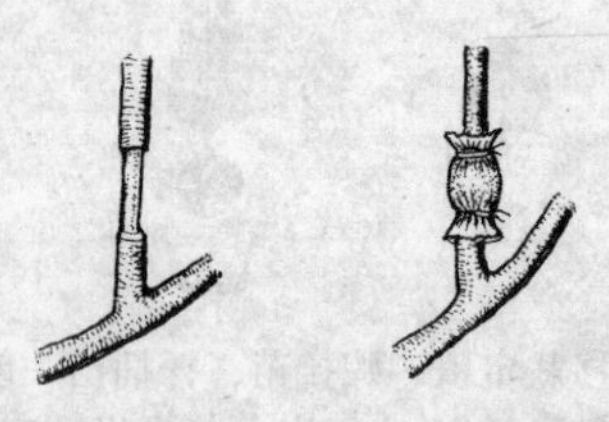

③高压（圈枝）繁殖　春季进行，按常规环状剥皮后裹以备好的稻草泥条或藓苔泥，再用薄膜包扎。

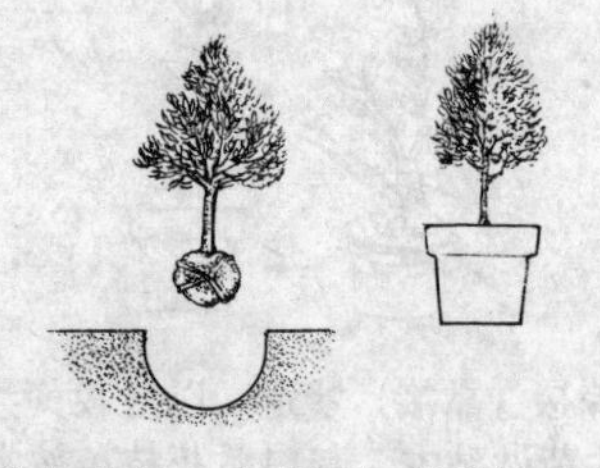

④移栽定植　初夏（5月前）或秋季（不迟于10月）均可移栽定植。移时务必带土球。植穴深、宽足够，施好基肥。压条苗一般宜盆栽。

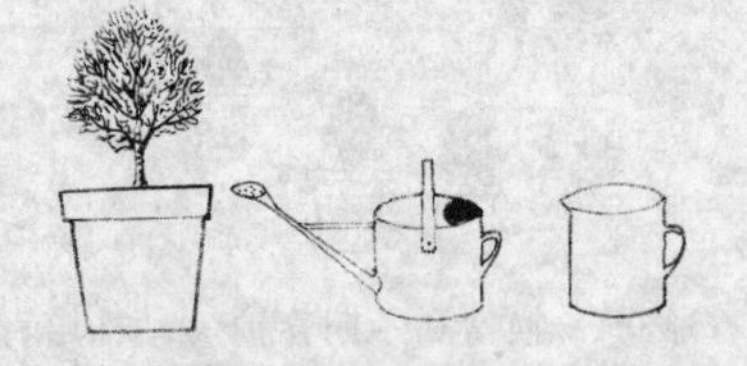

⑤肥水管理　盆栽的每年春季施1次麸饼加复合肥混合液肥即可，生长期保持盆土湿润。地栽的施足基肥后或地力中上的土壤无须施肥浇水。或每年春季施1次，遇干旱时补水。

⑥整形修剪　盆栽幼树适当打顶培育好低矮主干和主枝骨架。地栽定植后宜设架扶持，一般无须修剪，让其自然生长。

51. 含 笑

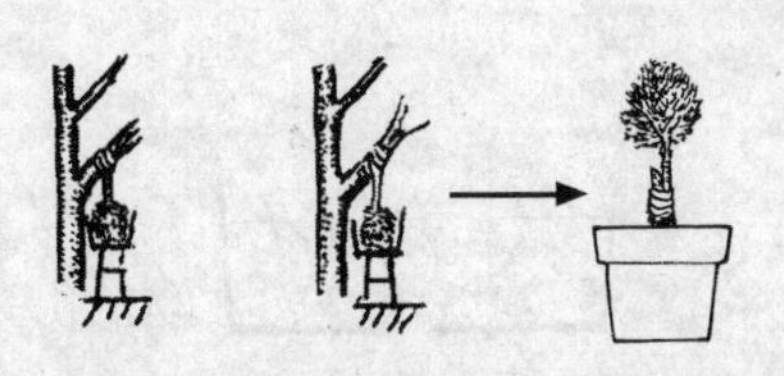

①嫁接繁殖　5～6月间以黄兰作砧木，与砧木枝条粗细相当的含笑枝进行靠接，3个月左右可愈合，移圃地培育2～3年苗再出圃定植。

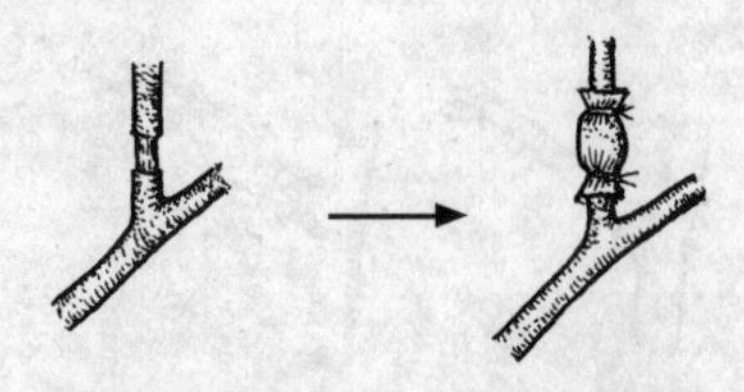

②高压繁殖　4～5月盛花期过后进行，选避风壮枝按常规作环状剥皮裹以湿润水苔，用薄膜包扎即可。生根后于翌年割离母体定植。

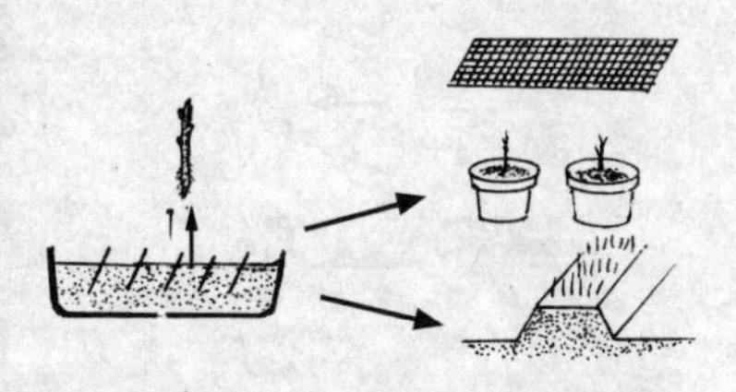

③扦插繁殖　夏末秋初选当年枝截长8～10厘米带芽茎段作插条，蘸生根粉插入沙床中，2～3个月生根后移圃地培育为2～3年生苗再出圃定植。

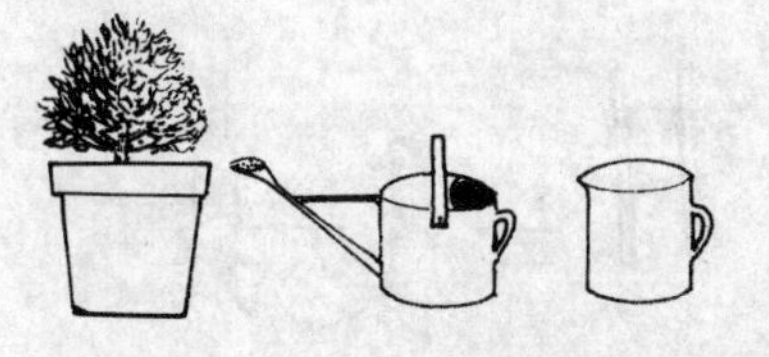

④肥水管理　盆栽的每年春末初秋各施肥1次，生长期保持盆土湿润勿过湿。地栽的一般不需要追肥，除特干旱外，也不必浇水，雨后防涝渍。

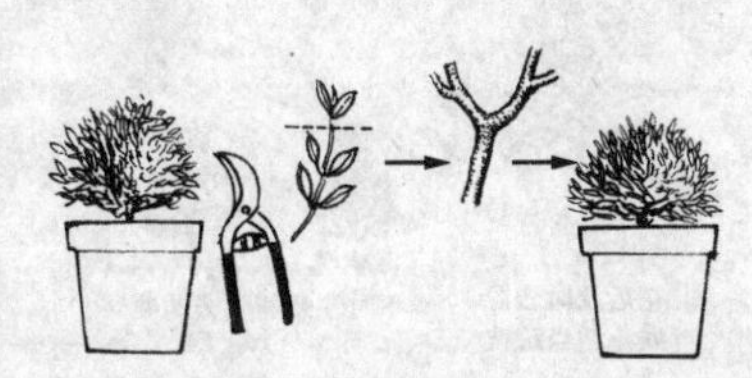

⑤整形修剪　耐修剪。盆株幼株通过摘心促分枝，培育低矮、分枝均匀分布的丰满株形。成株春、秋两季各修剪1次，保持良好树冠，因生长缓慢，一般不宜强修剪。

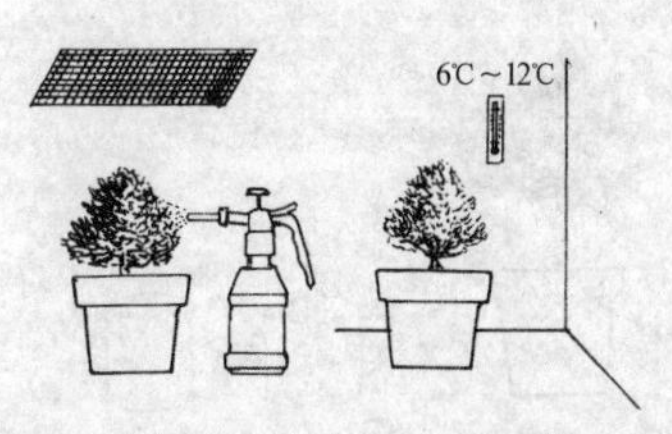

⑥夏、冬养护　忌酷热曝晒，夏日宜适当遮荫，喷水增湿。不耐严寒，长江以北地区冬季盆株入室越冬，保持室温6℃～12℃。

52. 夜合

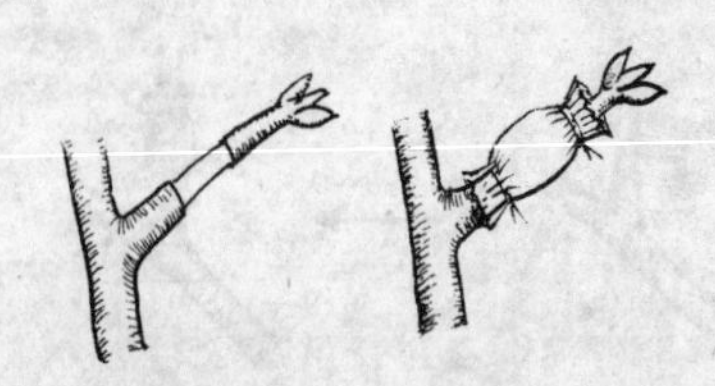

①高枝环状剥皮压条繁殖　春季选高位健枝按常规方法行环状剥皮压条。

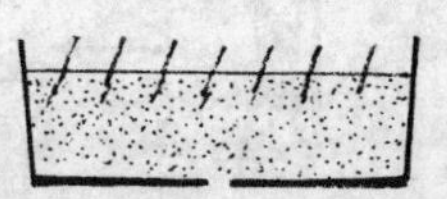

②扦插繁殖　多在5~6月进行。剪取当年生枝截茎段蘸生根粉后插入基质中。有人认为扦插发根不易，如何促进插条生根有待进一步探讨。上海地区行梅雨季扦插法较好。

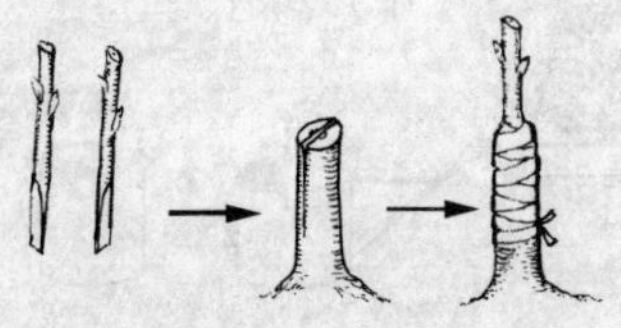

③嫁接繁殖　在上海以晚秋用紫玉兰为砧木成活最好，各地应因地制宜对嫁接时间、选用砧木等进行探索。

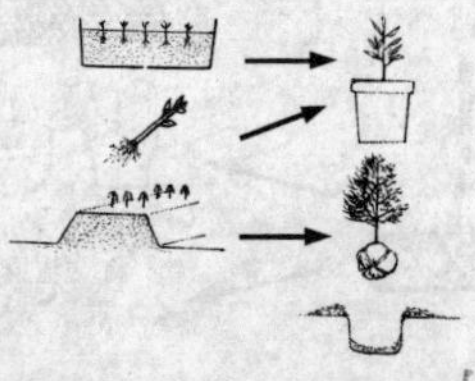

④移栽定植　扦插苗和压条苗生根后并抽新芽可上盆定植；嫁接苗成活后抽发新枝带土团移栽。地栽的选圃地1~2年生大苗带土团移栽，保持足够株行距，挖大穴施足基肥，植后淋足定根水。

⑤肥水管理　花前花后要追肥（麸饼+复合肥，比例为5∶1，1000倍液），花期增施磷酸二氢钾1000倍液1~2次，生长季节保持土壤湿润勿过湿，雨天注意排渍防涝。

⑥修剪整形　开花后及大量萌芽前要进行修剪，平时注意随时除去萌蘖。

53. 鹅掌柴

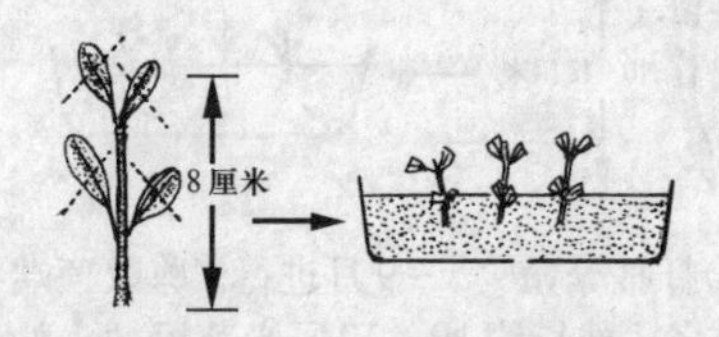

①扦插繁殖　选1年生成熟枝条，剪成10厘米茎段，每段带2～3个芽，去掉下部1片叶，上部叶片剪去1/3，插入沙床；保持25℃和较高的空气湿度，30天左右生根。

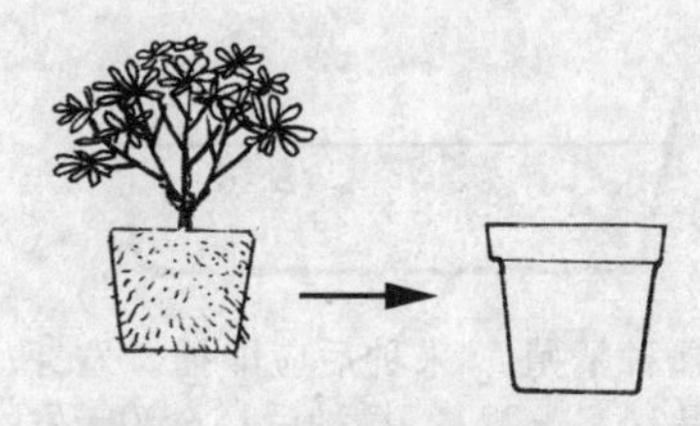

②换盆　春季萌芽前栽植或换盆，1年换1次盆。盆土采用泥炭土、腐叶土加1/3珍珠岩和少量基肥混合成的培养土。

③肥水管理　生长季应保证水分充足，并经常向叶面喷水，但不宜过湿或渍水，以防止烂根。每月施2次稀薄液肥，宜多施磷、钾肥。

④整形修剪　鹅掌柴易萌发徒长枝，平时须注意整形修剪，以保持良好株形。

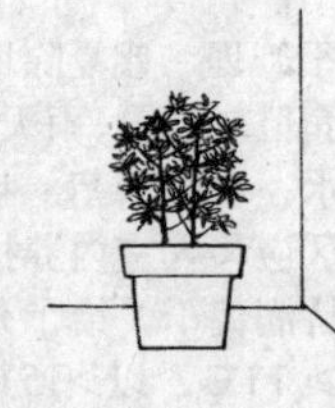

⑤光温管理　性喜温暖湿润、阳光充足的环境，有较强的耐寒性与耐阴性，有一定的防旱能力，可常年放置室外。冬季气温低于4℃时，移入室内。

54. 昆士兰伞树

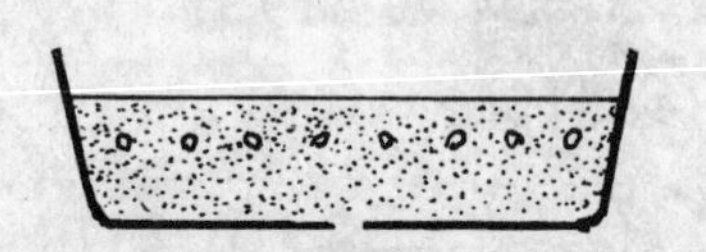

①播种繁殖　采种后应即播。发芽适温16℃～22℃。播种后15～20天发芽，成苗率高。

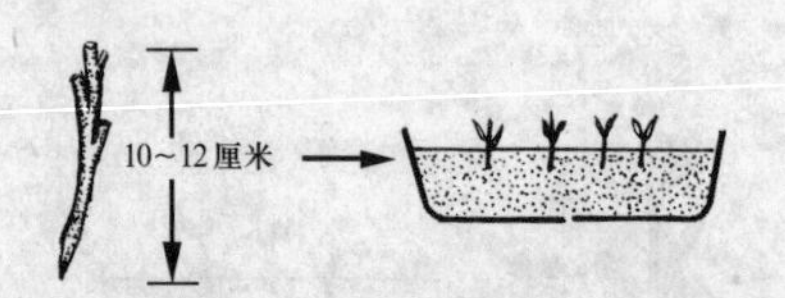

②扦插繁殖　5～9月进行。剪取顶端枝条，截长约10～12厘米茎段插入沙床中，保持20℃～25℃，浇水喷雾保湿，插后30～40天生根。

③高枝压条繁殖　于5～6月份按常规方法进行。

④盆栽基质　用排水良好的培养土（园土：病叶土：沙＝4∶4∶2，加入量为盆土1/10腐熟有机肥）盆栽。大棵树苗盆底应多垫碎瓦片，盆栽后淋足定根水置半阴处恢复生长。

⑤肥水管理　生长期每月施肥1次，保持盆土湿润。若盆土时干时湿，长期摆放阴暗处，室温过低，易发生落叶现象。

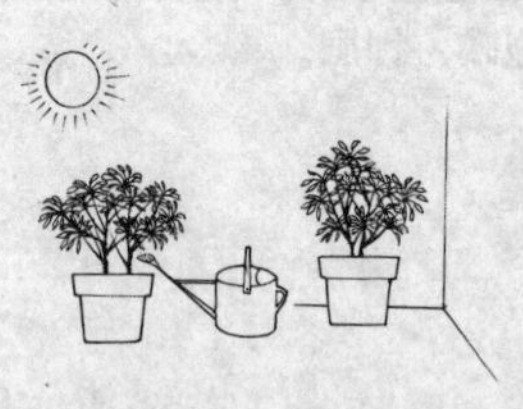

⑥夏冬季管理　盛夏除增加浇水保持盆土湿润但勿过湿，雨天注意防渍外，应多喷水，以利于茎、叶生长。冬季寒冷地区应移入室内养护，减少浇水量，保持润偏干，给予充足阳光，室温保持≥13℃，以＞15℃为安全。

55. 幌伞枫

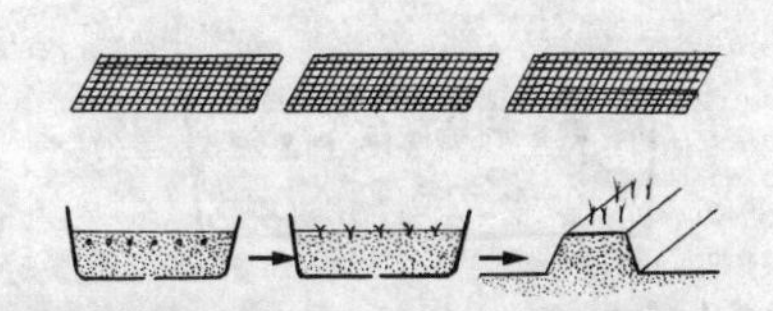

①播种繁殖　于3～4月间采熟果，按常规漂淘法收集种子，沥干水即播。在20℃以上温度下经10多天可发芽，待长出1～2片真叶后移圃地进一步培育。

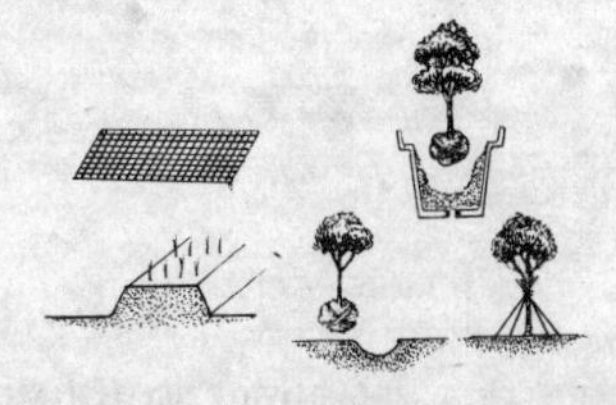

②移栽定植　于春季进行。盆栽的选圃地培育1.5～2年生苗上盆；地栽的选4～5年生大苗栽植，保持足够株行距，挖大穴施足基肥，植后淋足定根水和支架扶苗。

③肥水管理　地栽的在施足基肥后，当年无须追肥。成龄前每年结合松土培土施1次有机质肥，成龄后无须专门肥水管理。盆栽的幼株期每年春、夏、秋季各施肥1次，保持盆土湿润；成龄株每年施肥1次，保持盆土湿润即可。

④修剪　地栽的任其自然成形，无须多加修剪。盆栽幼株通过整枝修剪培育主干不太高的迷你式幌伞式株形，成形后适当修剪保持株形。

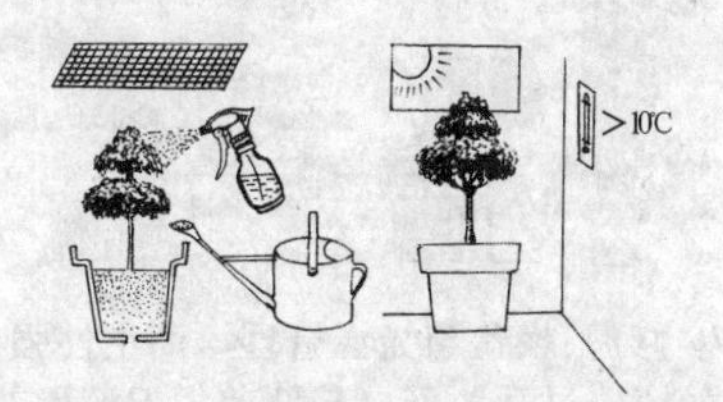

⑤夏、冬养护　夏日盆株适当遮荫，增加浇水与喷雾，冬季寒冷地区移室内防寒，室温保持10℃以上，注意给予充足光照。

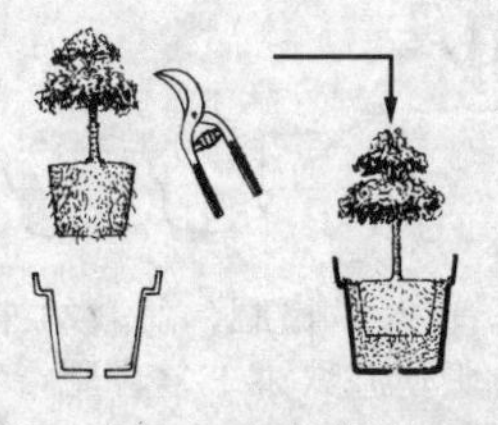

⑥换盆　盆株2～3年换盆1次，结合换盆和添加新盆土，适当修剪地下和地上部，加入预防病虫的毒土或淋施药液。

56. 南洋森

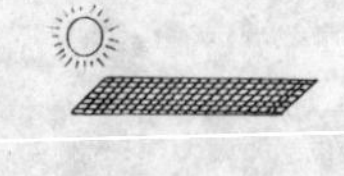

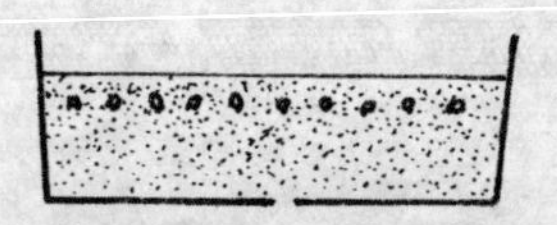

①扦插繁殖　春秋均可。取中上部1年生健枝按常规截长10～15厘米茎段作插条，蘸生根粉插入沙床中，置半阴处常喷雾保湿，在20℃～25℃下1个月左右生根。

②播种繁殖　少用。因我国大部分地区热量不足而少有结实的。浆果春季成熟，用漂淘法收集种子，随即播种，22℃以上时约10天左右发芽。发芽率约70%。

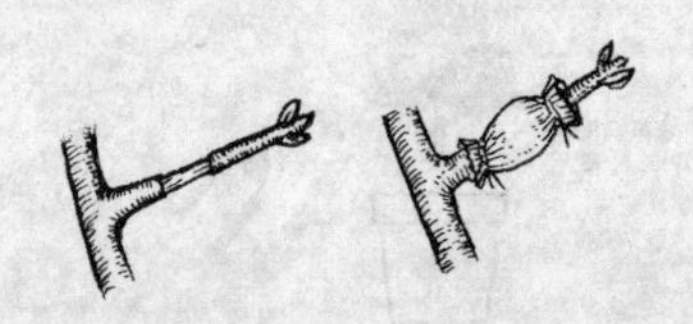

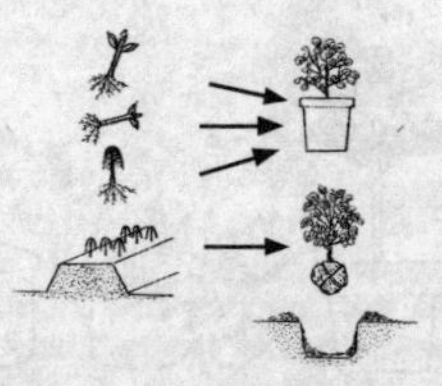

③高枝环状剥皮压条繁殖　按常规选中上部成熟健枝行环状剥皮压条繁殖，约2个月左右生根，3～4月剪离母体盆栽。

④移栽定植　扦插苗生根并长出新芽后可上盆定植。压条苗需3～4个月后方可割离母体上盆定植。播种苗长至真叶3～5片时可上盆。地栽的均应选圃地培育1～2年生大苗带土出圃定植。

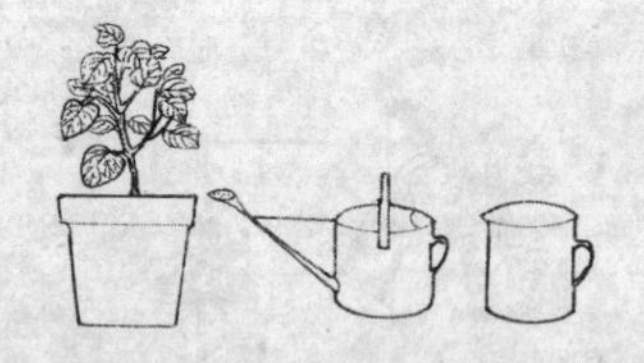

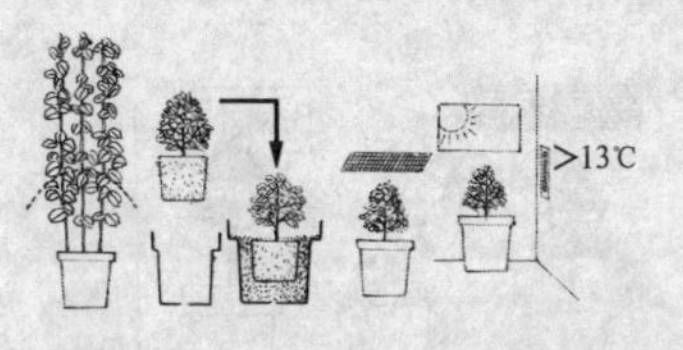

⑤肥水管理　喜肥，盆栽幼株期每20～30天薄施麸饼＋复合肥（5∶1）1000倍液1次；成型后则可每2～3个月施肥1次。适度浇水，保持盆土湿润稍偏干，切忌过湿积水或受旱致叶失色或脱落。

⑥修剪、换盆与光温管理　萌生性强，如植株过高，可自基部剪去促萌发新枝。盆株2～3年可换盆1次。喜明亮光照，南方夏日宜避烈日曝晒；北方冬日宜入室防寒，室温保持13℃以上。

57. 孔雀木

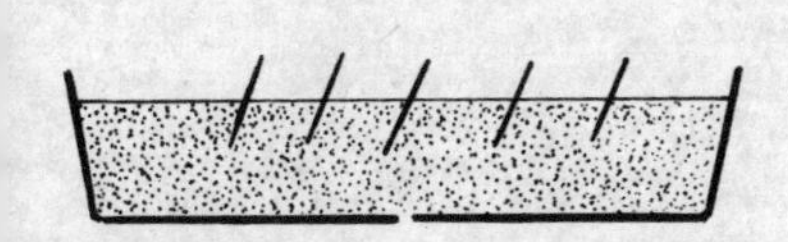

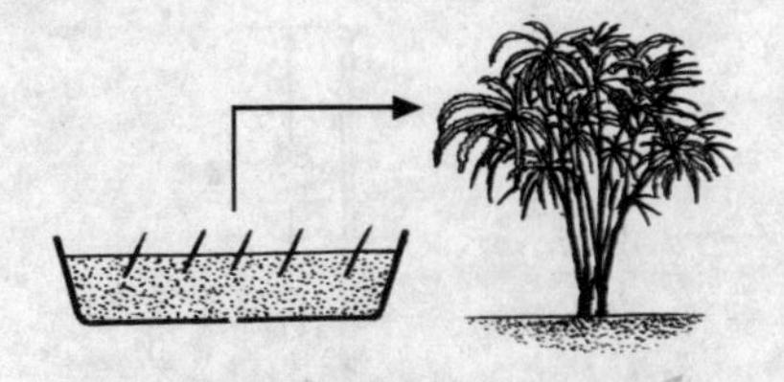

①扦插繁殖　于4～5月进行。截10～12厘米茎段做插条。也可行播种繁殖和嫁接繁殖。

②移栽定植　扦插生根并长出新叶后，即可移圃地继续培育，也可上盆定植。地栽的宜选圃地培育2年生大苗栽植。

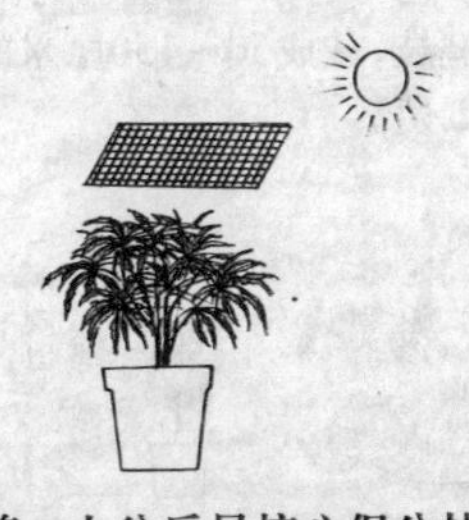

③肥水管理　盆栽幼株生长期每月施肥1次，成形后每年施肥1～2次，不宜多浇水，见干则浇，浇则浇透，但勿过湿，否则易引起落叶。

④修剪　上盆后早摘心促分枝，培育低矮株形。如植株长得过高，注意压强扶弱，保持优美株形。

⑤换盆　每隔2～3年换盆1次，结合换盆适当修剪地下部根系与地上部枝叶，并在添加新盆土时加入备好的毒土或淋施药液预防病虫害。

58. 垂 柳

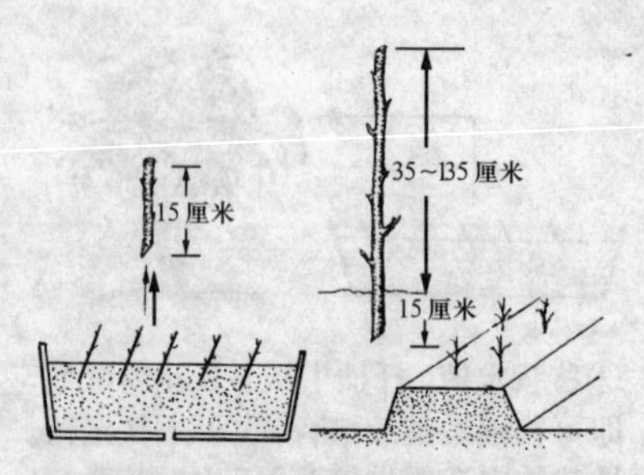

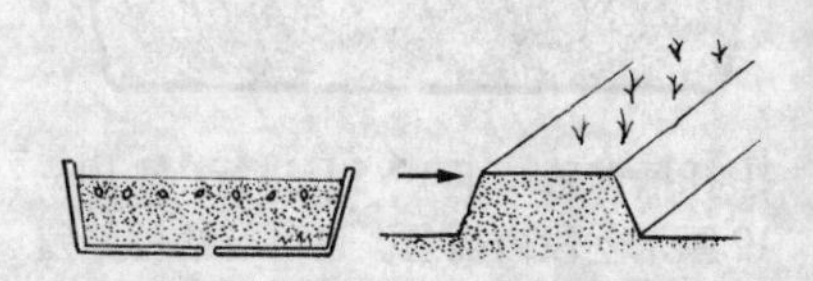

①扦插繁殖　在早春开叶前进行。选直径为0.5厘米的嫩枝截茎段作插条育苗，发芽后移圃地培育为1年生苗出圃定植。也可选中上部直径为1～1.5厘米的健枝，截成50～150厘米的段扦插快速繁殖。

②播种法　在夏季种子成熟时随采随播，出苗后待长出1～2片真叶时移圃地继续培育为实生大苗，出圃定植。

③移栽定植与盆景制作　春季新芽萌动前移栽。盆栽的选小苗，地栽的选大苗，并注意植地选择。如制作盆景，先种活扦插或播种小苗，配置山石，成旱盆景或水旱盆景，再对成活的小苗进行弯曲蟠扎造型。

④肥水管理　盆栽作盆景造型的，可采用根外追肥法于生长期喷施磷酸二氢钾＋尿素＝1：3～5的1000～1500倍液2～3次，保持盆土湿润。地栽的成活后一般无须专门肥水管理。

⑤修剪　休眠期进行。适当疏除影响造型的枝条即可。地栽的一般任其自然生长，无须过多进行修剪。

59. 银柳

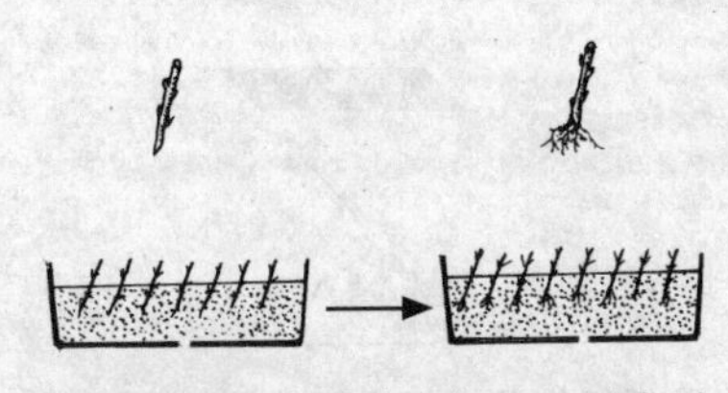

①扦插繁殖　春季选直径0.5厘米以上健枝，截长为10~15厘米、含3~4个芽的茎段作插条，蘸生根粉插入沙床中，保湿促生根。

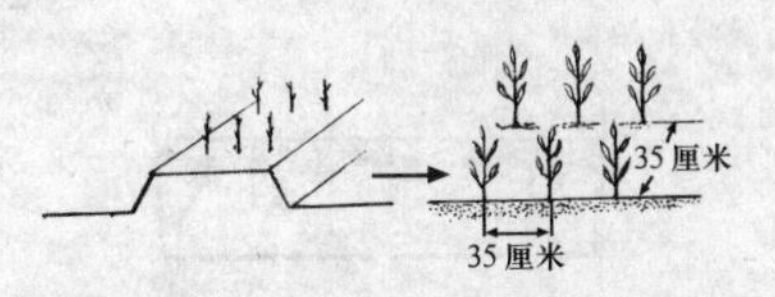

②移栽定植　地栽作切花的宜选圃地培育1年生苗，株行距35厘米×35厘米左右为适。

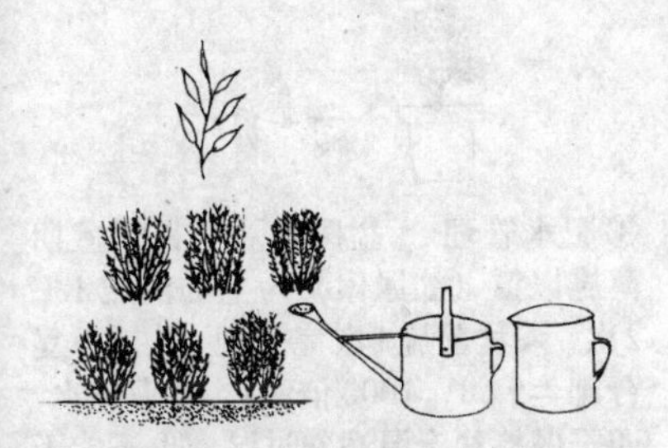

③肥水管理　成活后追肥1次，秋季再施壮芽肥1次，在开花前的半个月左右需要摘除全部叶片并供给肥水1次。开花前3天剪枝，剥去苞壳，进行水养。

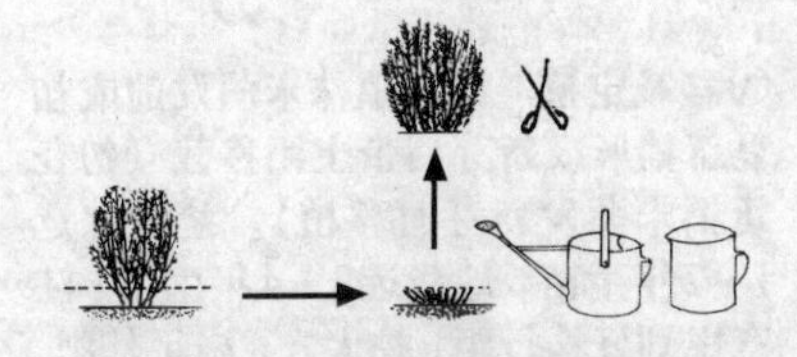

④修剪　地栽的每年需重剪1次，多于花谢后进行，可在离地面5厘米处重剪，配合肥水，促重发新枝。

⑤剪下的花枝处理　冬季落叶后，剪下枝条扎成小束，置火炉上方合适高度处，进行短时加热烘烤。苞壳遇热膨胀，自然开裂，剥壳水养待送市场销售。

60. 小叶黄杨

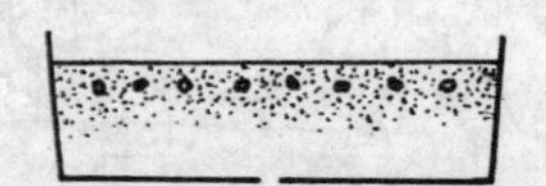

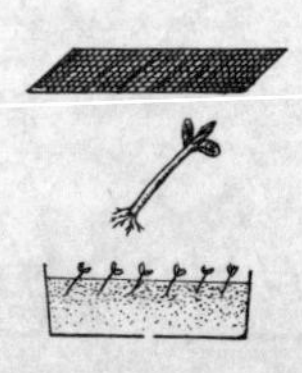

①播种繁殖　夏(末)秋果成熟采果晾干待瓣裂收集种子即播或沙藏(勿晒)待春播。按常规播种管理。

②扦插繁殖　春季用成熟的1年生枝或夏、秋用半成熟嫩枝截茎段作插条，插前用1/10000的萘乙酸液浸渍基部12～24小时后扦插（夏宜遮荫）。扦插成败关键在管好光温水及使用生根剂。1～2个月后发根成苗。

③移栽定植　早春植株未萌发前或初夏新梢形成新芽后带土团移栽（勿在新梢未萌发新芽时移植）。盆栽宜选1～2年生苗，地栽选3～4年生苗。注意规划好株行距，挖大穴，施足基肥，淋足定根水。株矮无须设架扶持。

④肥水管理　盆株春夏生长旺盛期薄施以氮（如尿素）为主的液肥1～2次。入秋前施1次完全肥（麸饼＋复合肥＝5：1，1000倍液）。慎事浇水，四季保持盆土湿润勿过湿，也不能干旱脱水。地栽的正常年份肥水无须特别管理。遇旱适当补水。休眠时增施1次腐熟有机肥即可。

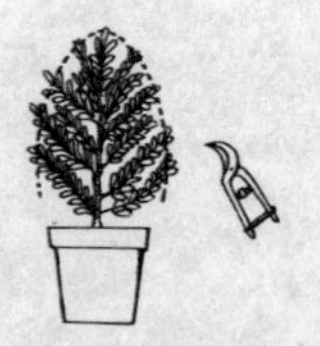

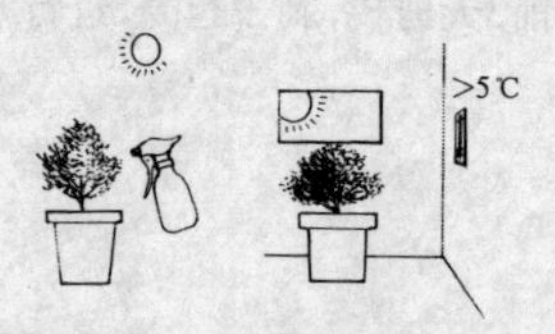

⑤修剪整形　作盆景株的，冬季在整枝修剪基础上行弯曲、蟠扎等造型。一般盆栽、地栽的可任其自然生长，常有两次新梢生长，修剪宜掌握好时机。春季萌发前、新梢生长停止后和秋季“白露”(9月上旬)以后视生长势各修剪1次。切勿重剪或强剪。作绿篱的全年可修剪。

⑥光温管理　喜温暖(生育适温15℃～28℃)湿润气候，较耐寒亦较耐热；喜光稍耐阴，除夏季扦插需稍遮荫外，其余季节无须遮荫。南方可露地越冬，北方寒冷地区仍需入室防寒（室温保持5℃以上）。注意给予充足光照。

61. 红绒球

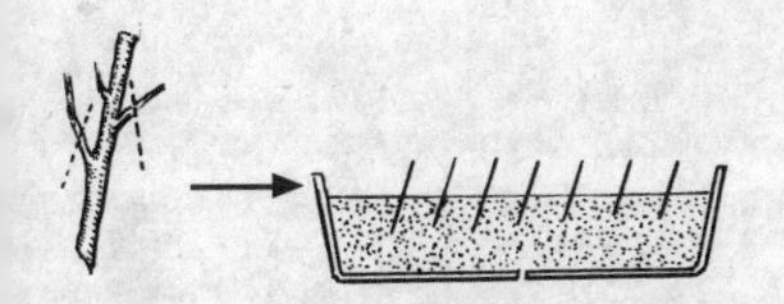

①扦插繁殖　春末初夏进行。选健枝截长10～15厘米茎段作插条，蘸生根粉插入沙床中，保湿促生根。也可用播种繁殖，待长真叶后移圃地进一步培育。

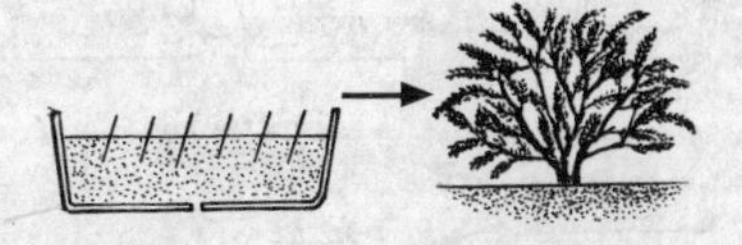

②移栽定植　扦插苗生根并长至3～4厘米即可上盆。地栽的则宜选圃地培育1～2年生大苗移栽。注意保持足够株行距。

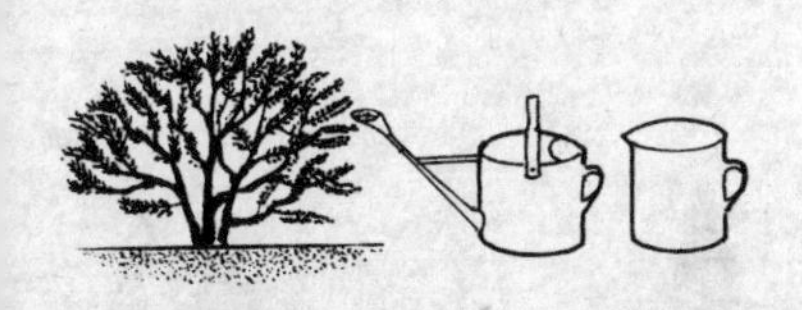

③肥水管理　盆栽幼株在生长期每1～2个月追肥1次，成形后可分别于新芽萌动前和4月收花后各施肥1次，适度浇水保持盆土湿润勿过湿。地栽的在成活后当年无须追肥，以后每年于收花后及春芽萌动前各追肥1次。

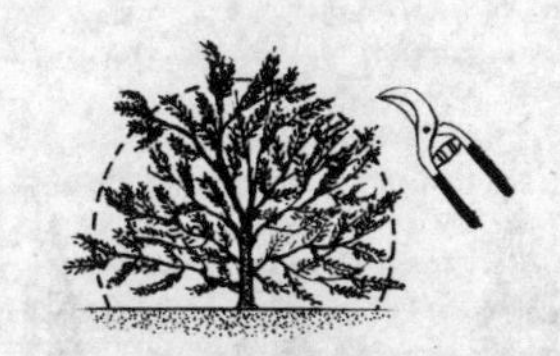

④修剪　盆栽幼株早摘心促分枝，培育主枝分布均匀的球状株形，成形后适当疏枝保持良好株形。地栽的一般任其自然生长，开花后可于花后视生长势决定轻剪或重剪。

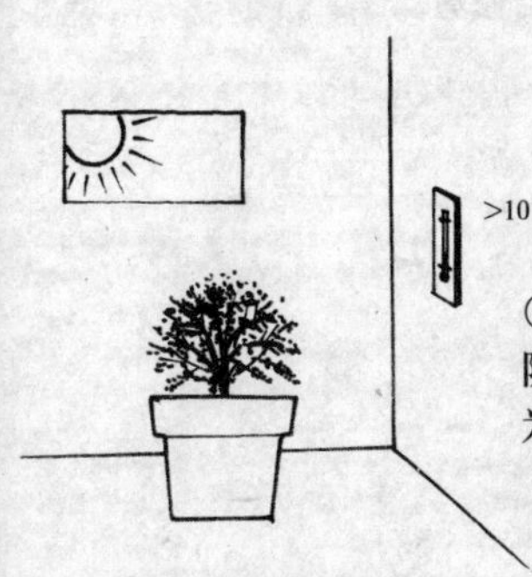

⑤冬日养护　冬日寒冷地区盆株入室防寒，室温保持在10℃以上，以15℃为佳。

62. 南洋楹

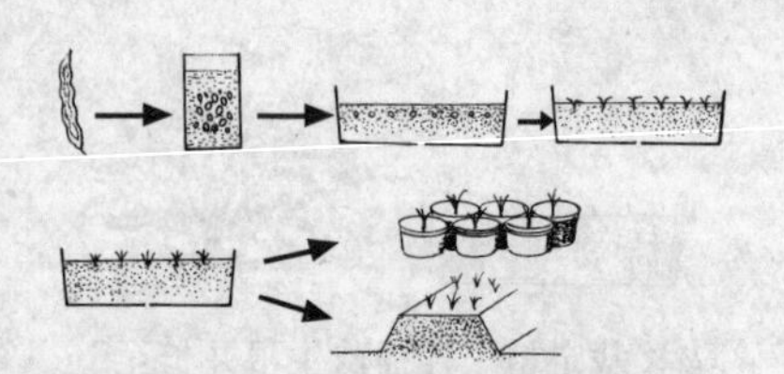

①播种繁殖　夏、秋荚果成熟采种。播前用60℃温水浸种催芽，按常规播种，10余天可发芽。结合间苗移营养杯及圃地假植继续培育成大苗。

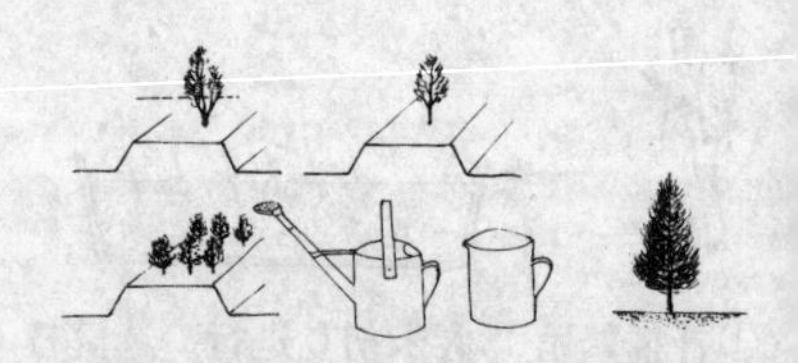

②苗床管理　幼苗长真叶后移圃地继续培育。幼苗生长较快，1年生苗如主干不挺直，可留一壮芽截干，使新长干茎挺直。圃地苗期每1～2个月施肥1次。适度浇水保持床土湿润勿过湿，连续下雨及时排渍防涝。

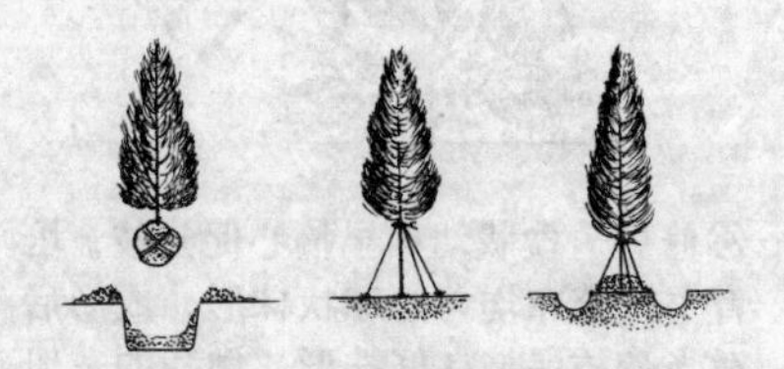

③移栽定植　地栽宜选圃地培育2～3年或3～4年大苗带土团移栽。植前注意挖大穴，施足基肥；植后注意设架扶苗，管好水，促早成活，遇雨还需排渍防涝。

④肥水管理与修剪　在定植时施足基肥和成活前视天情苗情适当补水促早成活外，头1～2年每年冬、春增施有机肥1次即可。当植株进入青壮年期，可任其自然生长，无须进行专门的肥水管理与修剪。

63. 细叶萼距花

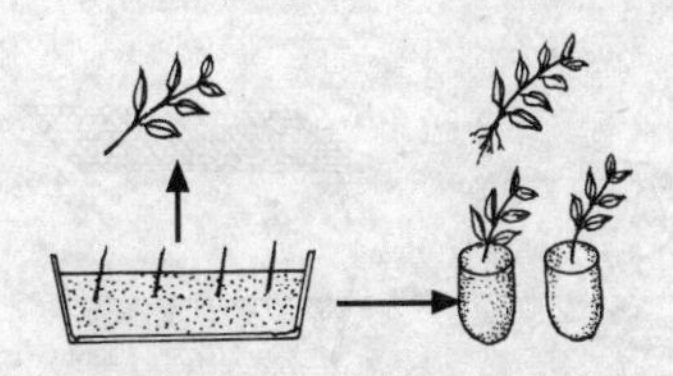

①扦插繁殖　全年均可进行，以春秋为佳。截带顶芽长5~8厘米茎段作插条插入沙床中，15~20天生根，移入营养袋培养1~2个月。

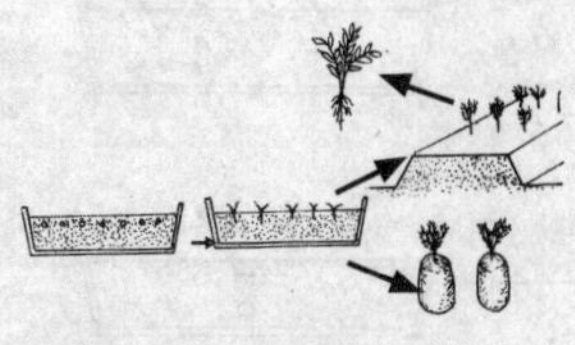

②播种繁殖　果熟后采种收藏，待翌春播种，约经月许发芽。

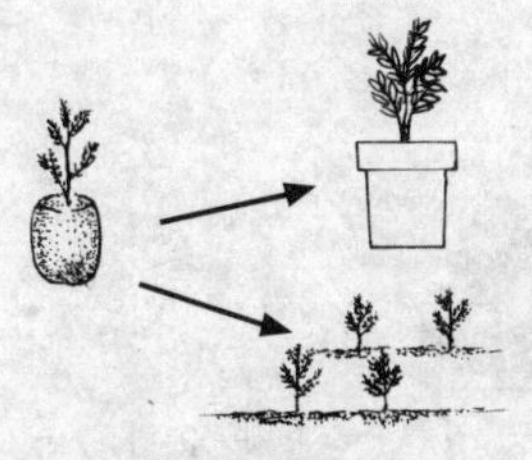

③移栽定植　扦插苗或播种苗经移入营养袋或圃地进一步培育成较大的苗后，上盆定植或地栽。

④肥水管理　管理较粗放，生长季节每月薄施麸饼水或复合肥1~2次即可。适度浇水，定植后宜保持盆土湿润，恢复生长后3~5天浇水1次即可，夏季高温应增加浇水与喷雾，冬季宜控水，保持湿润偏干。

⑤整形修剪　幼株时期打顶促分枝，培育丰满株形。成型后不定期进行疏枝修剪，保持原有株形。作绿篱时，按需要通过修剪，进行不同高度不同形状的篱带造型。

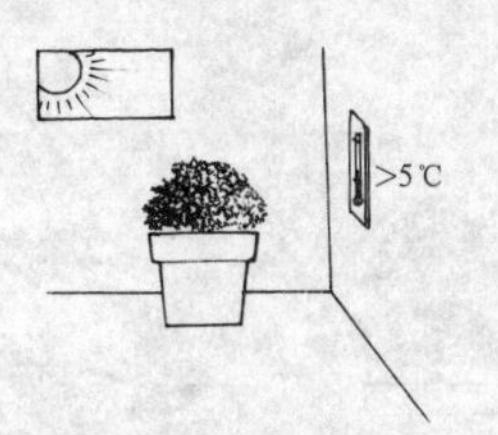

⑥冬季养护　生育适温22℃~28℃，不耐冬寒。北方宜盆栽，冬季移入室内。室温要保持5℃以上，以10℃左右为安全。

64. 小叶紫薇

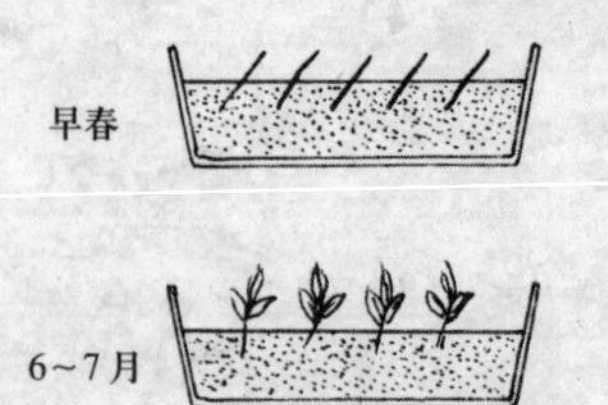

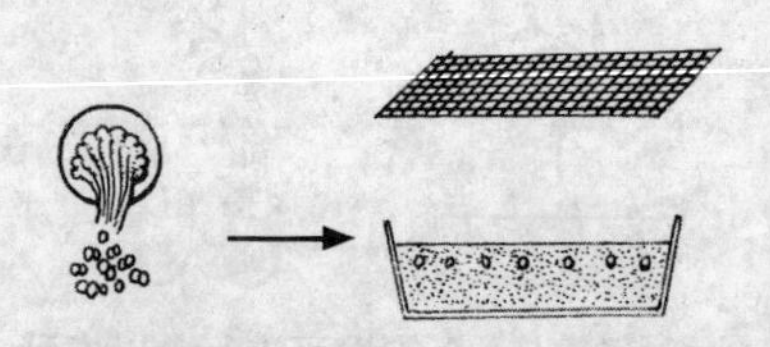

①扦插繁殖　早春萌芽前取上年生壮枝截成10~15厘米茎段作插条，或6~7月选当年生粗壮嫩枝留顶部3~4片叶作插条。

②播种繁殖　秋季果熟采收种子干藏，春季条播，盖土，保持床土湿润，30~50天后出芽。

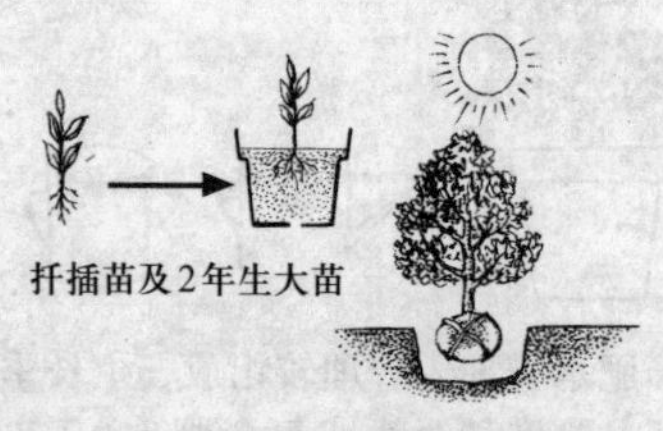

③移栽定植　扦插苗作盆栽的，初夏可出圃上盆；作庭院地栽的，一般需培养成2年生大苗。播种苗地栽的，也需大苗并带土移栽。

④肥水管理　喜肥，肥足花多、花期长。盆栽的在施足基肥基础上，5~6月各追复合肥1000倍液1次，现蕾时追磷酸二氢钾1000倍液1~2次，保持盆土湿润，勿过湿。

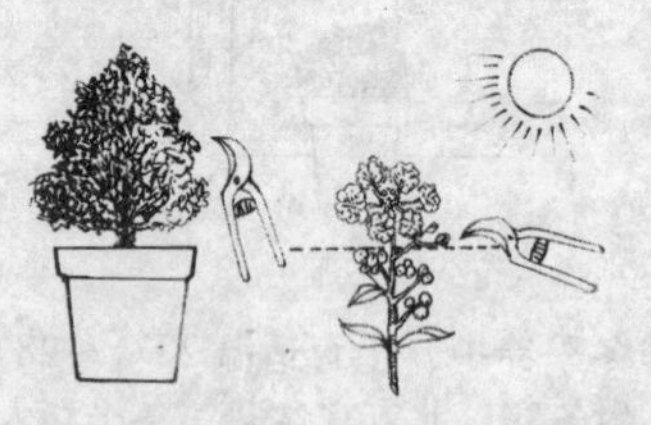

⑤修剪　耐修剪。幼株期注意整形修剪，培育枝条分布均匀的低矮优美树形。花后及时剪除花序，以免消耗养分。

⑥冬季养护　冬期植株休眠，是对地栽植物整形修剪的好时机。可按需要整成单干型或丛生型株形。

65. 大叶紫薇

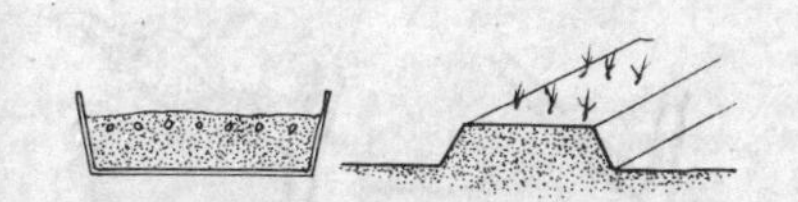

①播种繁殖　秋季果熟采种作低温（约5℃）贮藏，翌年春3月播种，经2~3个月幼苗半木质化后，移圃地继续培育。

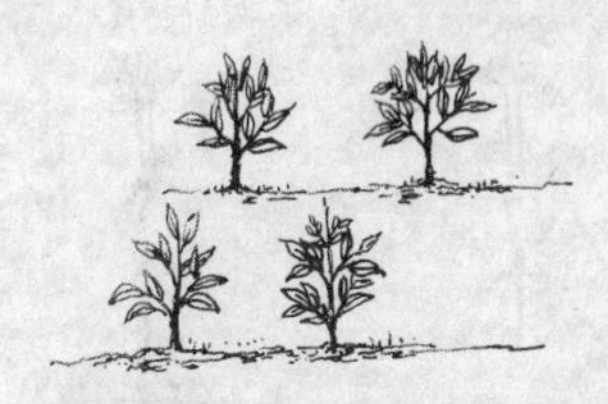

②移栽定植　春至初夏带土团移栽定植，保持足够株行距。作河流沿岸绿化的用1年生苗；作庭院美化、行人道绿化的，用3~4年生大苗。

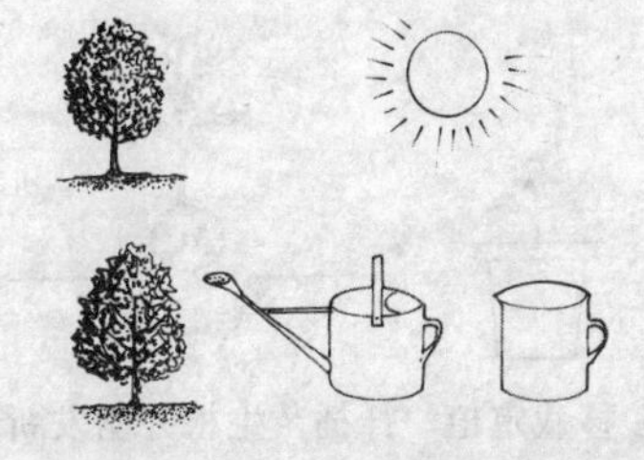

③肥水管理　幼树以施氮肥为主，促早生快发；成龄开花树以施磷、钾肥为主，促开花繁茂。幼苗期保持土壤湿润，幼树天旱时适度浇水，成龄开花树视天气情况1~2个月浇水1次。

幼树

开花树

④整形修剪　幼树促植株增高，着重培养主干，修剪侧枝，使枝条分布均匀，株形优美；成龄开花树采种后，做好冬、春季修剪，疏除内膛枝、过密枝和枯枝。

幼树盖薄膜

开花株搭架防寒

⑤冬季养护　不耐寒冷，怕霜冻。华南中南部地区特寒年份，枝条易受冻，应注意防寒。华南北部地区一般难越冬，宜因地制宜采取搭架等防寒措施。

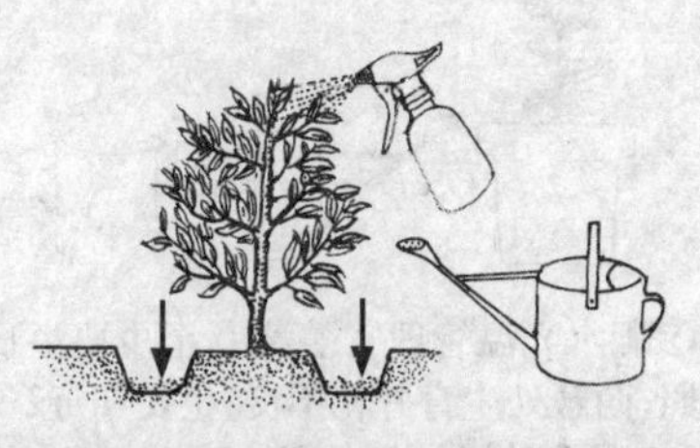

⑥寒害后养护　寒潮过后如植株枝条受冻害，应加强肥水管理，适当喷施叶面营养剂，穴施基肥，适度补水，促其恢复生机。

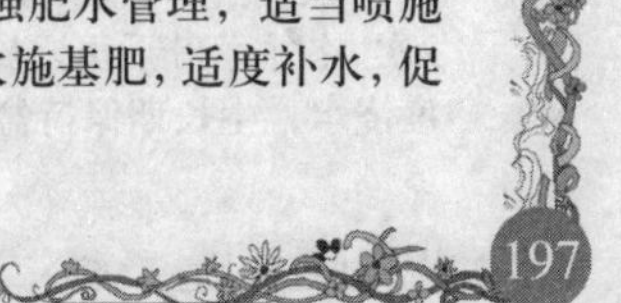

66. 指甲花

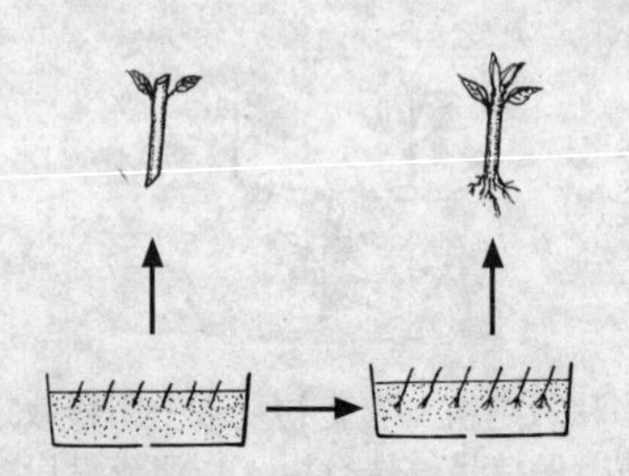

①扦插繁殖　于春季进行。按常规剪取健枝截茎段扦插即可。

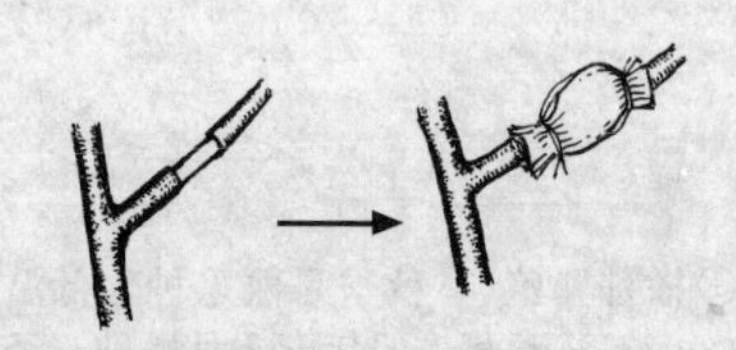

②高枝压条繁殖　春季进行。按常规选高位健枝行环状剥皮，包以备好的藓苔泥，再裹以薄膜扎紧即可。

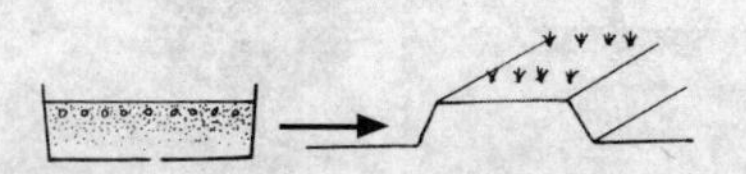

③播种繁殖　春播。按常规播种育苗，出苗后结合间苗、疏苗分批移至圃地培育。

④移栽定植　扦插苗生根并萌发新芽后可上盆定植；环状剥皮高压苗生根后亦可割离母株上盆定植。播种苗作盆栽的可选圃地培育有5～7片真叶的小苗。但如行地栽，上述3种苗均应选近1年生苗带土团栽植。

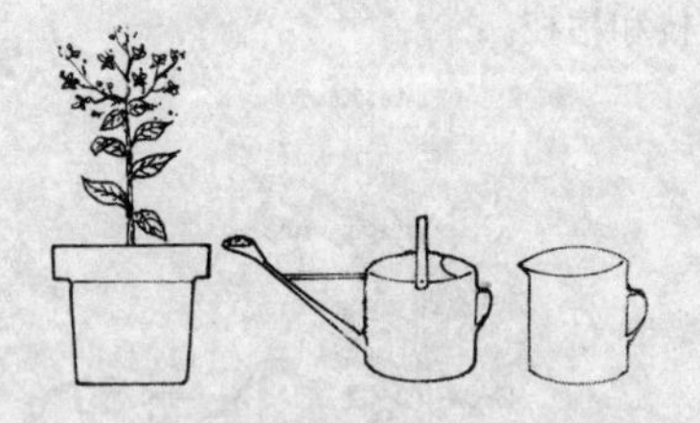

⑤肥水光温管理　喜光，至少要半日照，荫蔽处生育开花不良。生长期每2～3个月施麸饼加复合肥（5∶1，1000倍液）1次，必要时花期施磷酸二氢钾1～2次。冬季落叶后可穴施1次有机肥。适度浇水，生长期保持盆土湿润勿过湿。

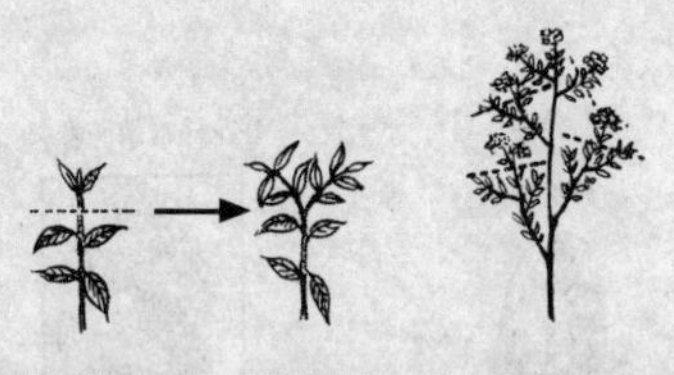

⑥修剪整形　盆株成活后行摘心促分枝，培育主枝均匀分布的良好株形。花谢后立即剪除残花，配合增施1次复合肥。冬季落叶后全面整枝修剪1次，穴施1次有机肥过冬。

67. 栀子花

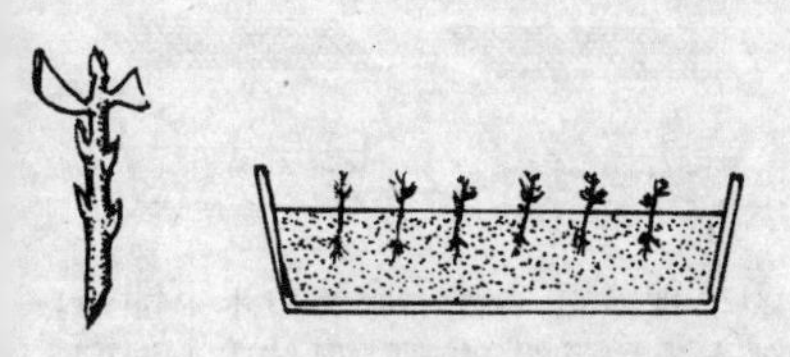

①扦插繁殖　于梅雨季节进行。插条带3个芽，基部斜切，蘸生根粉插入湿沙床中，15～20天后生根。

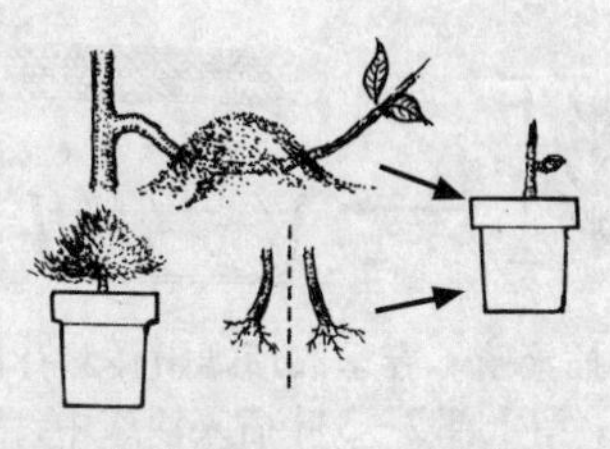

②压条或分株繁殖　4月选2年生枝压埋土中保湿，约1个月生根，夏季与母株分离移栽定植。分株繁殖结合翻盆换土进行。

③肥水管理　喜肥，宜施足基肥。幼株薄施勤施，以氮肥为主，促早生快发。开花株增施磷、钾肥。叶发黄时可适施硫酸亚铁1～2次。土见干就浇，花期及夏日盆土宜保持湿润，酌情增加喷雾。

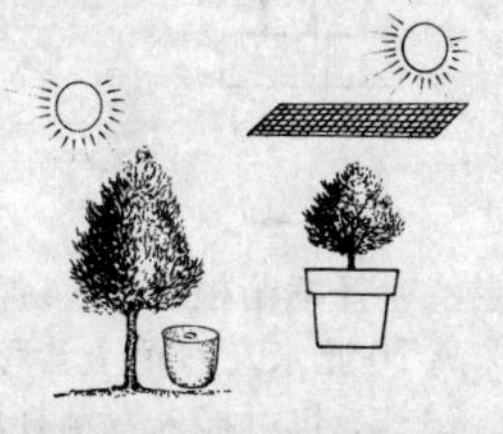

④移栽定植　春末夏初带土移栽定植，每盆栽1株，遮荫或置半阴通风处培育，夏日避烈日曝晒。地栽的注意足够株行距。

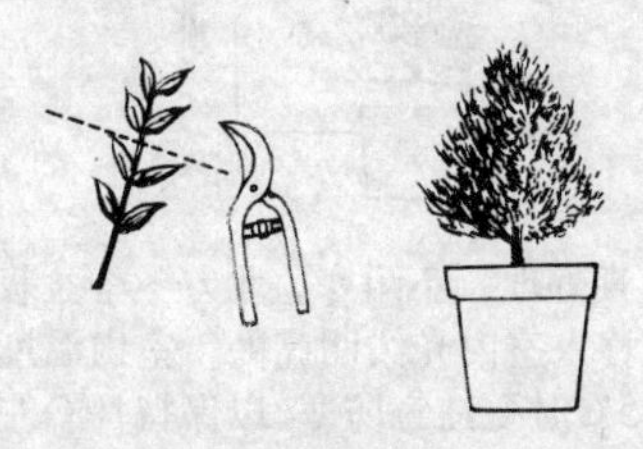

⑤整形修剪　幼株期通过多次摘心促分枝，培育低矮丰满株形。冬或早春萌动前剪除弱枝、枯枝和徒长枝，适当整形。

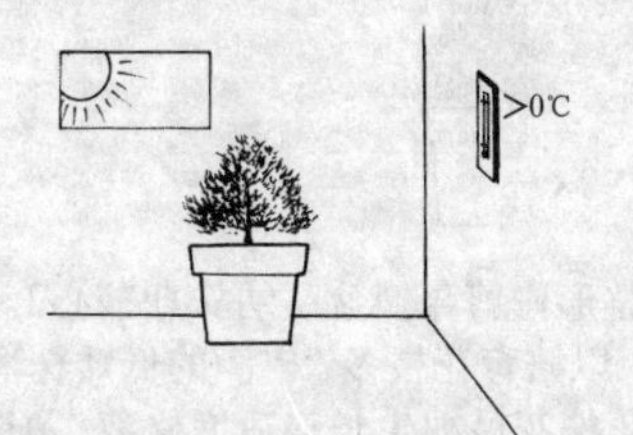

⑥冬季养护　南方可露地越冬。北方多作盆栽，冬季移入室内光线明亮处培育，低于0℃时注意防寒。

68. 龙船花

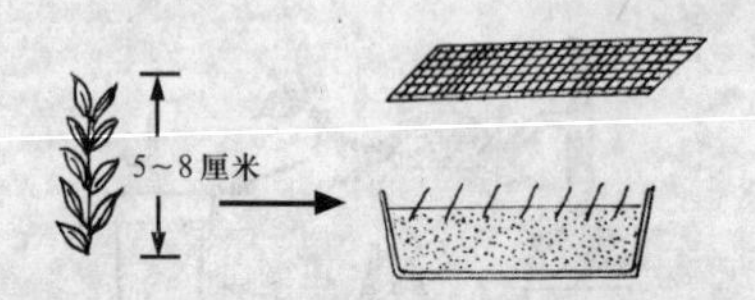

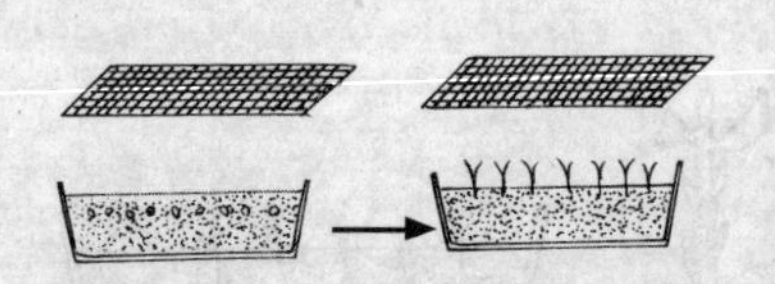

①扦插繁殖　春季取顶端嫩枝5～8厘米长，留上部2～3叶插入沙床中，置半阴处，常喷水保湿，直至生根，约2个月可移栽。

②播种繁殖　种子成熟后采下即播，盖土为种子的2倍厚，保持床土湿润。25℃左右，3～4周可发芽。播种苗植后翌年可开花。

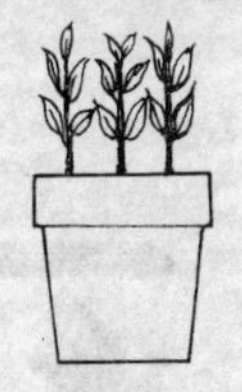

③移栽定植　扦插苗根长3～4厘米，播种苗株高10厘米左右可上盆移栽，每盆植2～3株，也可移入育苗杯培育稍大一点再定植。

④肥水管理　幼株期以施氮肥为主，每月追肥1次；开花株20～30天施1次，以磷、钾肥为主。叶片发黄时，施硫酸亚铁1000倍液1～2次。夏季每天浇水1次，酌情增加喷雾。其余时间3～4天浇1次水。

⑤整形修剪与换盆　幼株期摘心2～3次，以培育花枝多、丰满的低矮株形。开花株花后视生长势适度修剪，配合肥水使植株生长更加壮旺。盆株2～3年后翻盆换土，结合换盆适当修剪地下根系及地上部，并在添加新土时加入预防病虫害的毒土。

⑥冬期处理　不耐寒。北方冬季盆栽的应移入室内光线明亮处，室内温度低于5℃时要注意防寒，以保持10℃左右为安全。

69. 希美利

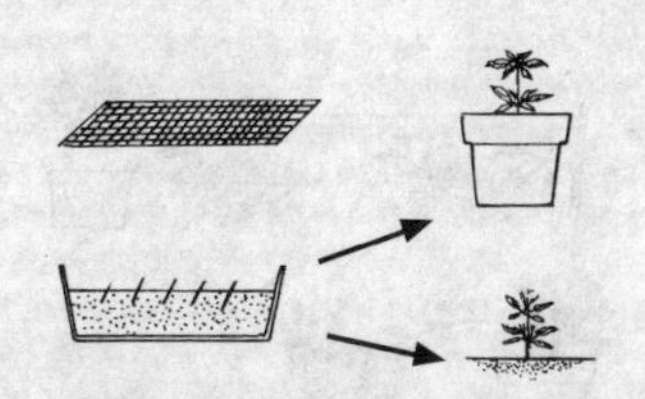

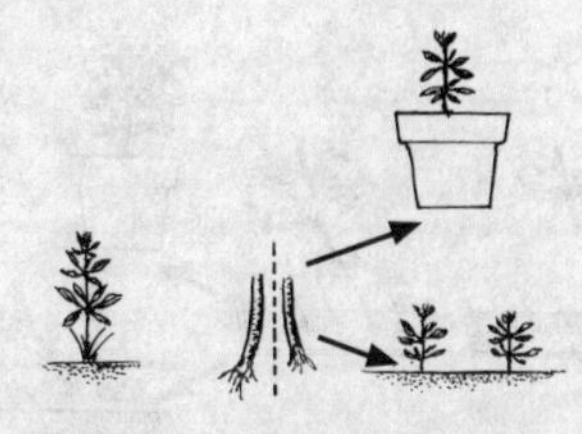

①扦插繁殖　春秋均可。选当年生或1年生健枝截茎段蘸生根粉插入沙床中，遮荫、保湿促生根。

②分株繁殖　在生长季节进行。挖取植株附近的萌蘖分栽即可。

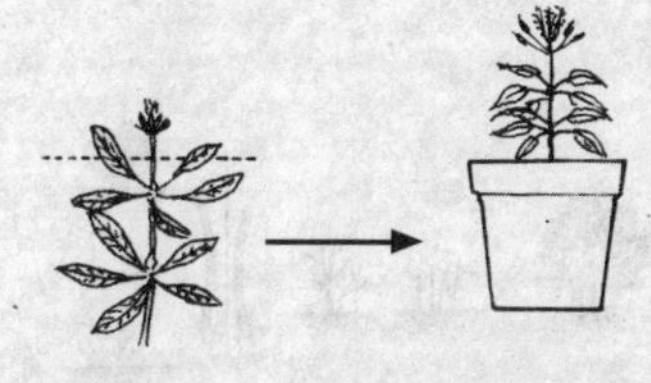

③肥水管理　盆栽幼株生长期每月追肥1次促早生快发；成形开花株于花期喷施磷酸二氢钾（1000倍液）2～3次。适度浇水，保持盆土湿润但切勿过湿。地栽的平时无须安排专门的肥水管理，每年于休眠期结合松土培土增施1次有机肥即可。

④修剪　盆栽幼株早摘心促分枝，培育好株形。成形开花株于休眠期适当疏枝压强扶弱，必要时重剪重新整形。地栽作绿篱的则待长至一定高度后，再视需要进行造型修剪。

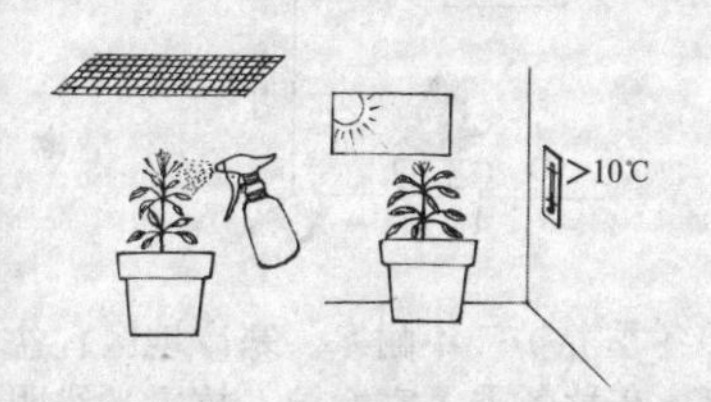

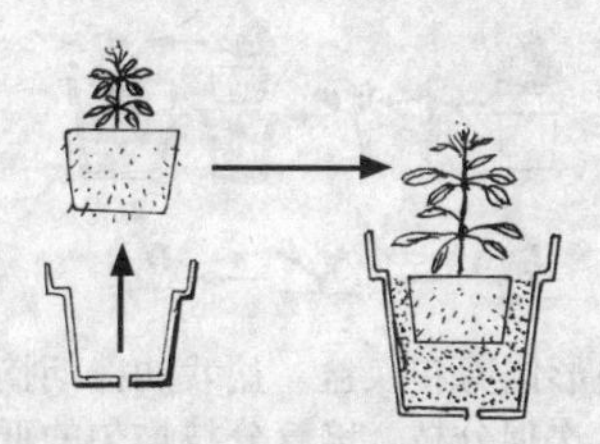

⑤夏、冬养护　主要抓好光照、温度管理。寒冷地区冬日盆株入室防寒，室温保持在10℃以上。

⑥换盆　盆栽的每2～3年换盆1次。结合换盆修剪植株地上部和地下部，并在添加新盆土时加入适量（约为盆土的1/10）预防病虫害的毒土。

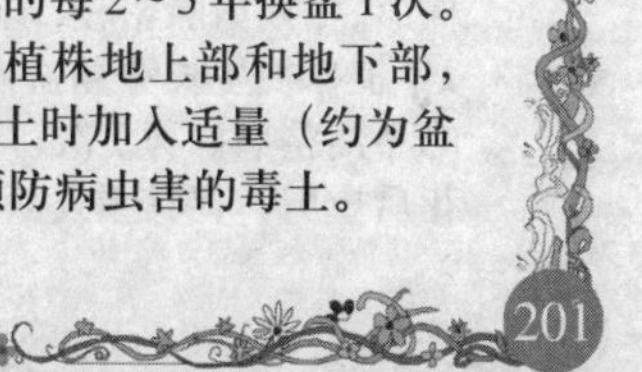

70. 茉莉

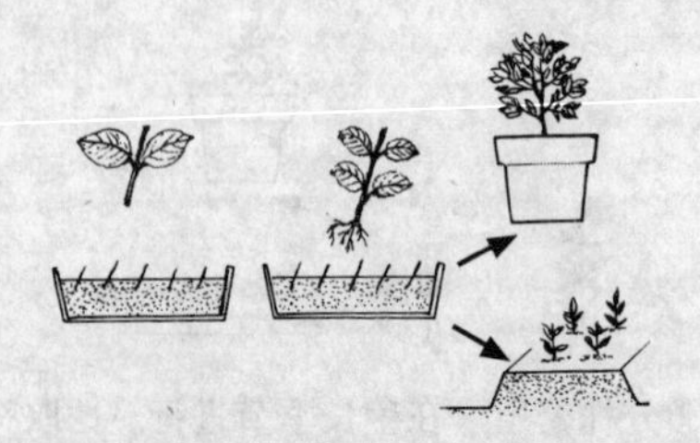

①扦插繁殖　在4～10月份选1年生枝截长约10厘米的茎段，蘸生根粉插入沙床中，经30～40天生根，上盆或地栽，易成活。

②压条繁殖　春季和初秋均可进行。选植株基部较长的健枝在地上或盆土堆土压条，生根后割离母株分栽，易成活。

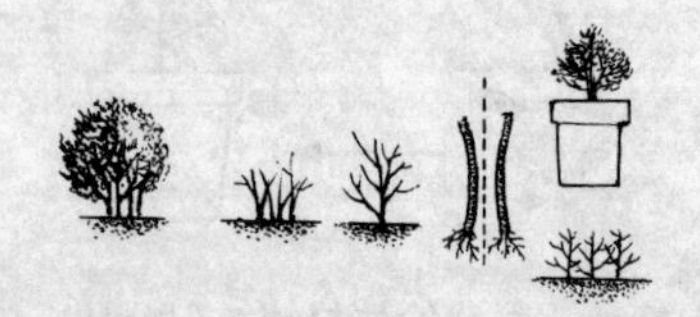

③分株繁殖　萌芽力强。春季萌芽前剪下枝条的老蔸又可萌芽成丛，分割成数份分栽即可。

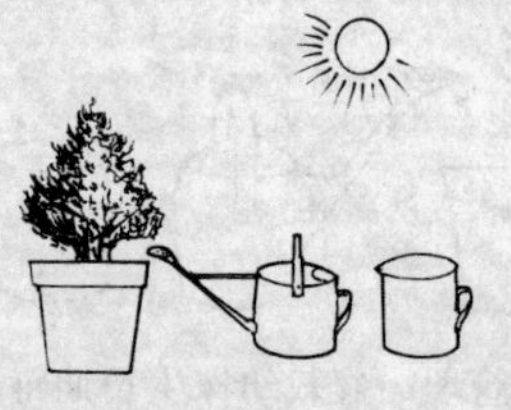

④肥水管理　耐肥。在生长期每10～15天薄施氮肥1次，蕾花期增施磷、钾肥1～2次。适时适量浇水。生长开花期保持盆土湿润勿过湿；夏日增加浇水并喷雾，冬日休眠控制肥水。地栽的雨后注意防涝渍。

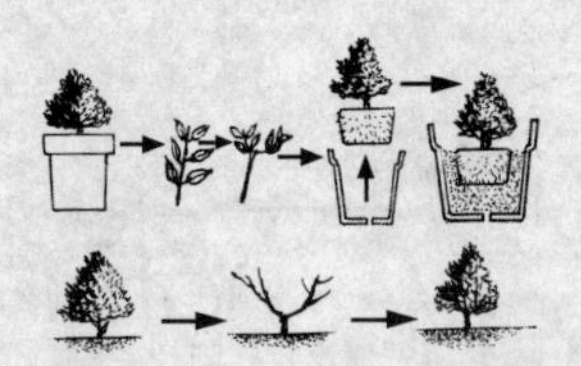

⑤整形修剪和换盆　盆栽幼株期摘心2～3次促分枝，培育分枝均匀的低矮株形。冬期剪除密枝、弱枝和病枝。1～2年植株视生长势翻盆换土1次；地栽的冬期整形修剪1次，3～4年生老蔸花后重剪，促其重发新枝。

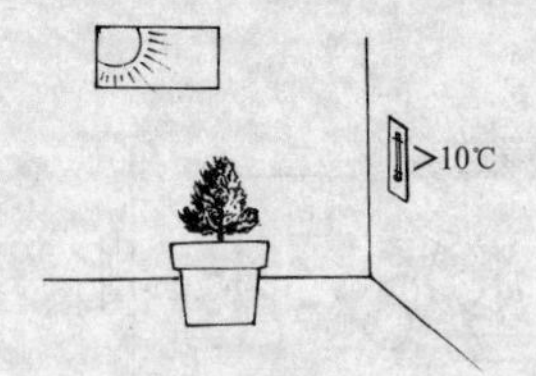

⑥冬季养护　不耐寒。寒冷地区宜盆栽，在秋冬季入室养护，放置光线明亮处，保持室温在10℃以上。

71. 桂 花

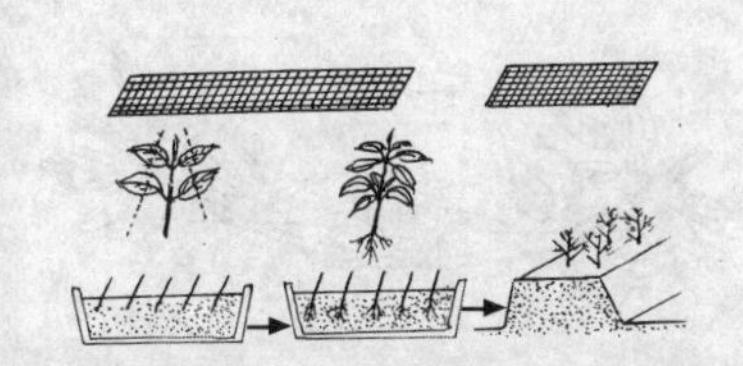

①扦插繁殖　4～5月间选取健枝截段，蘸生根粉后扦插，置遮荫处保湿，生根后即可移栽，也可移入圃地培育成较大的苗再移栽定植。

②普通压条繁殖　在3～5月份或7～8月份用堆土法压条，注意保湿促生根，割离母株上盆或入圃地培育成大苗再栽植。

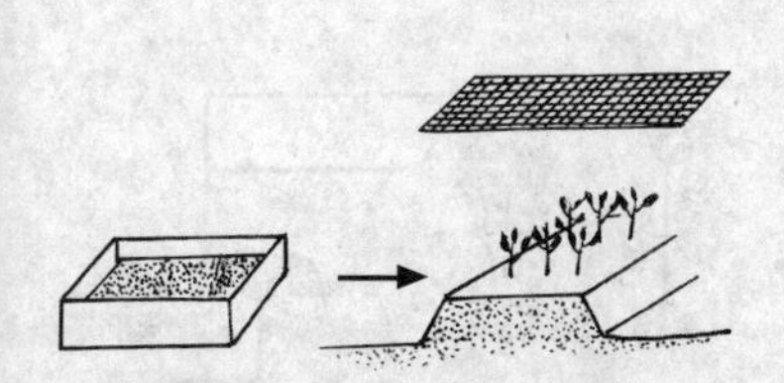

③播种繁殖　在3～4月份采熟果取种沙藏，休眠后于翌年春播种。移遮荫圃地培育成3年生以上大苗再出圃定植。

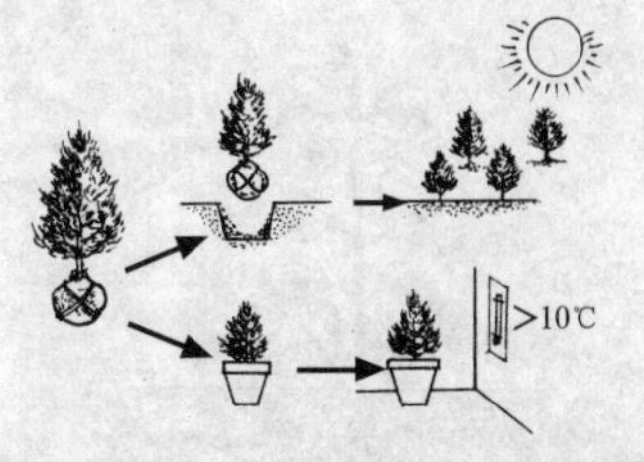

④移栽定植　春末夏初带土球定植易成活，盆栽的每盆栽1株，地栽的注意保持足够的株行距。淮河以北地区露地栽植不能越冬，只宜盆栽，冬季入室养护。

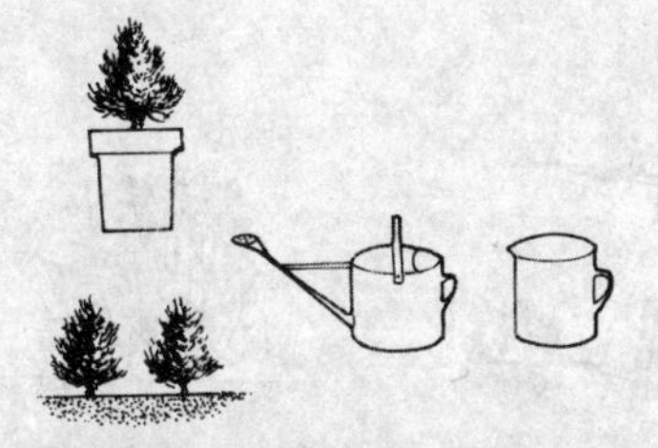

⑤肥水管理　地栽的定植时施足基肥，浇透定根水。植后一般无须多加肥水管理。雨季防涝渍，旱季适时浇水。盆栽的生长期每月施薄肥1次，保持盆土湿润，冬期控制肥水。

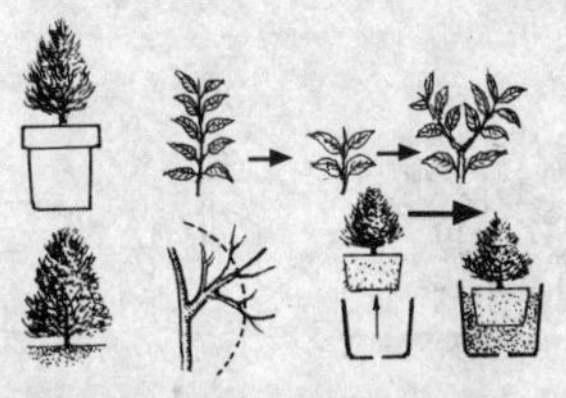

⑥修剪和换盆　地栽的多于冬季进行修剪，并按需要造型。盆栽幼株打顶2～3次，形成5～6个分枝的低矮丰满株形后，只需修剪病枝、弱枝即可。视生长势1～2年换盆1次。

72. 云南黄素馨

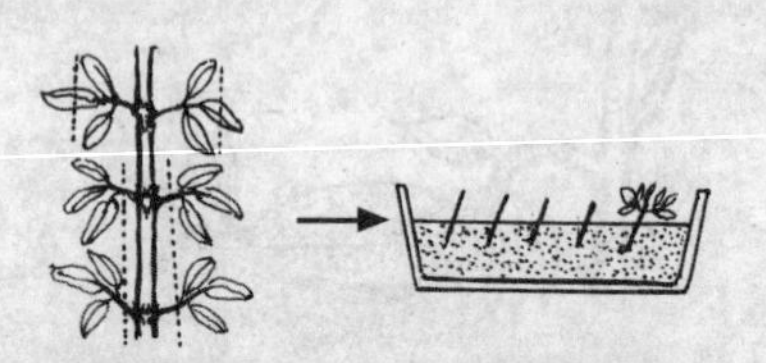

①扦插繁殖　春季剪取健壮枝带2～4个节的茎段作插条，蘸生根粉插入沙床中。

②压条（环剥）繁殖　春季取长枝环剥后压入土中。

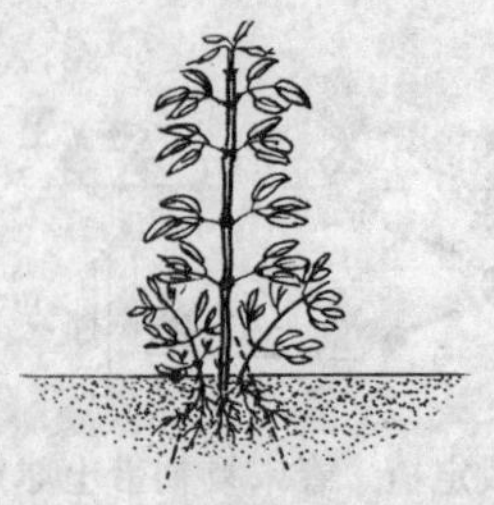

③分株繁殖　春季将植株基部萌生的小株用利刀割下分栽。

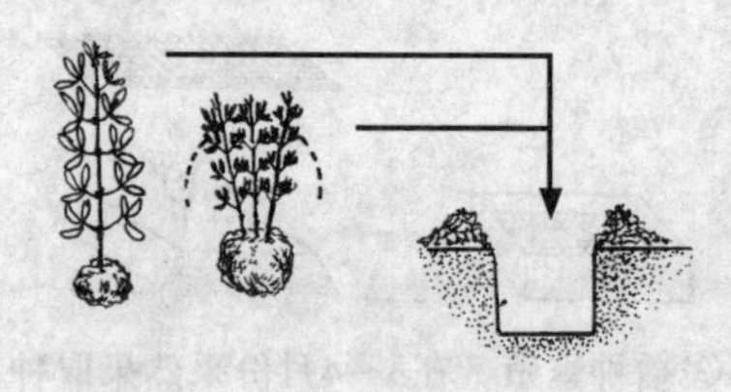

④移栽定植　在春季进行为宜。用扦插苗或压条苗生根后移栽定植。移植时应带宿土，大丛株需剪除部分枝叶。

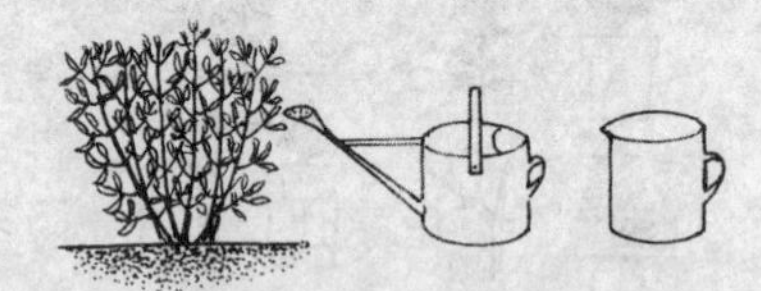

⑤肥水管理　移植前施足基肥。追肥视生长势而定。如生长势衰弱或不着花时，可适量追施麸饼水＋复合肥（10∶1）1000倍液1～2次。水不宜多浇，间干间湿即可。

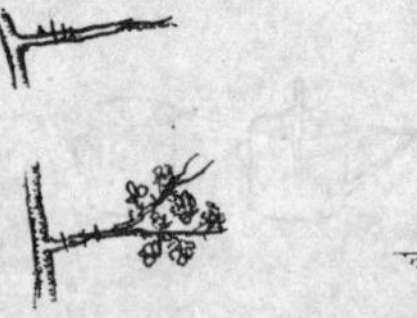

⑥整形修剪　植株形成自然株形后，可留3～4条主干，疏除内膛枝，剪掉下部枝和蘖生枝，如将头1年生枝剪留2～3个芽，翌年新长出的枝可开花。

73. 假连翘

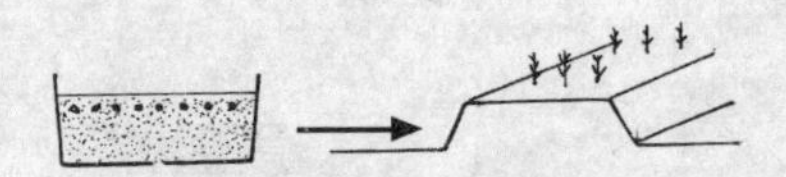

①播种繁殖　四季可播。随采随播(种子用常规漂淘法收集，稍沥干可播，勿日晒)，在气温高于20℃时10天左右发芽，发芽率约为50%。

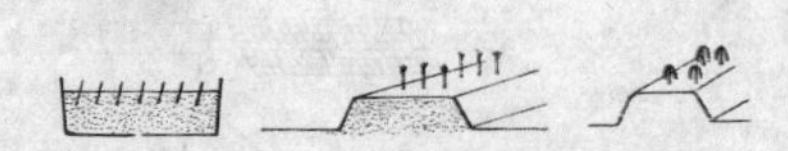

②扦插繁殖　春末初夏进行。选1～2年生健枝截长约15厘米茎段，蘸生根粉插入基质中，移阴处保湿，约1个月左右生根。待根长至4厘米左右转入圃地继续培育。

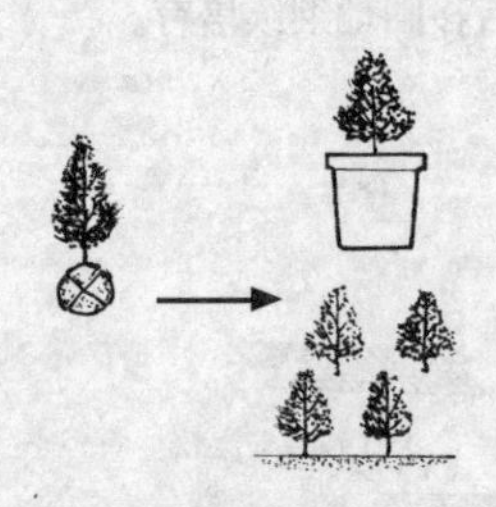

③移栽定植　播种实生苗一般需在圃地培育2年生苗方宜出圃上盆或地栽。扦插苗可选圃地培育1～2年生苗定植。如用于曲枝造型的，宜在2年生幼苗时即开始进行。

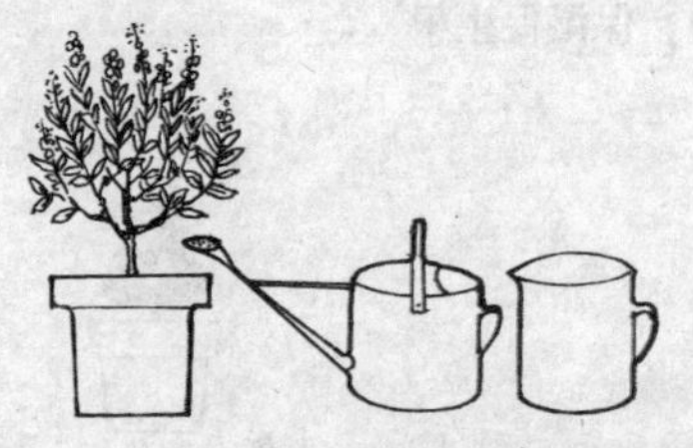

④肥水管理　喜肥，瘠地生长不良；喜湿润不耐干旱。盆、地栽均宜施足基肥。在此基础上，生长期每年施1～2次麸饼+复合肥(5∶1)1000倍液即可。间干间湿浇水，保持盆土湿润，既勿过湿，又不使受旱。

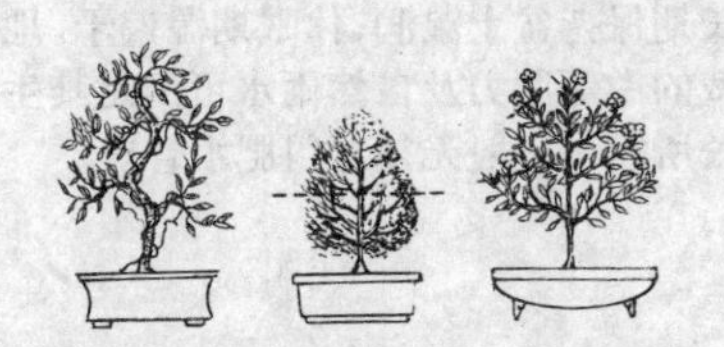

⑤修剪整形　萌生性强，耐修剪。可根据观赏要求，对枝条进行盘曲造型。每年春植株萌动前，可行重剪促重发新枝。或花后进行修剪，重发新枝再次开花。如作绿篱，全年均可修剪造型。

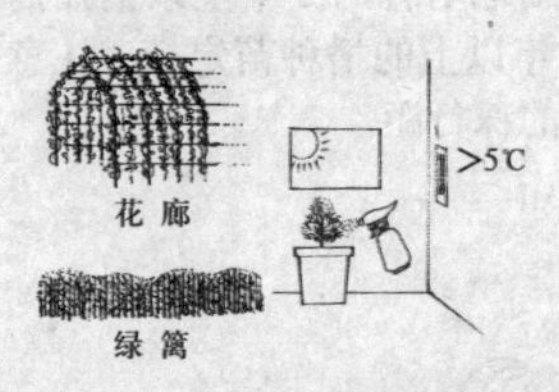

⑥光温管理　喜温暖湿润气候，不耐寒，喜光，耐半阴。华南地区可露地栽培，作花廊、绿篱或作盆景造型。正常年份无须防寒。华中、华北地区多行盆栽或温室栽培。冬季置室内光线明亮处，室温保持不低于5℃，以10℃左右为安全。

74. 尖叶木犀榄

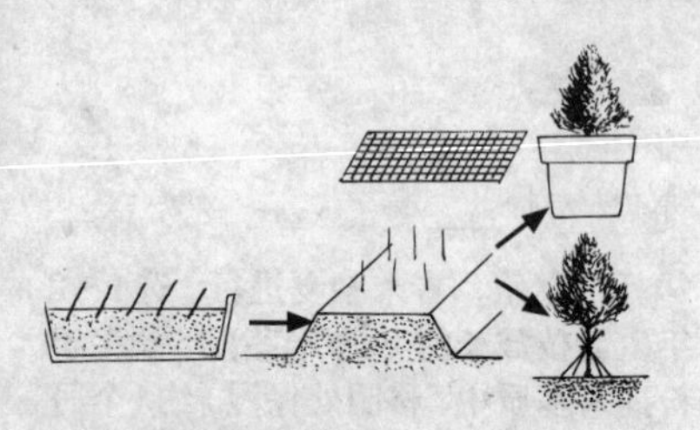

①扦插繁殖　在春季气温稳定回升至18℃以上时进行。按常规截茎段蘸生根粉或浸渍生根粉稀释液后插入沙床中，保湿促生根。

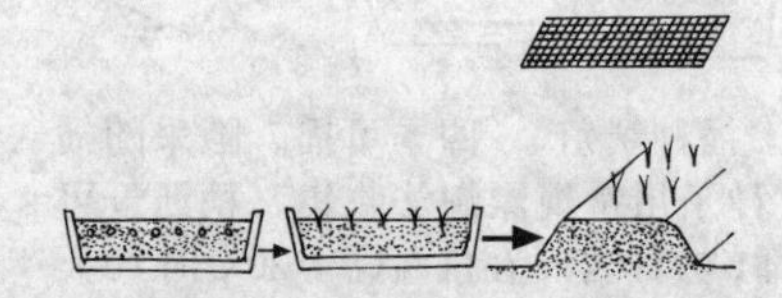

②播种繁殖　秋、冬采果用常规漂淘法收集种子，沙藏待翌年春播种，待长真叶后移圃地继续培育。

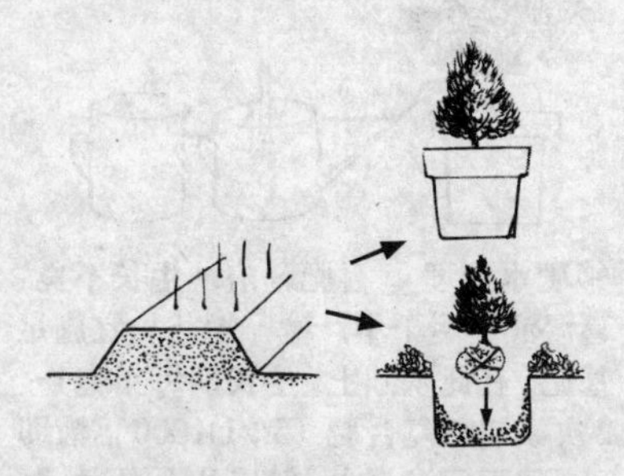

③移栽定植　盆栽的可选圃地培育数月至1年生扦插苗上盆定植；地栽的则选圃地培育的2年生以上扦插苗或2～3年以上的播种苗定植。注意保持足够的株行距。

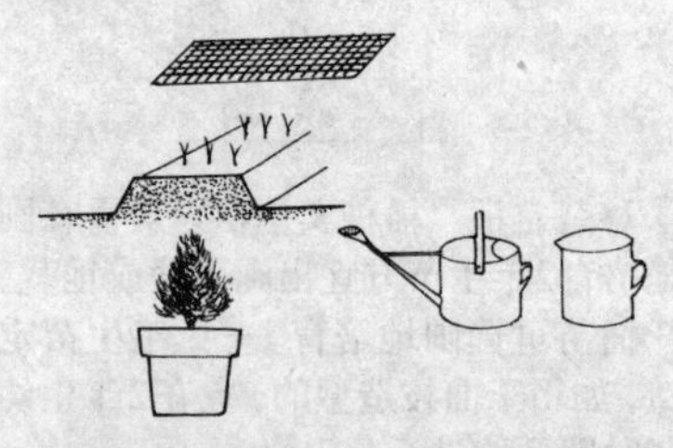

④肥水管理　圃地苗株每年施肥2～3次。盆栽幼株头年生长期1～2个月施肥1次，成形后每年施肥1～2次。生长期保持盆土湿润，休眠期湿偏干。地栽的中等肥力及自然雨水可满足其生长所需，一般无须专门肥水管理。

⑤修剪　生长期或休眠期均可进行。可按需要进行修剪造型。

75. 六月雪

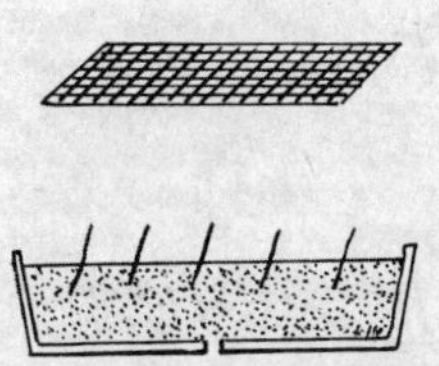

①扦插繁殖　春秋20℃左右均可进行。选1～2年生枝条截长10厘米左右的茎段做插条，下部浸萘乙酸1小时后插入湿沙床中，遮荫保湿，约1个月可生根。

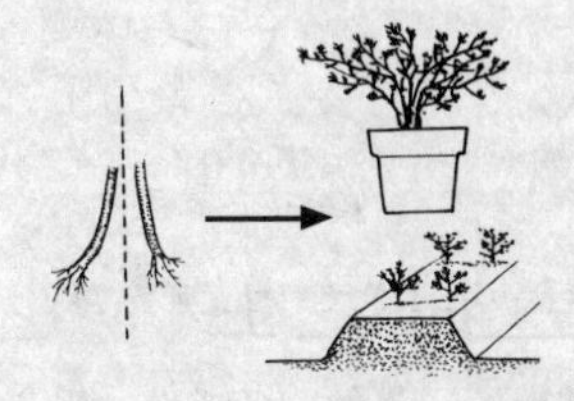

②分株繁殖　春季将大株丛分为数份带根移植或利用根萌蘖分株繁殖。

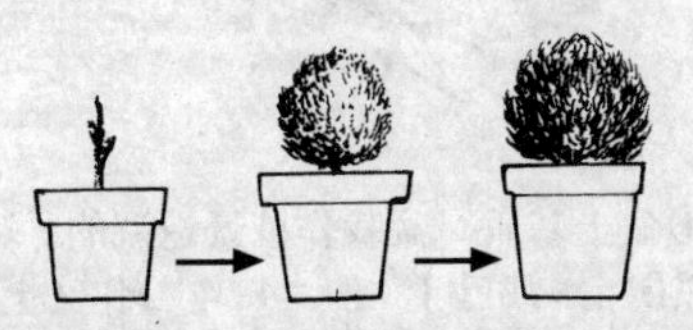

③移栽定植　气温在15℃～22℃时均可进行。植株小，长势慢，可先移入小盆，视生长势换用中盆至大盆。

④肥水管理　生长慢。幼株期每10～15天薄施氮肥，促早生快发，开花株每月施磷、钾为主的复合肥1～2次，保持盆土湿润。旱季或吹干热风时需喷雾保湿。

⑤整形修剪　耐修剪。盆株可修剪成绣球状，或一侧枝条垂挂的株形，或主干屈曲的株形。

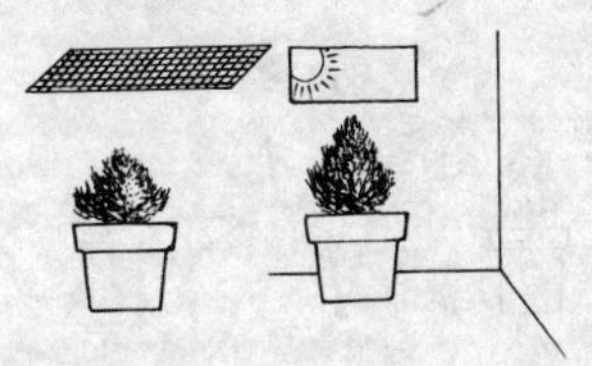

⑥夏、冬养护　较耐寒，忌严寒；耐暑热，忌烈日。华南地区选阴凉处栽培，或盆栽置荫棚下越夏；华北地区露地不能越冬，只宜盆栽，冬季移入室内，室温保持10℃以上，并尽量给予较多的光照时间。

76. 山指甲

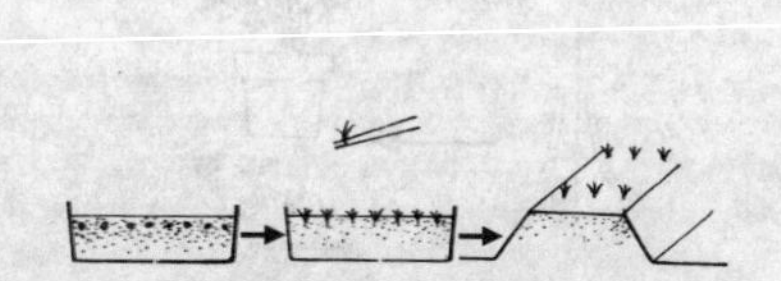

①播种繁殖　果秋、冬成熟，采果收集种子即播，或沙藏后待翌年春播，发芽率一般较高。

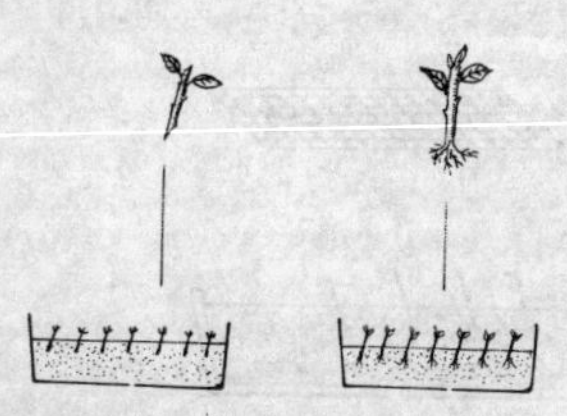

②扦插繁殖　春末初夏进行，易生根。

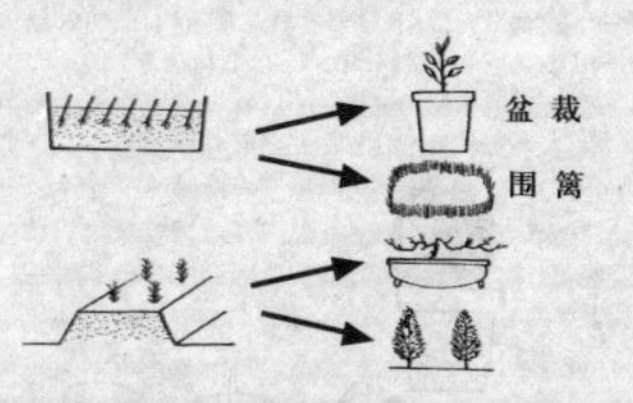

③移栽定植　春末初夏进行；华南地区初秋亦可进行。扦插苗生根后待根长4～5厘米可上盆定植，或下地沟植作围篱。播种苗行地栽时宜选圃地培育1～2年生大苗带土团移栽，如盆栽作桩景的，可选圃地培育半年左右的实生苗蘸泥浆上盆造型。

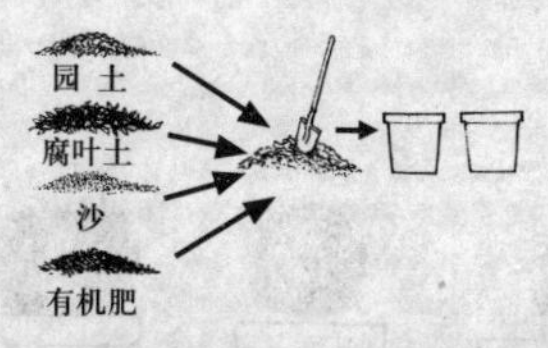

④盆土基质　盆栽作桩景造型的，可以园土∶腐叶土∶沙＝4∶4∶2作盆土，混入量为盆土约1/10的含适量骨粉等磷、钾腐熟有机肥作基肥。

⑤肥水管理　盆栽幼株每月施麸饼或复合肥1～2次，促早生快发。成形株则年施肥1～2次，生长期保持盆土湿润，勿过湿。地栽的每年于花期结束后和翌年春萌动前分别增施1次有机肥即可。作围篱的，地力中上者可不施肥。

⑥修剪整形　耐修剪。一般盆栽早期着重培育低矮株形，地栽的任其自然生长，休眠期按喜好进行半球形、球形、柱形等整形；作绿篱的则按高度作平顶式或波浪式修剪整形；作桩景的通过蟠扎、曲枝等造型以提高观赏价值。

77. 叶子花

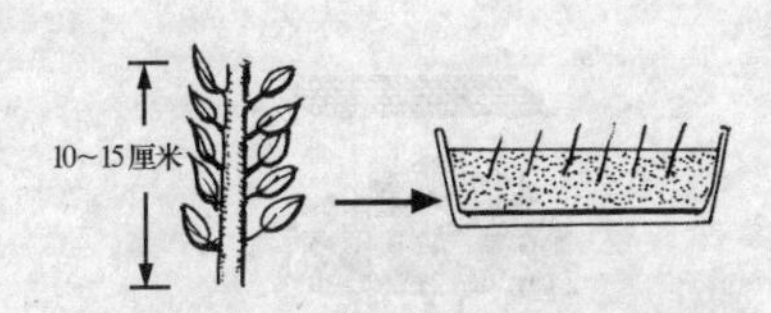

①扦插繁殖　3~4月间选健壮枝截长10~15厘米茎段作插条，蘸生根粉，斜插苗床中，置光线明亮处，避阳光直射曝晒，定期喷水保湿，30~40天生根。

②移栽定植　生根后长至3~4厘米即可移栽，每盆2~3株。栽后淋透定根水。性怕冷，移栽定植以4~9月为宜。

③肥水管理　幼树施肥以氮为主，促早生快发；开花株施肥应以磷、钾为主，勿偏施、过施氮肥。水不宜多浇，掌握间干间湿原则，对过旺株，可通过连续控水约20天，可促花芽分化、开花。

④幼株修剪　植株定植成活后，应通过多次摘心促分枝。配合修剪，培育优良株形，第一次修剪可于离地5~15厘米处进行，第二次对新萌枝修剪并进行造型。

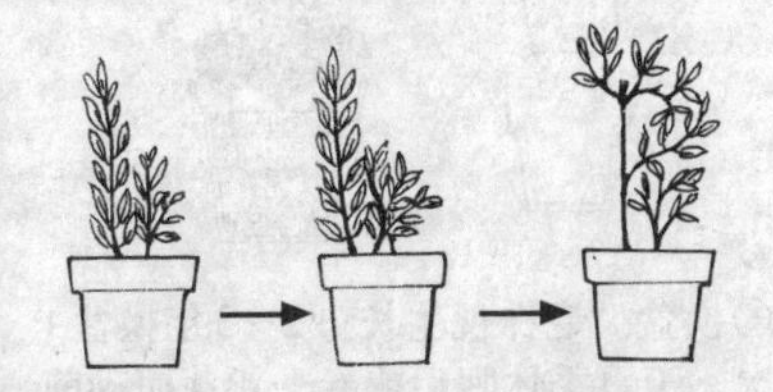

⑤株形调整　盆株常萌生徒长枝，可借修剪将徒长枝逐步调整成主枝。

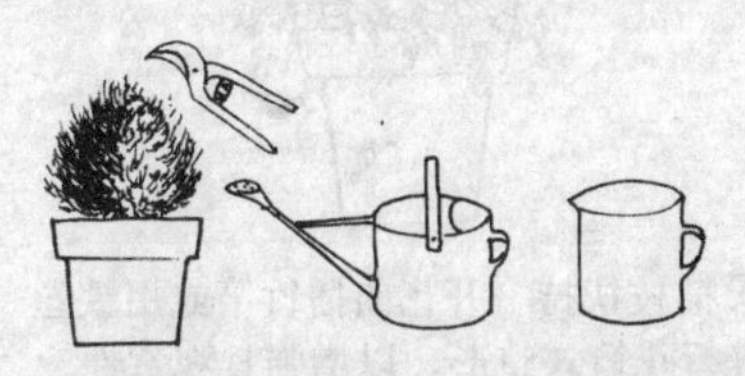

⑥花后处理　盆栽株花后及时进行重修剪。配合肥水管理，可使其二度开花。

78. 倒挂金钟

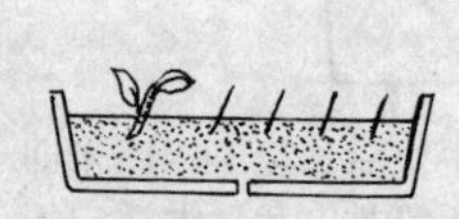

①扦插繁殖　在10～11月或翌年春进行。秋季或春末气温不太低时上盆定植，每盆定植3株。成活后逐步移置阳光下培育。

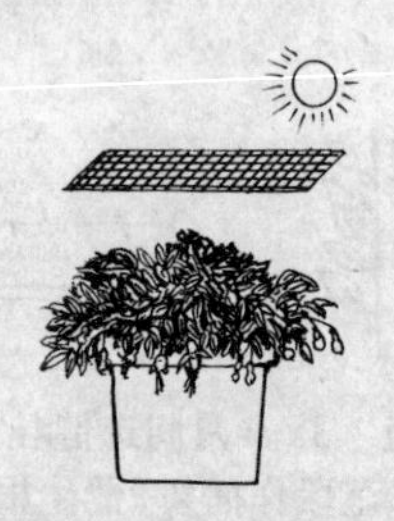

②夏季高温宜置阴凉或遮荫处。

③肥水管理　秋凉植株进入生长期宜加强肥水管理，每月施1～2次肥，2～3天浇1次水，保持湿润勿过湿。

④修剪　摘心促分枝，培育矮化株形。定植成活后摘心1次，待新枝长出3～4节后再摘心1次，以后视生长势再进行摘心。

⑤插枝扶持　开花前插竹竿或用铁丝进行花篮式整形，以增强其观赏性。

⑥换盆　老株视生长势2～3年换盆1次，于夏季休眠后或春季新芽萌动前换盆为宜。适当修剪地面部分根部，加入新土及混入防治病虫害的毒土。

79. 黄蝉

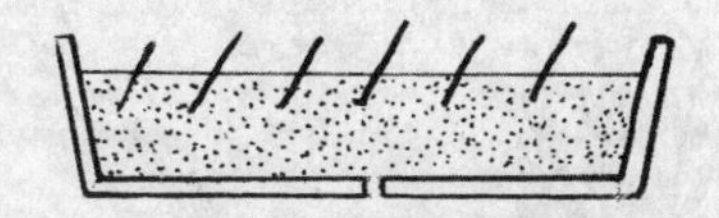

①扦插繁殖　主要在春、秋季进行。用老嫩枝均可。截茎段密插于湿沙床或蛭石床内，喷雾保湿。在气温高于20℃时，经20天左右生根。

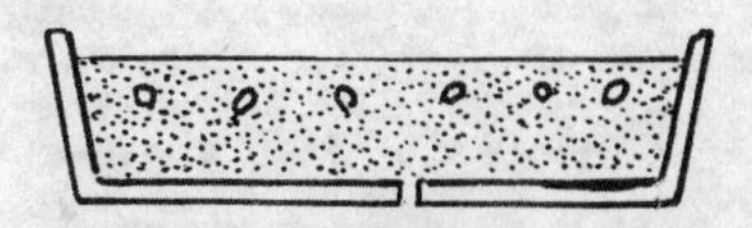

②播种繁殖　初秋果熟采种，随采随播。一年生苗可出圃定植。

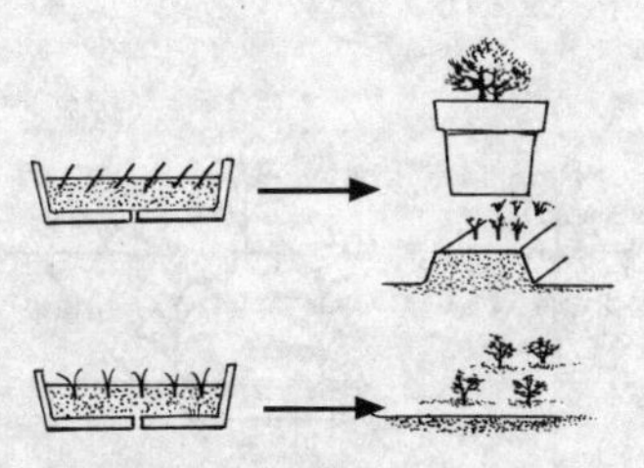

③移栽定植　扦插苗根长至3~4厘米，移入圃地培育或上盆。播种苗培育1年生苗出圃。气温高于20℃时，均可进行。

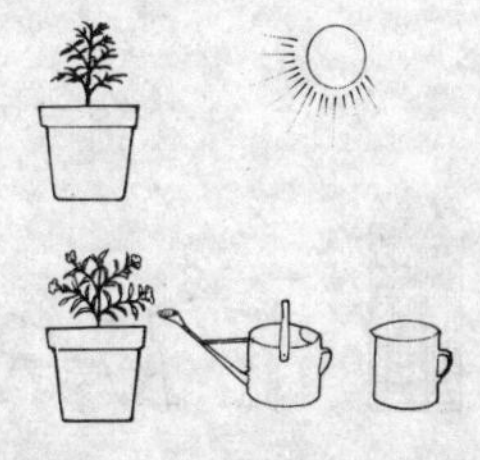

④肥水管理　幼苗及生长初期宜多施氮肥促生长；开花期施磷、钾肥为佳，隔1~1.5个月施1次。花期保持盆土湿润，夏季适当增加浇水及喷雾；冬季休眠，浇水宜减，光照宜充足。

⑤整形修剪　幼株期通过摘心促分枝，培育优美株形；花谢后及时剪除残花，可促使其开花不断。植株有毒，操作时注意安全防护。

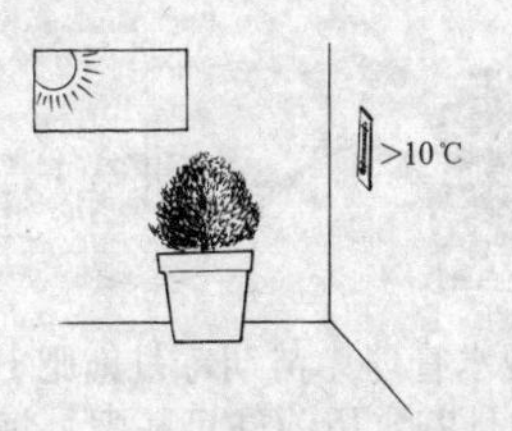

⑥冬季养护　不耐寒。华南北部至华中、华北广大地区只宜盆栽，冬季移室内，室温不低于10℃。华南南部地区特寒年份要注意防止枝叶受冻。

80．红（白）花夹竹桃

①扦插繁殖　春、夏间选当年生半成熟枝条截为15厘米长的茎段做插条，浸水数小时使胶汁流尽，蘸生根粉插入湿沙床或容器内，喷雾保湿，约1个月发根。

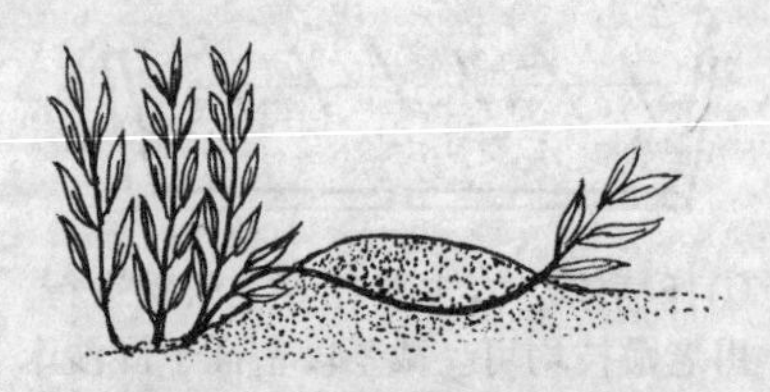

②压条繁殖　初夏选株丛边缘大小适中的枝条，用堆土压条法繁殖，秋季可成苗，翌年春割离母体移栽。

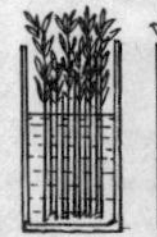
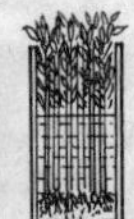

③水插繁殖　6～7月间剪枝或截长约20厘米茎段，去下部叶片，将茎段扎成小束，插入瓶中，每半个月换水1次，水养月余，长根后移入圃地或营养袋继续培育。

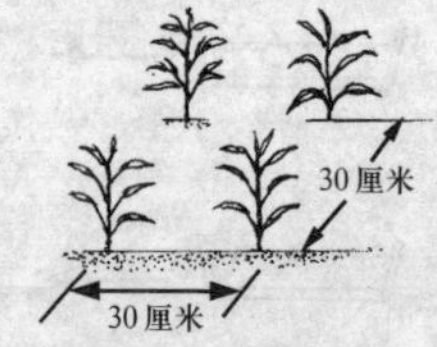

④移栽定植　春季或初夏进行。盆栽的用发根后移至容器培育1～2个月的小苗；地栽作绿化的宜用花圃地培育1～2年生的大苗带土移栽。

⑤肥水管理　苗期每月施肥1次，盆栽或地栽定植前施足基肥；每年可于春季生长前、花前、花后各施肥1次即可。水不宜多浇，除夏季每1～2天浇水1次外，其余时间5～7天浇1次即可。雨后及时清沟排渍。

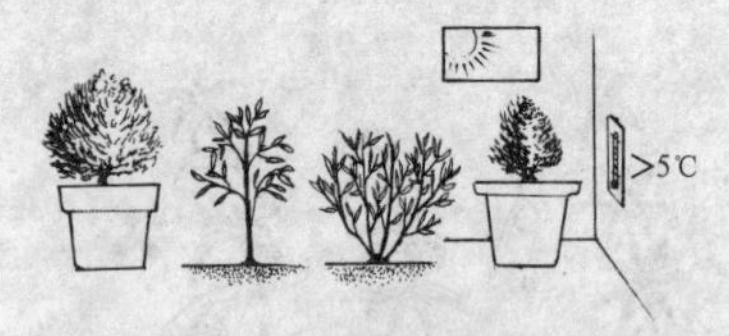

⑥整形修剪　夹竹桃为典型三杈分枝花卉，每经修剪1次即由茎节上生出3个新枝。据此可通过摘心促分枝培育成俗称“三杈九顶”的优美株形。按喜好可行单干造型或丛生型造型。北方冬季盆栽应移入室内，温度保持在5℃以上。

81．黄花夹竹桃

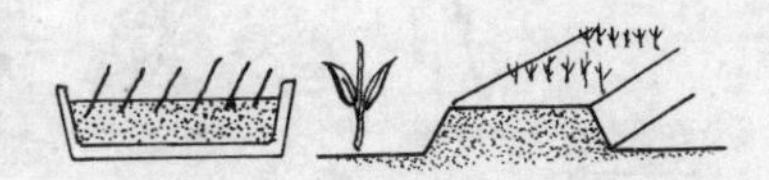

①扦插繁殖　方法同夹竹桃。乳汁毒性较红花夹竹桃大，操作时注意安全防护。

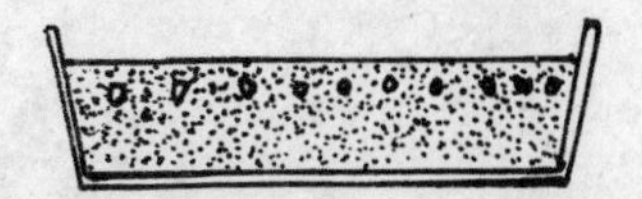

②播种繁殖　秋、冬果熟时采种，随采随播，或沙藏待翌年春气温稳定在20℃以上时播种。

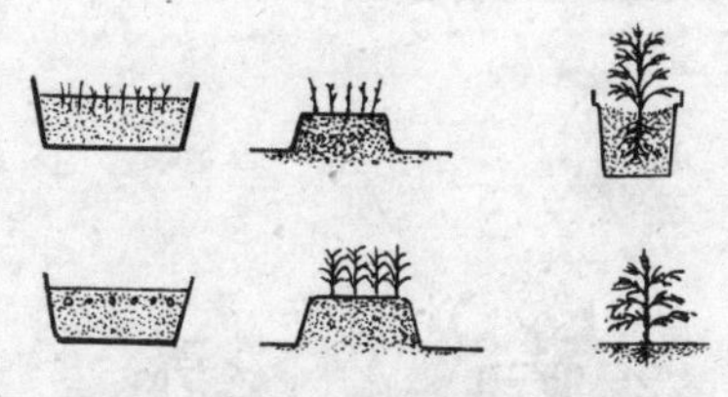

③移栽定植　扦插苗生根后应移入圃地培养半年至1年，定植后管理得当翌年可开花。播种苗一般需3年生方可开花，均需带土定植。

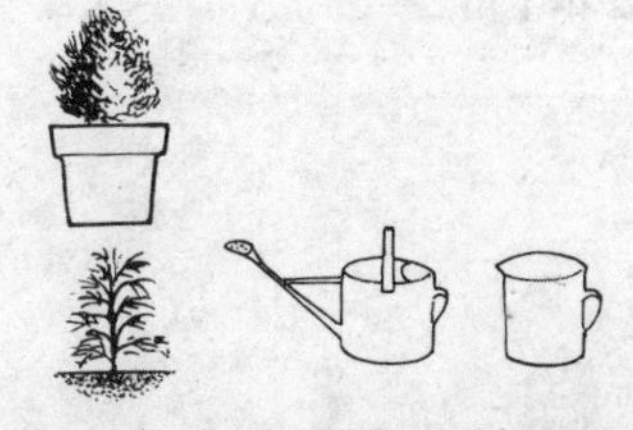

④肥水管理　与夹竹桃基本相同。幼株期以施有机氮肥与无机氮肥混施为主，促植株早生成型；成株孕蕾开花期以磷、钾肥为主。不耐旱，但较耐水渍，盆土宜保持湿润。

⑤整形修剪　耐修剪，并可多代萌芽更新。植株较夹竹桃高大，多为小乔木，应行单干造型，除萌蘖，使主干粗直，枝条分布均匀。冬季休眠期剪除内膛枝、过密枝和枯弱枝。

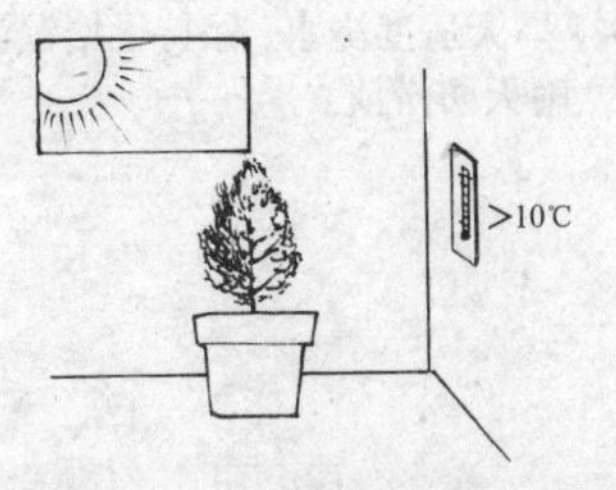

⑥冬季养护　耐寒力远较红花夹竹桃弱。华南北部能露地越冬，华中、华北只能盆栽，冬季移入室内，保持室温在 10℃以上。

82. 狗牙花

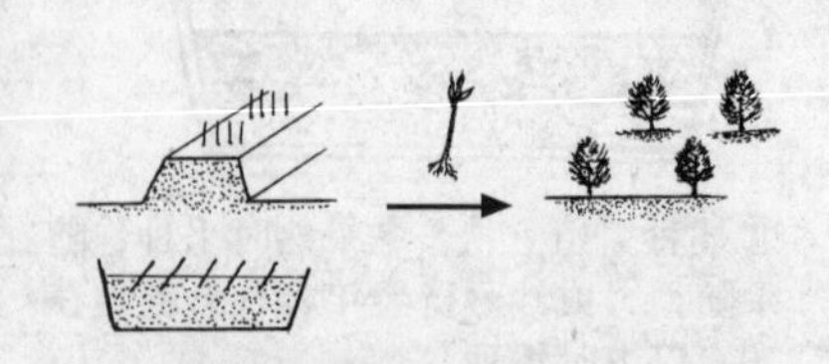

①扦插繁殖　春季选壮实成熟枝截含3～4个节的茎段，盆插或床插，30天左右生根，稍后移圃地进一步培育为1～2年生苗。

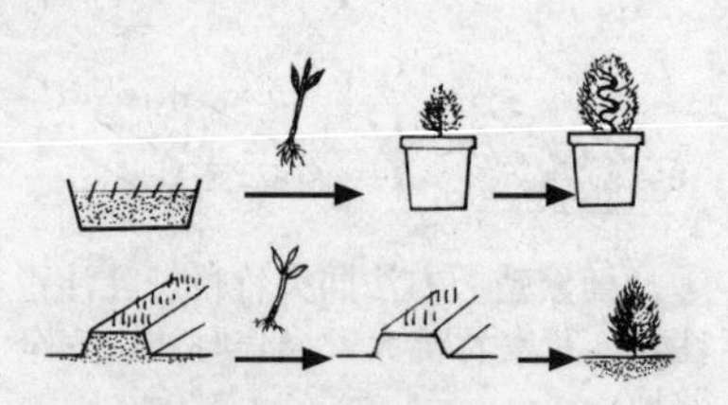

②移栽定植　春季选圃地培育1～2年的扦插苗定植。多行地栽，孤植或群植，少数作盆栽桩景的应选扦插生根苗上盆矮化栽培。

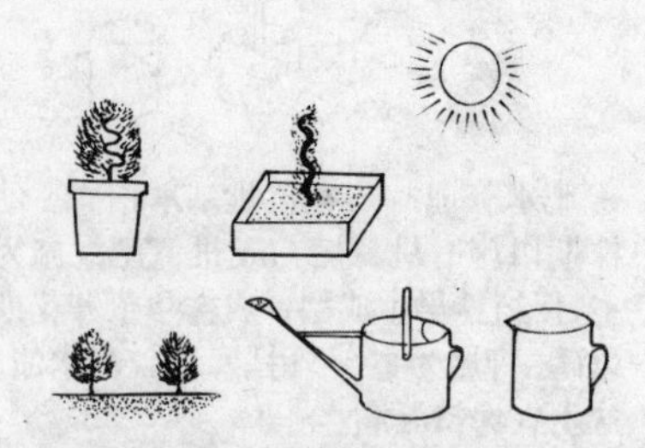

③肥水管理　管理较粗放。每1～2个月施肥1次，冬至初春休眠期松土培蔸1次。旱天适度浇水，保持土壤湿润偏干。雨天防涝渍。

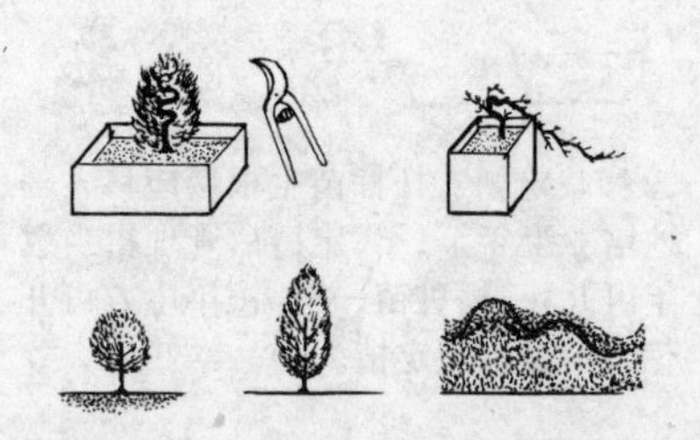

④整形修剪　耐修剪。盆栽作桩景的按喜好行矮化，整形修剪；地栽孤植的按观赏要求修剪成圆球形等，群植作围篱可修剪呈波浪形或不同高度的篱笆。

⑤冬季养护　抗寒力低。我国北回归线以南地区可作露地栽培，其余地区只宜盆栽。冬季移室内或温棚越冬，保持温度高于5℃。

83. 鸡蛋花

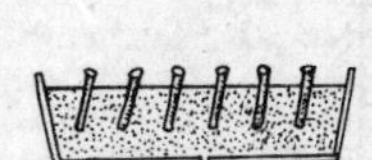

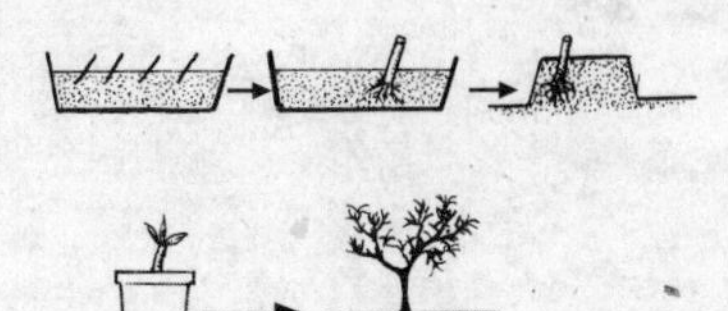

①扦插繁殖　老嫩枝均可以带顶芽的插条繁殖，插前下部切口浸入水中让乳汁流尽，不使切口胶结，以利于发根（15～20天后发根）。作盆栽的，宜选嫩枝短枝（15～20厘米）；作地栽的，宜选老壮枝长枝。

②移栽定植　扦插苗先在湿沙床培育，发根后再移入圃地培育，苗期适当摘除侧芽，以培育主干为主。盆栽的，秋季可出圃上盆；地栽的，需培育2～3年成大苗后方可出圃。

③肥水管理　管理粗放，生长期每月施肥1次即可。盆土应保持湿润。地栽的如遇持续干旱要适当补水。

④整形修剪　一般无须特殊修剪。盆栽的着重培育低矮主干、分枝均匀的株形；地栽的一般任其自然生长，或按需要培育成灌木状树形或浓荫大树。

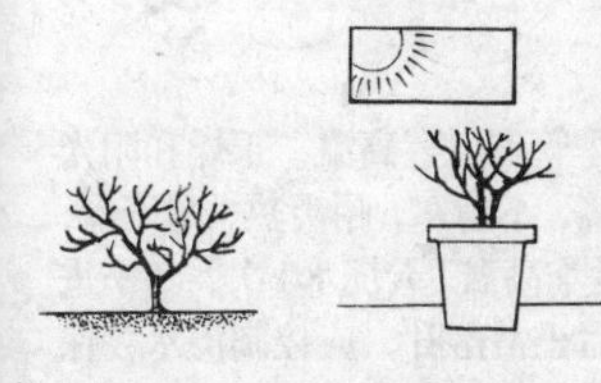

⑤冬季养护　落叶性，怕冷，怕风。在华南地区北回归线以南的广大地区，冬季室外一般可安全越冬。但特殊寒冷年份仍需注意防寒。华中、华北地区只宜盆栽，冬季需移入室内，温度保持在8℃以上。

84. 沙漠玫瑰

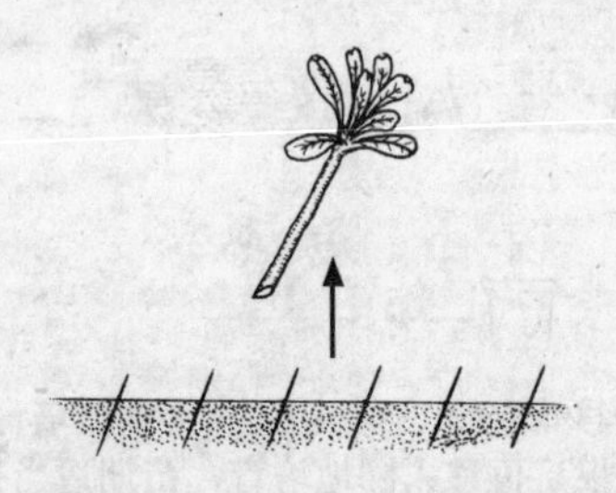

①扦插繁殖　夏季选1～2年生顶端枝条，截成10厘米长，切口晾干后插入沙床，插后20～30天生根。

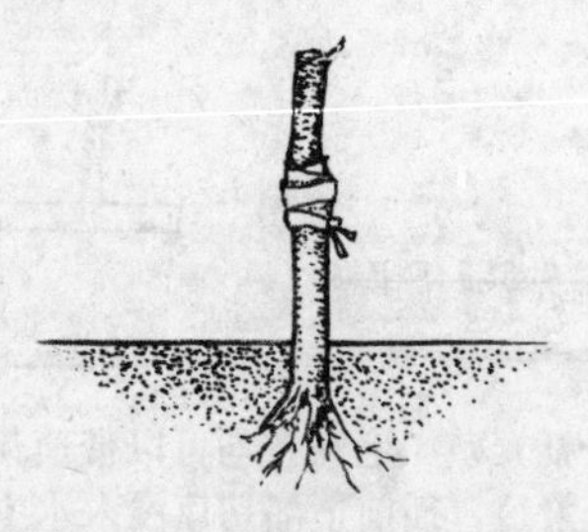

②嫁接繁殖　用夹竹桃做砧木，在夏季采用劈接法嫁接，植株生长健壮，容易开花。

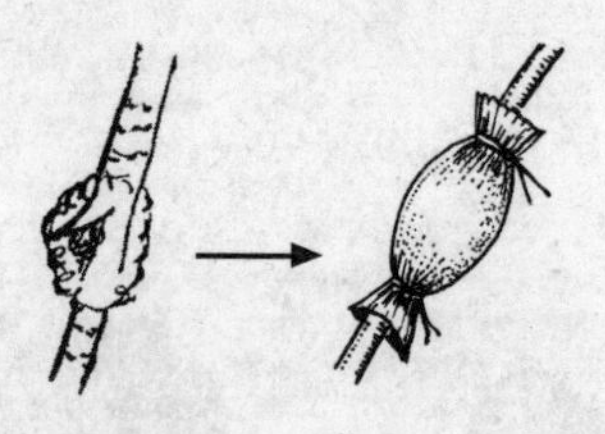

③高空压条法繁殖　夏季在健壮枝条离顶部约25厘米处用利刀作一舌状切口，内塞适量湿水苔，再外裹湿水苔，用塑料薄膜包扎，经25～30天可生根，45～50天后剪下盆栽。

④移栽定植　待繁殖苗生根后，用肥沃、疏松、排水良好的砂质土做基质培养。

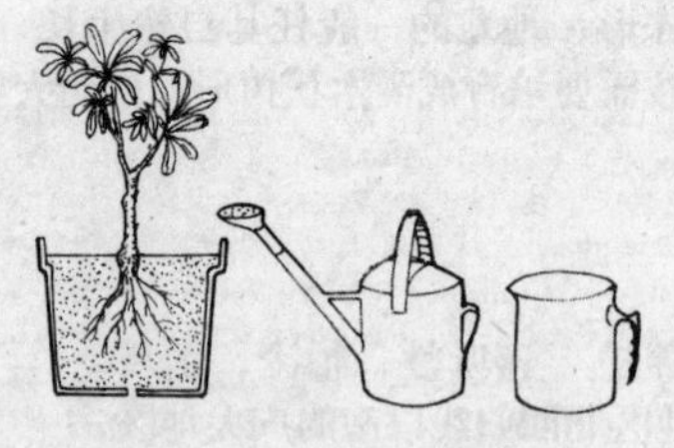

⑤肥水管理　生长期宜干不宜湿，每2～3天浇水1次，全年施肥2～3次。

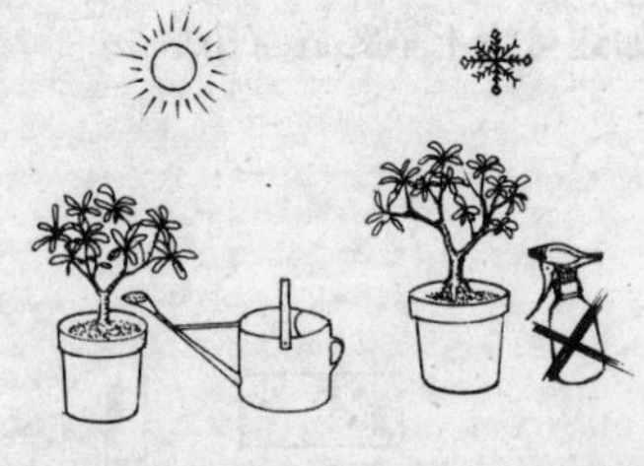

⑥冬、夏季管理　喜高温、干燥和阳光充足的环境，不耐寒，耐炎热，耐干燥，忌水湿。夏季高温1天浇水1次；冬季进入休眠期后正常落叶，应控制浇水，保持盆土稍湿润偏干，尽量多给予光照。

85. 扶桑

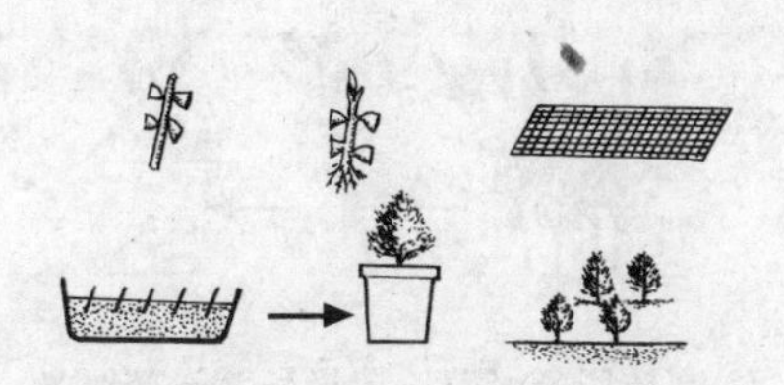

①扦插繁殖　春、秋均可。选1年生枝条，截长约10厘米茎段插入床土中，浇足水，置阴处保湿，1～1.5个月生根，夏季出圃，上盆或地栽。善管肥水，秋冬可开花。

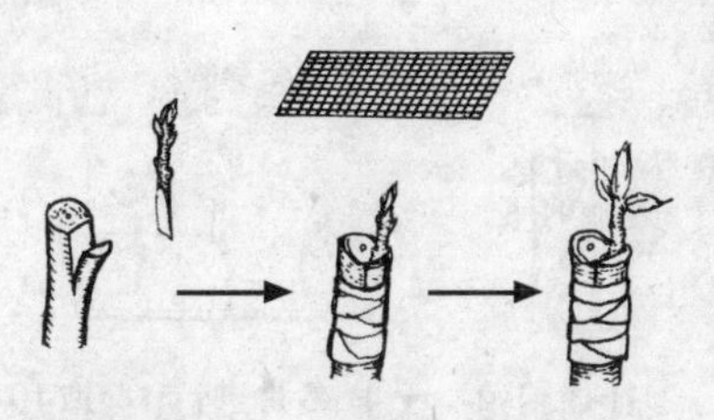

②嫁接繁殖　适于重瓣品种繁殖，以单瓣的种作砧木，枝接。

③移栽定植　春、夏、秋季均可进行。大苗出圃带土团，易成活。

④肥水管理　耐肥。盆栽幼株期每15～20天施复合肥1次，开花株蕾花期每20天左右交替施复合肥（或麸饼）、磷酸二氢钾等量混剂1次。保持湿润勿过湿，雨后防渍涝。

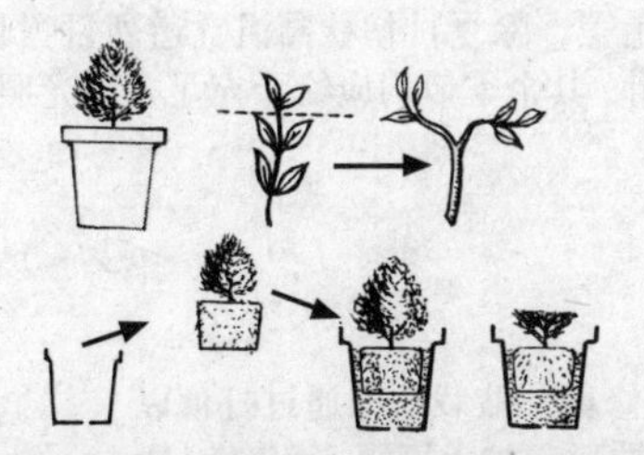

⑤整形修剪与换盆　幼株期抓好打顶促分枝，培育优美株形。开花株花败后及时剪去残花。春季萌动前，结合换盆进行修剪，视生长势确定轻或重剪。

⑥冬季养护　不耐严寒。两广北部的韶关、桂林等地已难在室外安全越冬。华中、华北地区只能盆栽，冬季应移室内越冬，保持室温≥10℃。

86. 变叶木

①扦插繁殖　于4～5月进行。剪取10厘米长的幼梢作为插条，晾干切口后插于沙床，温度保持在25℃～30℃，经常喷水，一般15天即可生根。

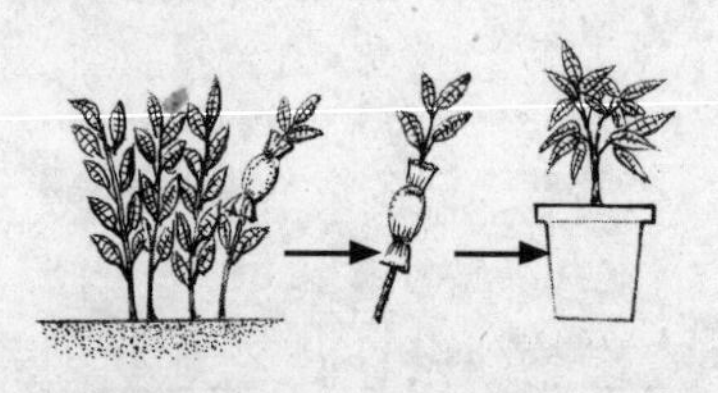

②高枝压条繁殖　选择长20～25厘米的顶端枝条，行基部环剥，用疏松基质包扎环剥口，再包上塑料薄膜，经常向小孔中滴水，待生出新根后剪断埋入盆中，置于阴处培育。

③肥水管理　盆栽幼株生长期要求水分充足，并经常向叶面喷水；每个月施2～3次稀薄液肥。成株则视生势2个月施肥1次，入秋温度<20℃可停施。水也少浇，冬至初春保持湿润偏干即可。

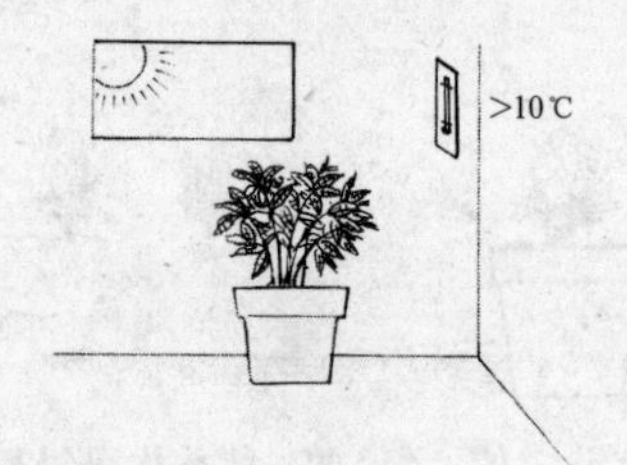

④光温管理　性喜温暖多湿、阳光充足环境，生长适温为20℃～30℃。冬季温度低于10℃时，易落叶，寒冷地区应移至室内养护，减少浇水，停止施肥。室温以>15℃为安全。光照充足叶色美，除夏日初秋高温宜避烈日曝晒外，其余季节均应给予充足柔和光照。

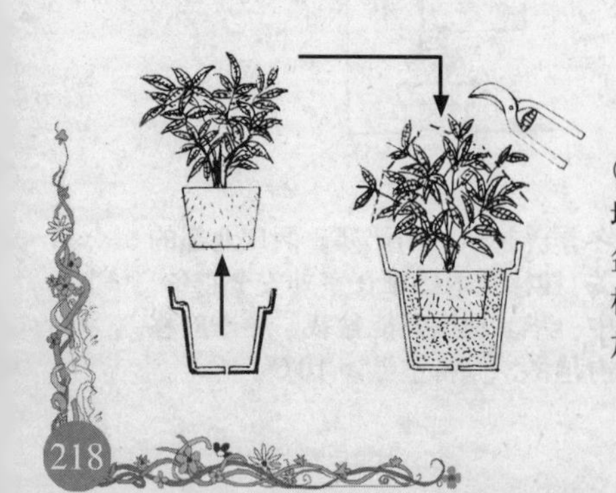

⑤换盆与修剪　盆栽幼株通过打顶以培育低矮株形和扩大冠幅。每年换1次盆，结合换盆进行修剪，除去老根和腐根，剪去枯枝、病枝和过密枝，并在添加新盆土时加入预防病虫害的毒土。

87. 红背桂

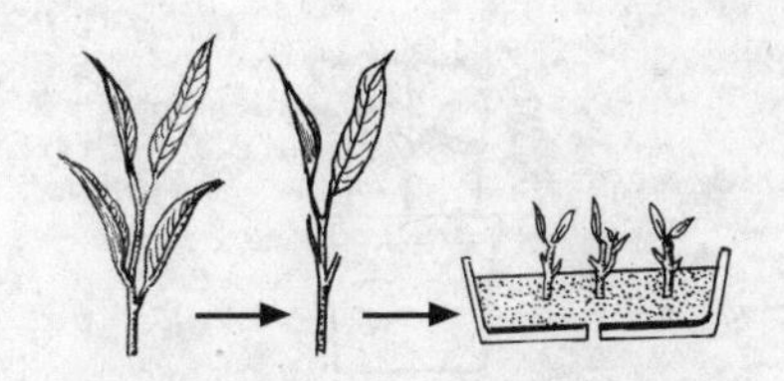

①扦插繁殖　在6～7月份进行。剪取长为10～15厘米的成熟枝条，保留先端两片叶，除去下部叶片，待切口乳汁晾干后插入沙床，保持室温20℃～25℃，30天左右生根。

②肥水管理　较粗生，盆栽幼株生长期每月施1次20-20-20通用肥或复合肥1000倍液，促早生快发；成型株每年施肥1～2次即可。间干间湿浇水，保持生长期盆土湿润勿过湿，盛夏多喷雾提高空气湿度。冬至初春，控制浇水保持盆土湿润偏干。

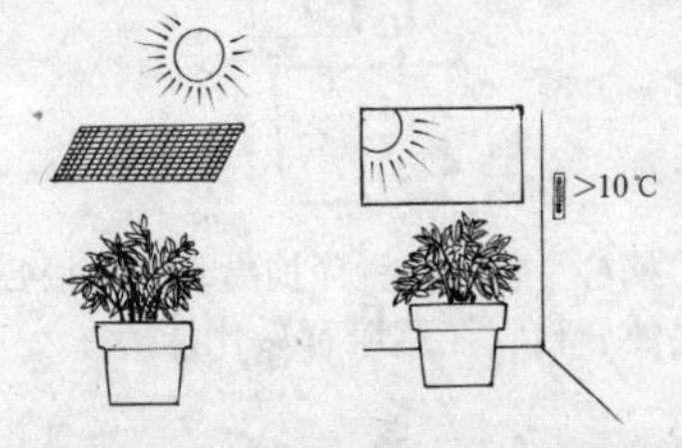

③修剪　盆株幼株需摘心促分枝，培育枝叶分布均匀和低矮株形。寒冷地区盆株入室前，适当修剪树冠，有助于提高植株抗寒力。

④光温管理　喜温暖湿润、阳光充足环境，不耐寒，忌曝晒。除盛夏适当遮荫避烈日强光外，其余季节均应给予充足柔和光照。冬季寒冷地区应入室防寒，室温保持10℃以上。冬季要入室，控制浇水，多见阳光。室温保持10℃以上。

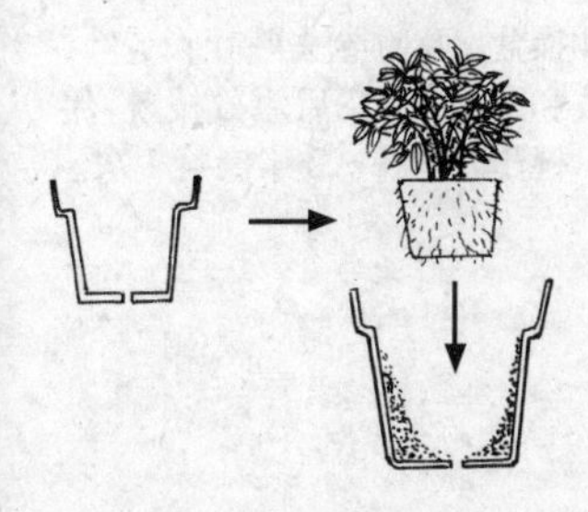

⑤换盆　1年进行1次，除去老根和腐根；适当疏除地上部过密枝叶。在添加新盆土的同时，混入预防病虫害的毒土。

88. 一品红

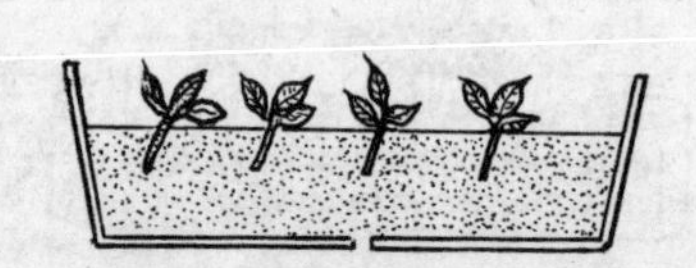

①扦插繁殖　在春季或初夏进行。选1～2年生健枝，截长约10厘米茎段作插条，先浸水并冲洗切口渗出的乳汁，蘸生根粉插入沙床中。

②定植　生根后并长至2～3厘米时带土球移栽定植，每盆栽2～3株。

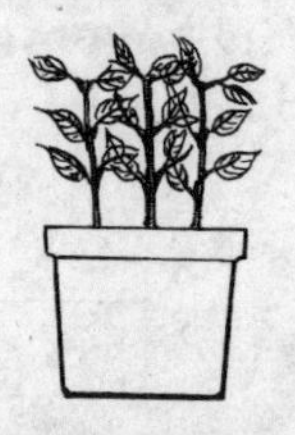

③摘心　成活后新芽抽出时进行摘心，促使分枝，注意培育矮化株形。

④肥水管理　水肥要充足。全生育期施缓释肥1～2次。每10～15天施复合肥1次。保持盆土湿润，勿过湿。

⑤夏、冬养护　南方盛夏高温烈日，盆株宜适当遮荫，加强浇水及喷雾增湿降温；雨天注意防涝渍。北方秋冬低温，盆株应移室内，置光线明亮处，不时给予充足光照，加强通风，保持室温15℃以上。广州地区正常年份盆株室外能安全越冬，特寒年份（<5℃）盆株顶部苞叶易受冻变黑枯死，应盖薄膜或入室防寒。

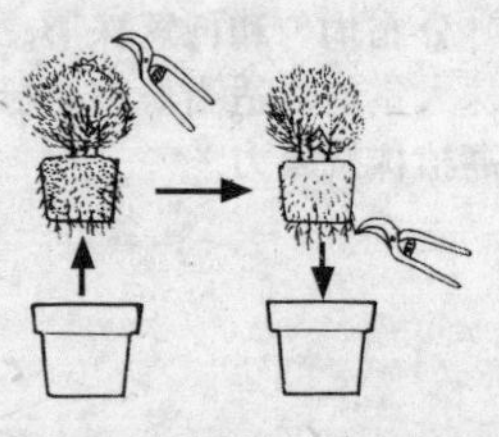

⑥剪枝和换盆　及时除去残叶和黄叶，剪除枯枝和弱枝。开花后短截枝条，促发新枝。视生长势1～2年换盆1次。

89. 铁海棠

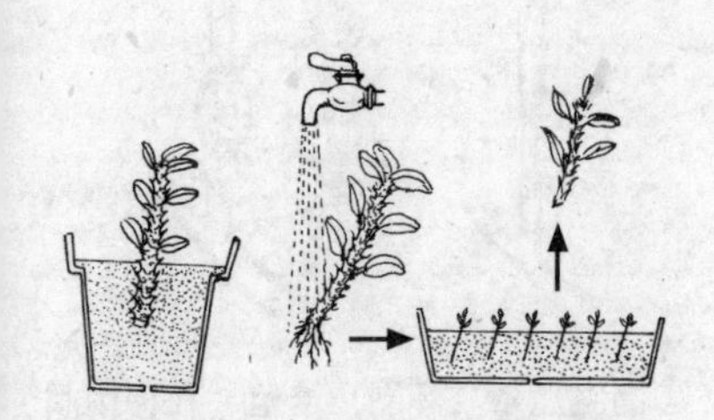

①扦插繁殖　春、夏、秋季均可进行。按常规截茎段作插条插入沙床中，注意处理切口流出的乳汁后再扦插。床土保持湿润勿过湿。经1～2个月生根。

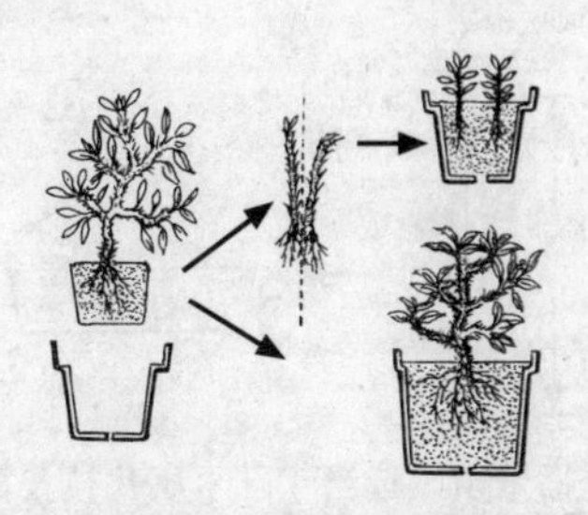

②分株繁殖　结合翻土换盆进行。将经修剪带须根的幼株上盆分栽或地栽，原母株更换较大的盆，增添新盆土和混入毒土。

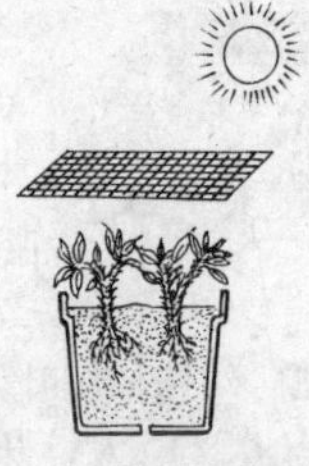

③移栽定植　以春季气温稳定回升后移栽定植为佳，华南地区一年中大部分时间均可行。移栽时根部及叶片要适当修剪，带土团，早期宜遮荫。

④肥水管理　肥水均不宜多，生长季节每月薄施1次麸饼水，开花后适时浇水，不使过干或过湿，更不能积水，雨后及早排渍，冬季控肥控水偏干。

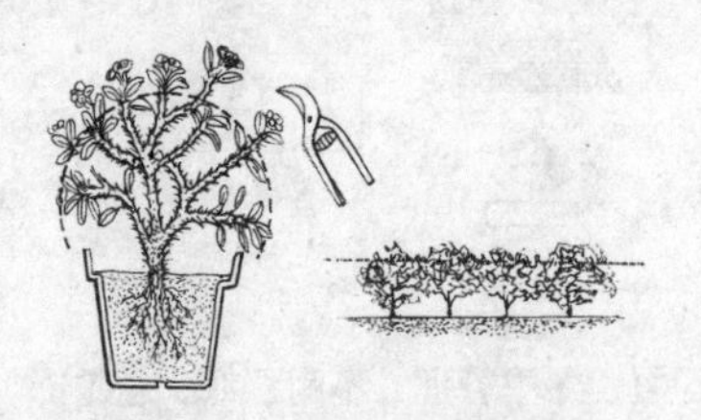

⑤整形修剪　一般不需多作修剪，只要剪除病枝、枯枝、弱枝即可，或视实际对盆株或地栽围篱进行矮化。

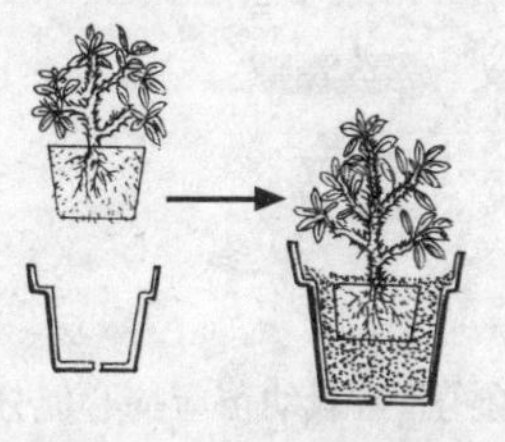

⑥翻土换盆　盆栽小苗每年换1次盆，在早春萌动前进行。成株则可2～3年换盆1次。如成株根系未长出底孔外，可延迟换盆。

90. 米仔兰

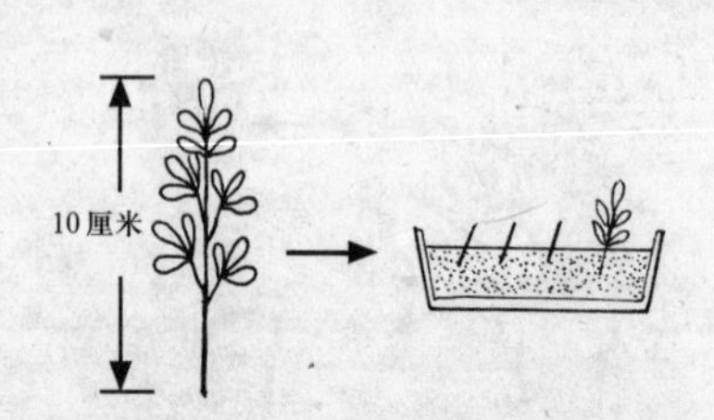

①扦插繁殖　选当年已木质化枝条截长约10厘米茎段，留顶部2～3片小叶，蘸生根粉后插入泥炭土等基质中，保湿，约2个月后生根。

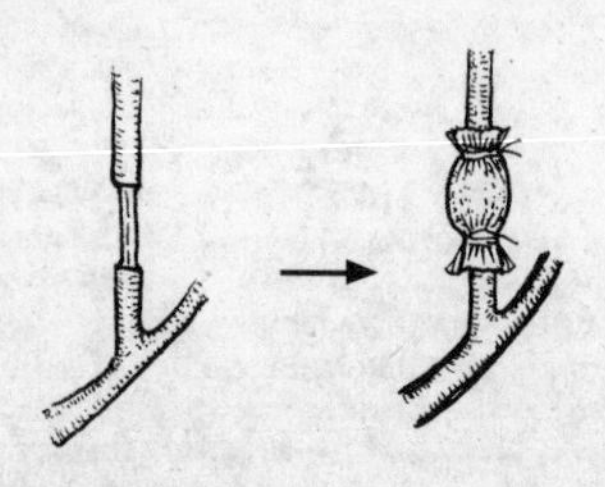

②高空压条（环剥）繁殖　在梅雨季节进行。选上部健枝作环状剥皮，包以湿润苔藓泥，再裹以塑料薄膜保湿并绑紧，约2个月后生根。

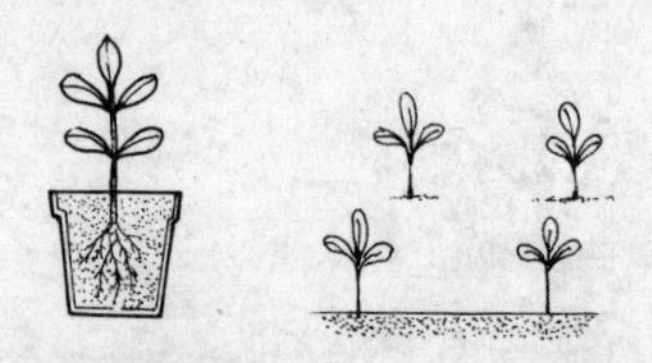

③移栽定植　插条、压条生根后即可移栽定植。口径20厘米的盆栽1株，地栽的行距为25～30厘米。

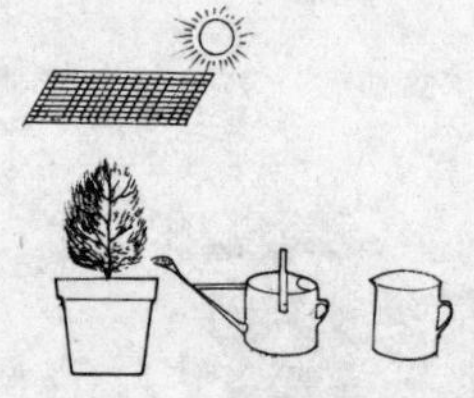

④肥水管理　幼株抽新叶始追肥，以氮肥为主，1次/15天；开花株以磷、钾肥为主，氮肥适量。见干就浇水，不干不浇。盛夏宜增加喷雾及适当遮荫，连阴雨天注意防涝渍。

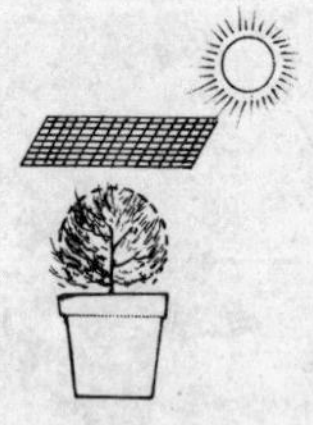

⑤整形修剪　盆栽幼苗应摘心促分枝，以形成低矮丰满树冠。成株花谢后亦应修剪，以保持株形。地栽植株，无论群植或孤植，可按需要修剪成扁球形、圆球形等树冠，以提高其观赏性。

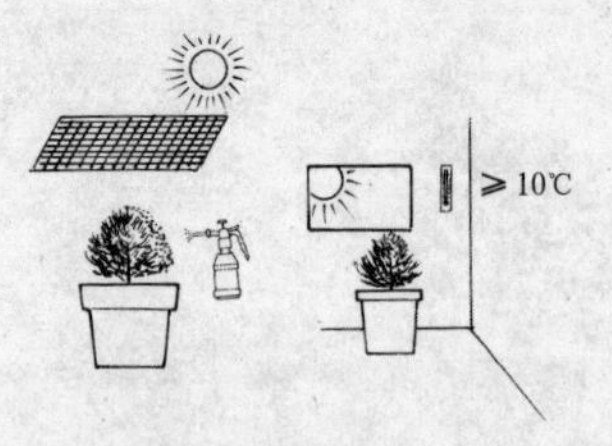

⑥夏、冬季管理　不耐严寒，忌霜冻。北方盆株在冬季应移入室内，置光线明亮处。室内温度低于5℃时应注意防寒，以保持10℃以上为安全。盛夏高温宜遮去中午强光，增加喷雾和浇水量。

91. 海 桐

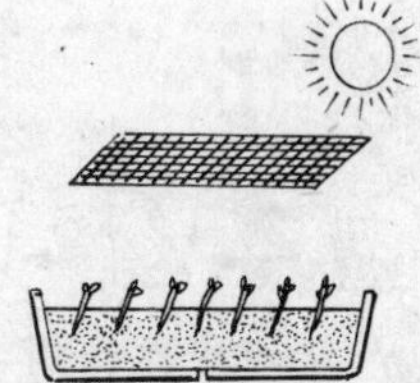

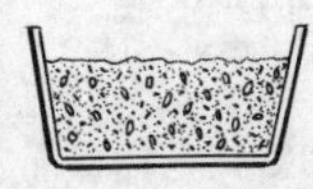

①采种、种子处理与播种　10月采种，用草木灰除去种子黏液。行秋播、条播，播后盖稻草防寒越冬，翌春发芽。如翌年春播种子，需混沙贮藏。

②扦插繁殖　早春新叶萌动前剪取1～2年生枝条截成长15厘米茎段作插条，插入湿沙床中。稀疏遮光，浇水喷雾保湿，约经20余天发根。

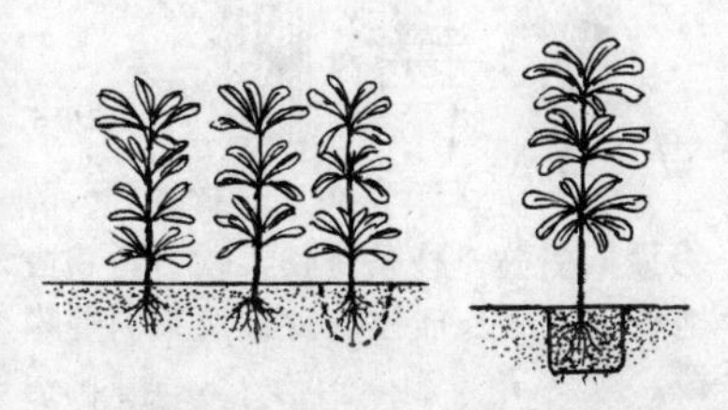

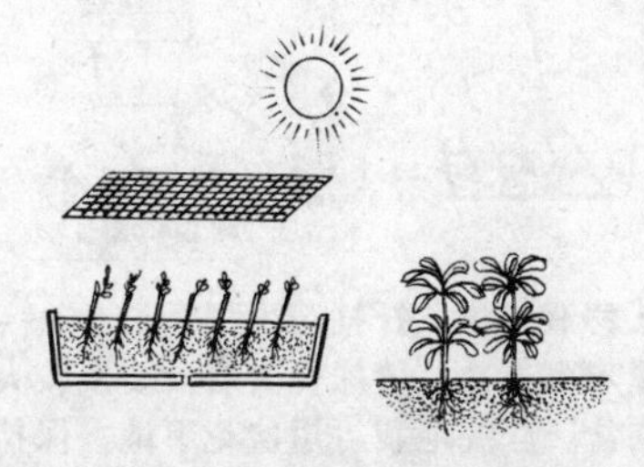

③移栽定植　播种苗生长慢，需移圃地培育1～2年生苗方可上盆；地栽的需培育3～4年生苗方可带土出圃定植。扦插苗生根并长新芽叶后可上盆或移圃地继续培育。

④夏、冬养护　夏日高温季节盆株宜适当遮荫，避烈日直照并供足水，保持盆土湿润，不时增加喷雾提高空气湿度。冬日寒冷地区，盆株宜入室防寒，置光线明亮处，并不时给予充足阳光，适度控水，保持盆土湿润偏干，室温保持10℃以上。

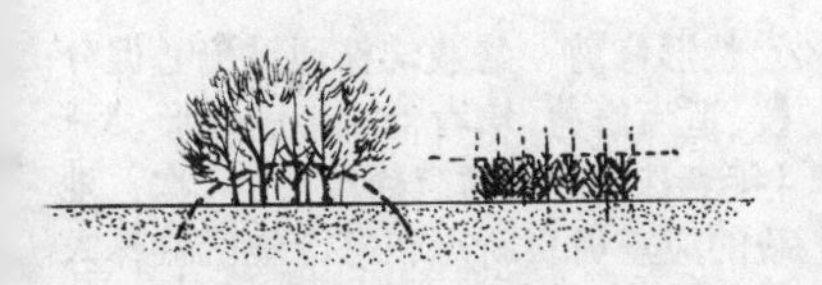

⑤整形修剪　萌芽力强，耐修剪。可按需要剪成各种造型，大大提高其观赏性。如要培育小株型，可只留粗枝，其余从基部剪掉。栽植多年后，也可行重剪，配合肥水，促发新枝再重新造型。

92. 龙吐珠

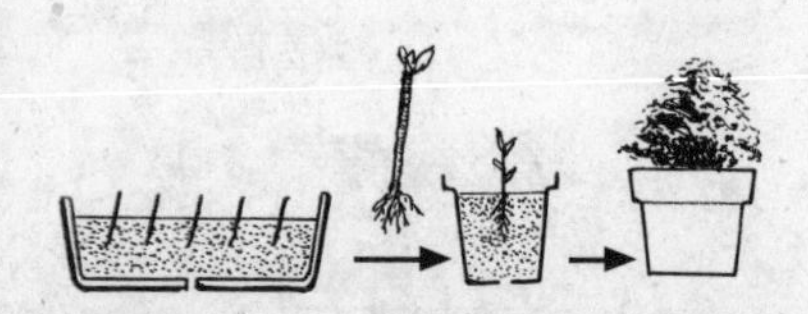

①扦插繁殖　春或秋季进行。选上年或当年生健枝截为长 8～10 厘米茎段插入湿沙床中，置于阴处，保湿，约1个月生根。

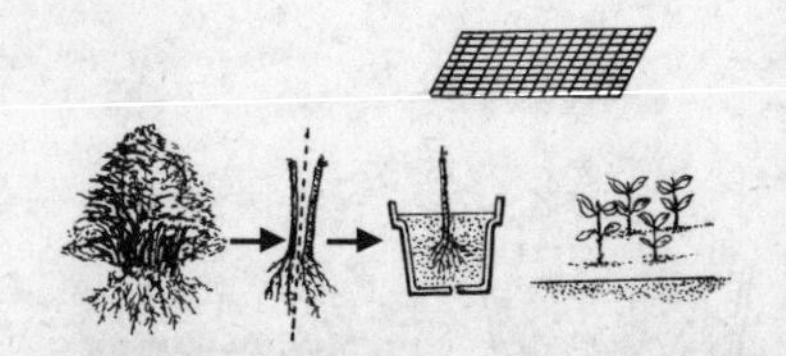

②分株繁殖　于早春切健壮老株根部萌发的蘖芽分栽，也可结合换盆进行。

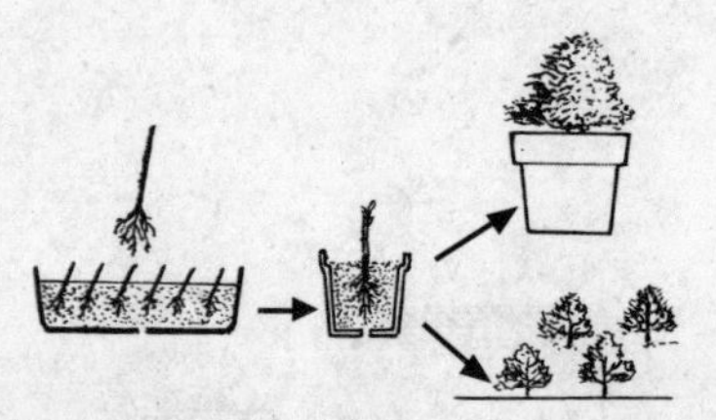

③移栽定植　扦插苗生根后长至3～4厘米可上盆。植株长大后，要换较大的盆。庭院地栽可用盆花下地，保持合适株距。

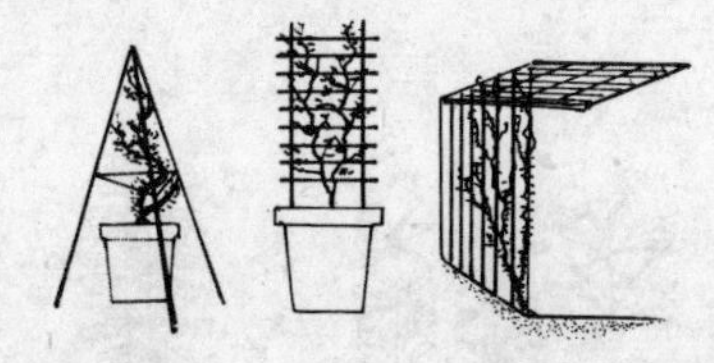

④设架引蔓　枝条修长柔软，盆栽或地栽定植后，插枝扶持或设架引蔓攀援。

⑤肥水管理　幼株薄施氮肥，以促早生快发。开花株施完全肥，蕾花期增施磷、钾肥。适度浇水。生长旺季保持盆土湿润勿过湿；秋冬少施或停止施肥，盆土湿润偏干。

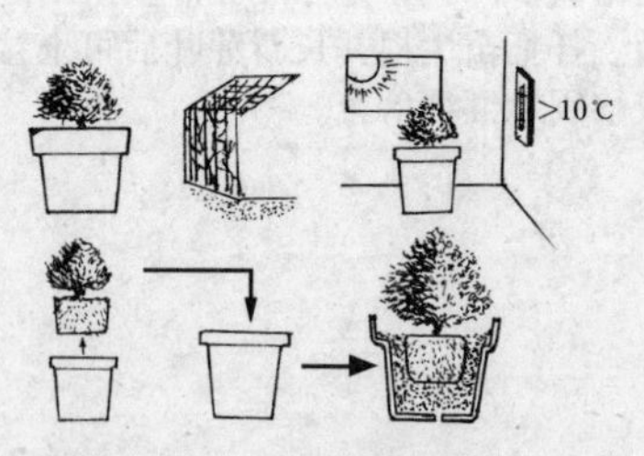

⑥整形修剪　盆栽幼株通过摘心促分枝，适当修剪，培育低矮丰满株形。3～4年老株，盆栽的应翻盆换土1次；地栽的应重剪更新。在寒冷地区盆株入冬前移入室内养护。

93. 马缨丹

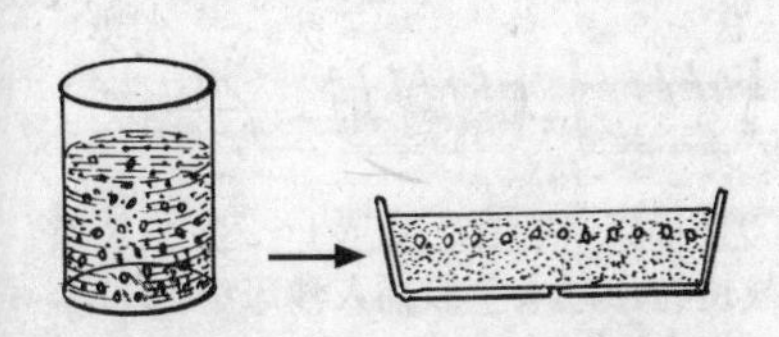

①播种繁殖　夏、秋季采熟果取种备用。翌年春末夏初播种，播前用清水浸种半天，沥干后点播或撒播，盖土保湿，经20天左右发芽。

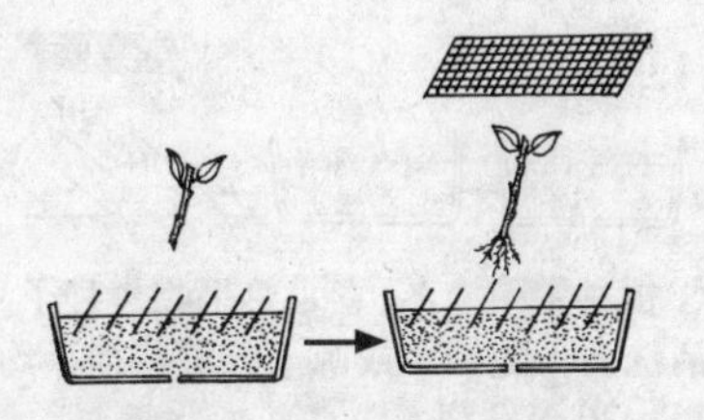

②扦插繁殖　春季剪当年生壮枝15～20厘米做插条斜插入湿沙床中，移遮荫处保湿，30～40天生根。

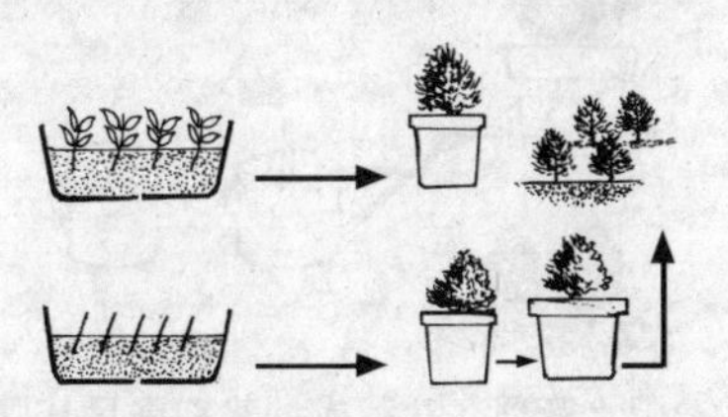

③移栽定植　播种苗长至10～15厘米高时，上盆或地栽。扦插苗生根后移圃地或逐步转盆培育成较大苗再定植于大盆或地栽。

④肥水管理　水肥要充足。幼株期每15天施薄氮肥1次，成株期每30～40天施完全肥1次，花期增施磷、钾肥1～2次。适时、适度浇水，保持盆土湿润勿过湿，夏季适当增加浇水量。

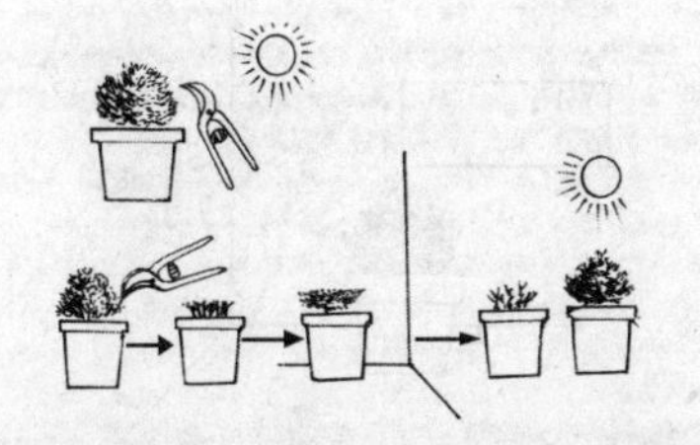

⑤整形修剪　耐修剪。盆栽幼株期摘心促分枝，培育低矮优美株形。成株生长开花期无须修剪，待冬春新芽萌动前剪去枯枝和过密枝。北方盆株秋冬入室前或春季移出室外前视生长势行重剪或轻修剪。

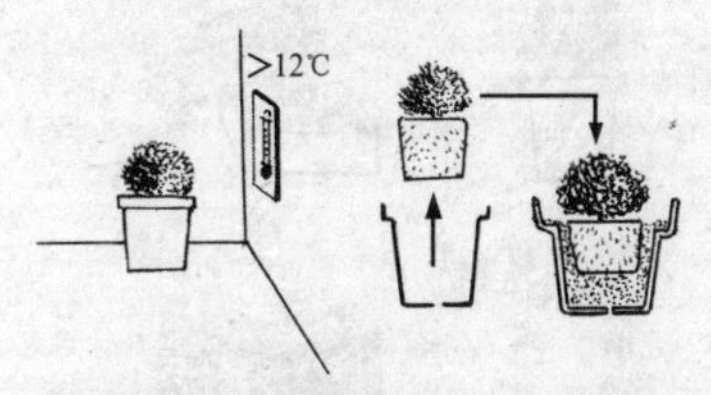

⑥冬季养护与春季换盆　不耐寒。北方只宜盆栽，秋季移入室内，室温保持12℃以上，霜冻天注意防寒。盆栽2～3年的在冬季初春休眠期宜翻土换盆1次。

94. 金露花

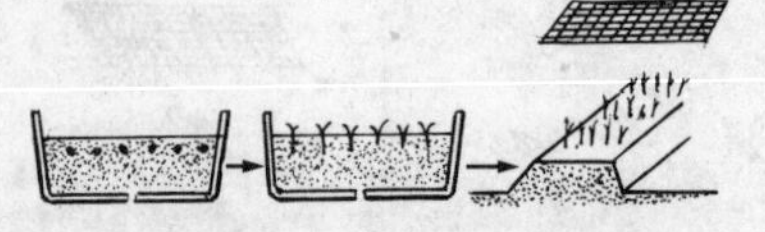

①播种繁殖　冬、春采熟果收集种子，清洗沥干随播，或晾干收藏待播，约15～20天发芽。

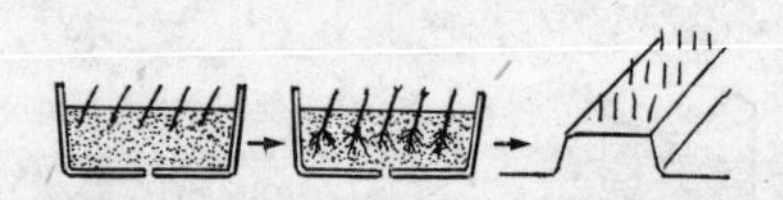

②扦插繁殖　春、夏选1～2年生枝条截长约15厘米茎段插入沙床中。约1个月许生根。稍后移入圃地进一步培育。

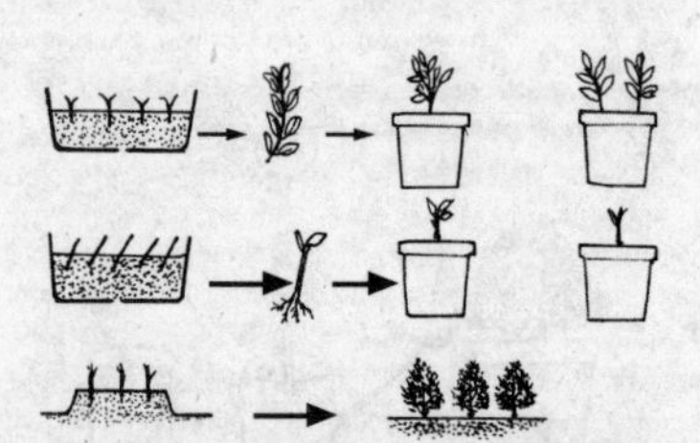

③移栽定植　播种苗长至2对叶时可上盆定植；扦插苗生根长至3～4厘米可单株或2～3株上盆定植。作地栽的，两种苗均需入圃培育1～2年苗再出圃。

④肥水管理　盆栽或地栽在施足基肥的基础上，生长期追肥1～2次或2～3次即可。适度浇水，保持盆土湿润，夏日增加浇水。

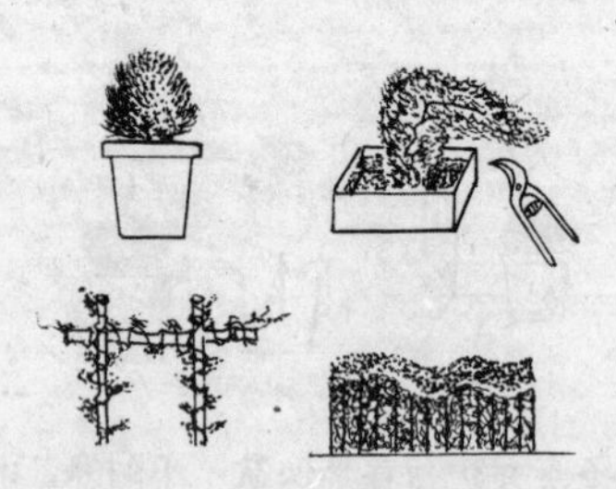

⑤整形修剪　耐修剪。按需要盆栽的可修剪培育桩景，或使枝卷曲呈各种形态；地栽的可作绿篱、花廊或攀附花架，冬、春休眠期，按生长势进行重剪，促重发新枝。

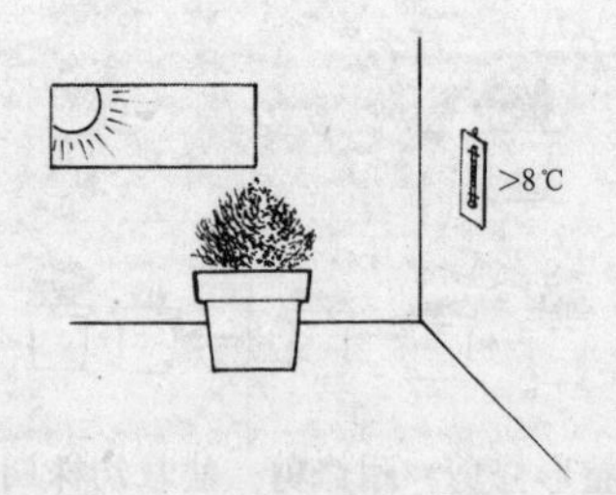

⑥冬季养护　华南北部、华中、华北只宜盆栽，冬季移室内，保持温度8℃以上，方可安全越冬。

95. 南天竹

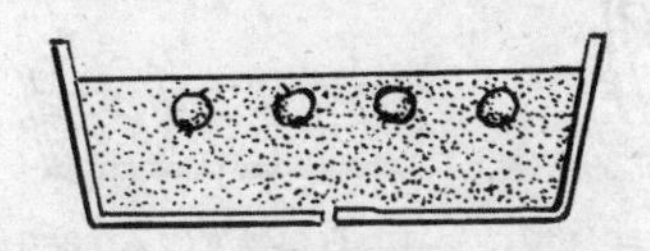

①播种繁殖　春季过后摘下红果，直接播于沙床中，约3个月发芽。

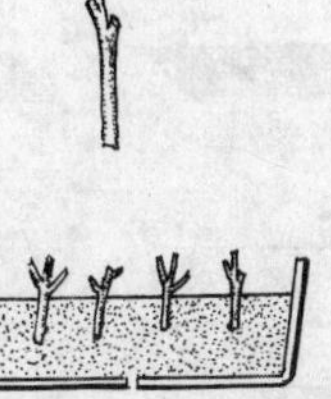

②扦插繁殖　在新芽萌动前2～3个月或秋季进行。小苗经1～3年后达到成熟和开花结果阶段。

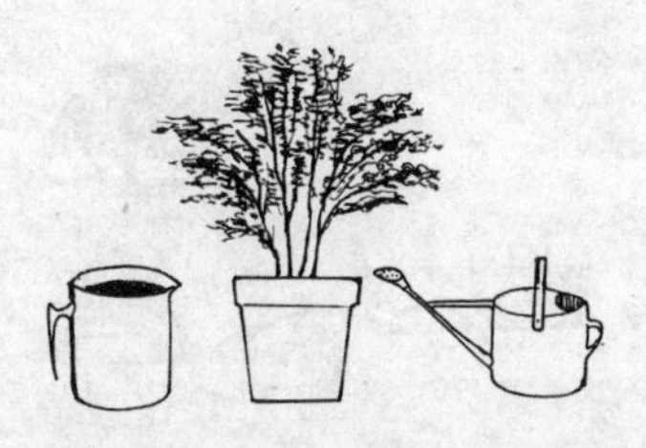

③肥水管理　1～3天浇水1次；在生长季每月施肥1次，用固态复合肥撒于盆土表面即可。

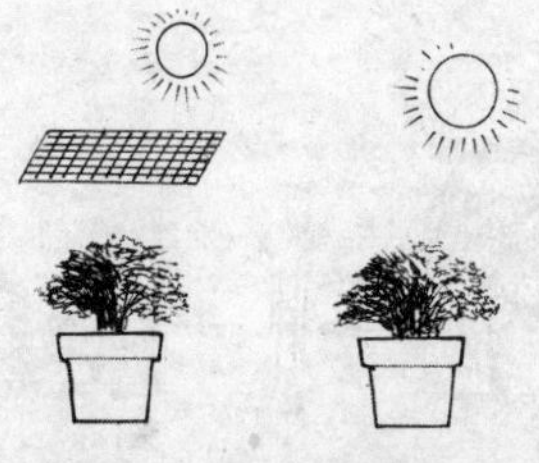

④光温处理　除在夏季要适当遮荫20%外。其他季节均可在全日照的环境下栽培。喜温暖多湿及通风良好的半阴环境，较耐寒。

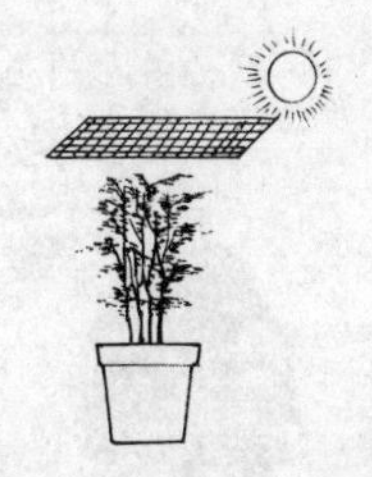

⑤水肥供应　南天竹挂果持久，春节后1～2个月果实成熟并脱落，此时可将盆移至半阴处，剪去枯枝和果枝，给予充分水肥供应。

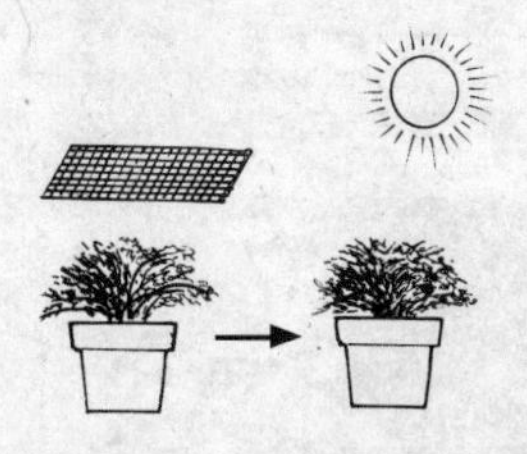

⑥保果处理　入秋后移至全日照的环境下，对幼果进行保果处理，多施磷、钾肥，以促进其在春节成熟并变成红色。

96. 阔叶十大功劳

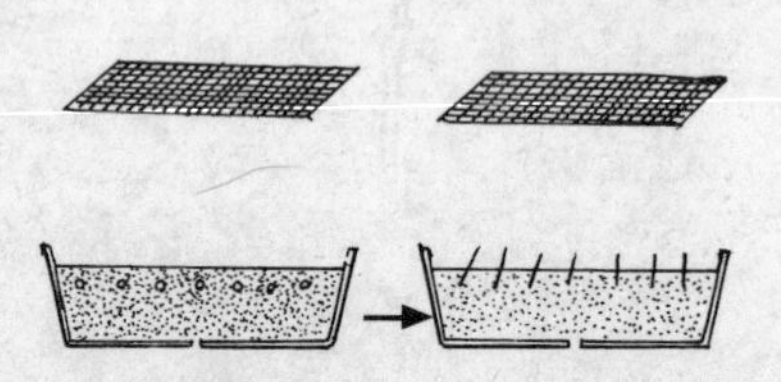

①播种繁殖　2～3月春播，覆土厚1～2厘米，盖草保湿，约30天发芽，移圃地继续培育。

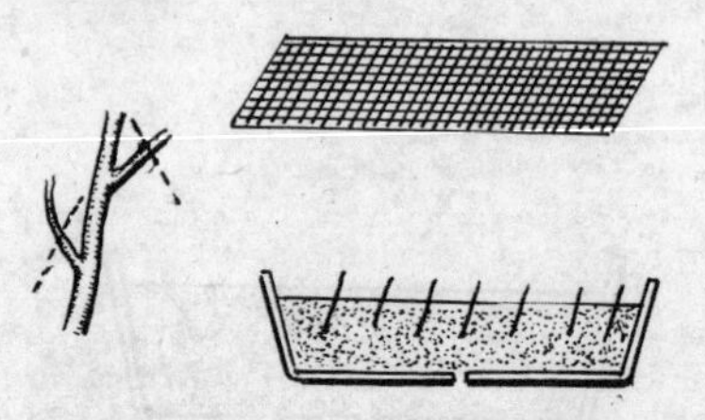

②扦插繁殖　于3月份选取1～2年生健壮枝条截成15厘米长的段，插深1/3～2/3，保持湿润，40～45天生根。

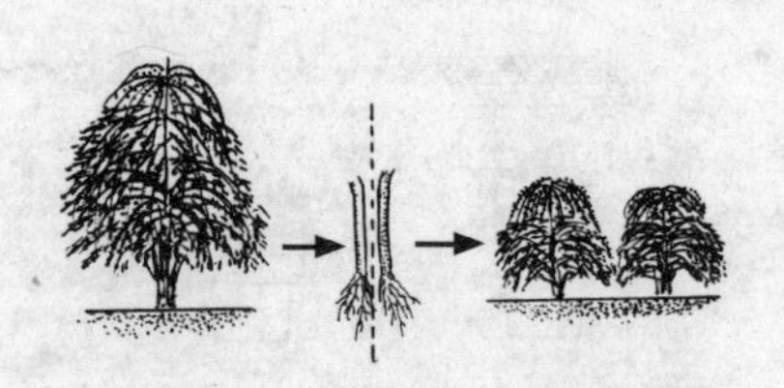

③分株繁殖　10月中旬至11月中旬或2月下旬至3月下旬挖取带根萌蘖分栽。

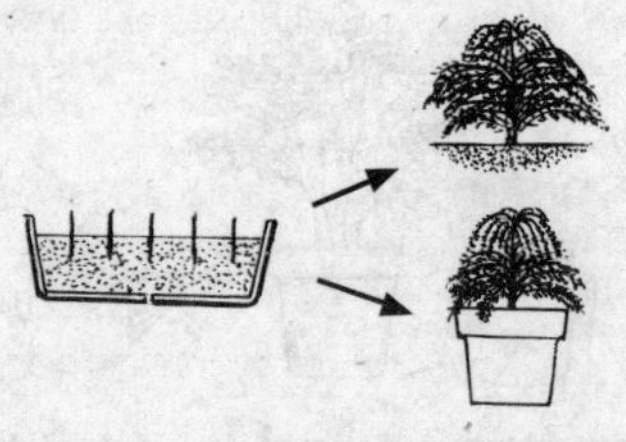

④移栽定植　播种苗于第二年即可移植。苗木移植春、秋季均可进行，须带宿土或土球。

⑤肥水管理与修剪　注意防旱。定植后应追施薄肥，冬季施腐熟厩肥做基肥。修剪徒长枝及枯枝，保持树形美观。

⑥夏、冬养护　适应性强，但不耐严寒，冬季注意防冻。黄河以北需入室越冬，室温保持高于0℃以上。

97. 金苞虾衣花

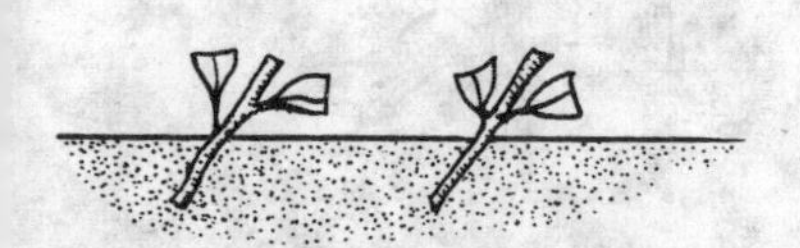

①扦插繁殖　春季进行。插条长约10厘米，带2～3个芽，约20天生根，35～40天上盆定植。

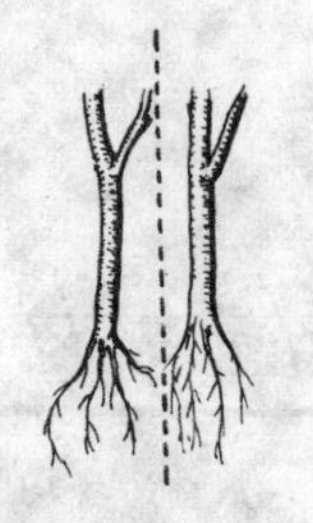

②分株繁殖　可将大丛株分成2～3株或3～4株小丛分栽。

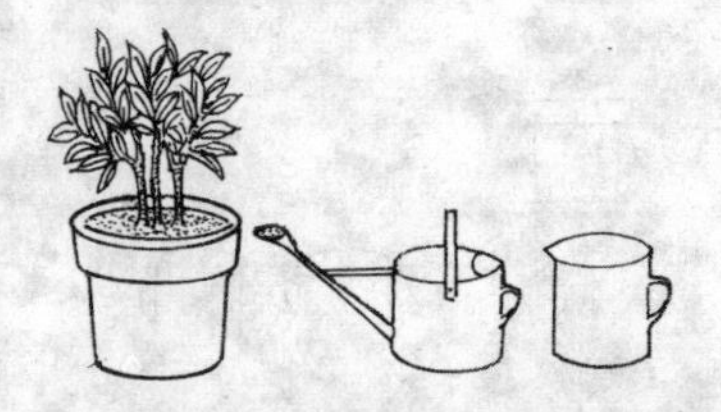

③肥水管理　生长季节每月施1～2次肥，成形株花期宜培施磷酸二氢钾1～2次。平时2～3天浇1次水，夏天1天浇1次水，保持盆土湿润但切勿过湿。雨天注意防渍涝，休眠期保持盆土湿润偏干。

④摘心修剪　生长期摘心促分枝，培养低矮主枝分布均匀的优美株形。花后及时去残花，疏除过长、过密枝叶，保持良好株形。

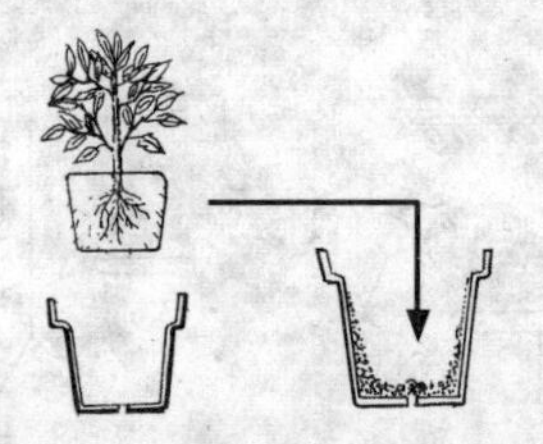

⑤换盆　一般2年换1次盆。如盆株根自底孔伸出，应不受时间限制，及时更换大盆。换盆前适当修剪地上、地下部，并结合添加新盆土混合防治病虫害的毒土。

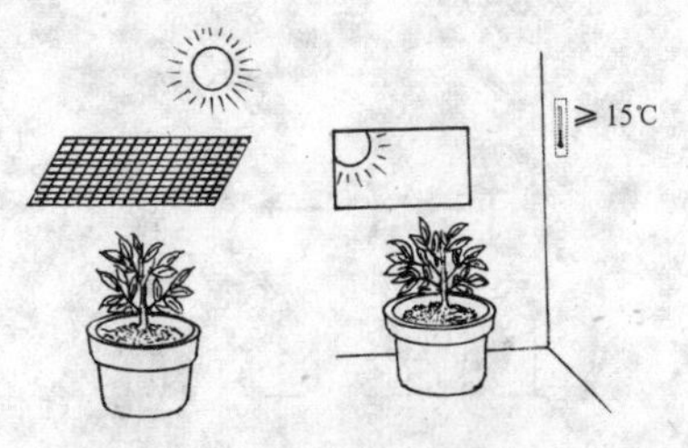

⑥光温管理　喜光，勿长期置室内。夏天宜置半阴处或遮荫避烈日直射。北回归线以北地区冬季温度不得低于13℃，以15℃以上为安全。

98. 金(银)脉爵床

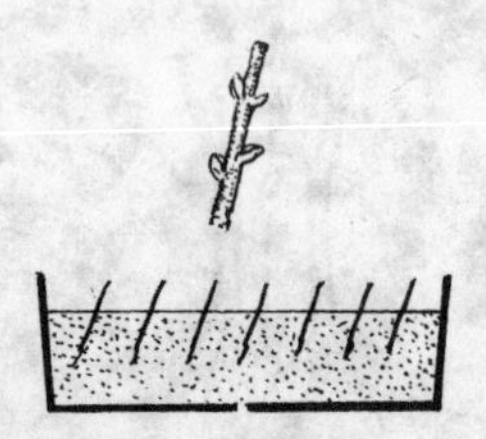

①扦插繁殖　春、秋、冬均可进行。选顶部嫩枝，截长10～15厘米茎段蘸生根粉插入基质中，置阴处保湿，插床温度控制在18℃～21℃，约1个多月可生根。

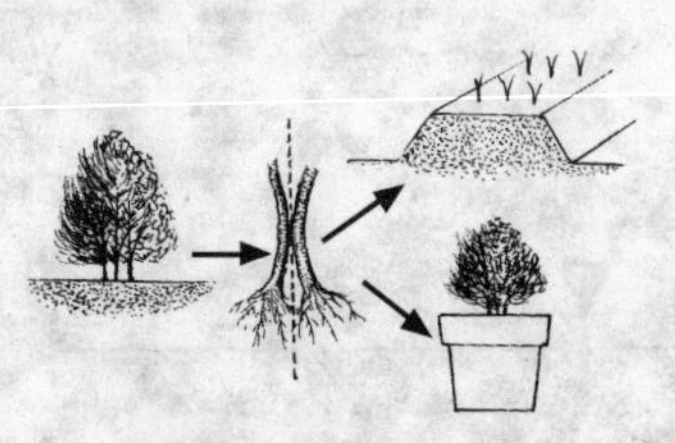

②分株繁殖　春季植株萌动前，挖取母株周围根蘖苗分栽。

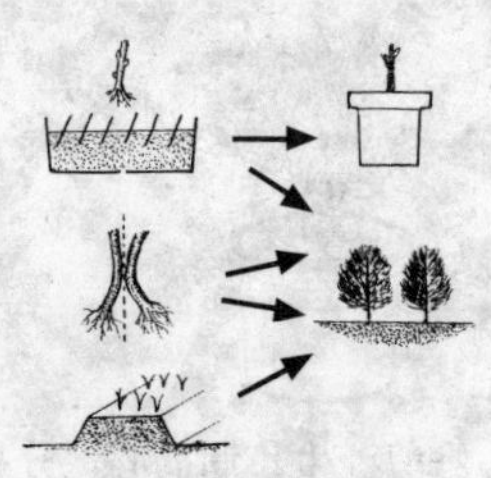

③移栽定植　春末初夏移栽为宜。盆栽的选分株苗或扦插苗；地栽的选圃地培育半年以上大苗带土移栽。视地力保持30～40厘米的株行距。

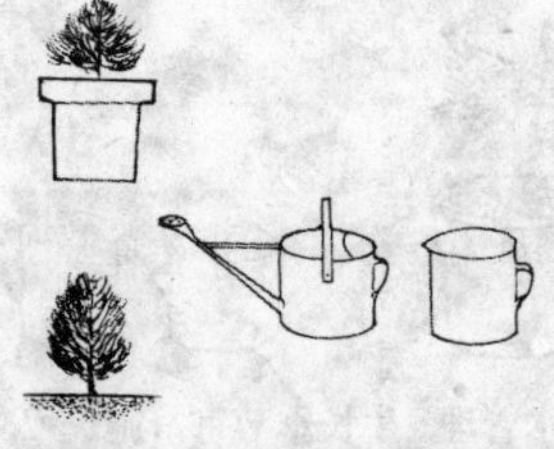

④肥水管理　盆栽幼株每月追肥1次，成型株每2～3个月追肥1次，注意增施磷、钾肥，适度浇水，保持盆土湿润勿过湿。地栽的每年冬春结合松土培土增施1次有机肥。遇干旱天气适当补水。

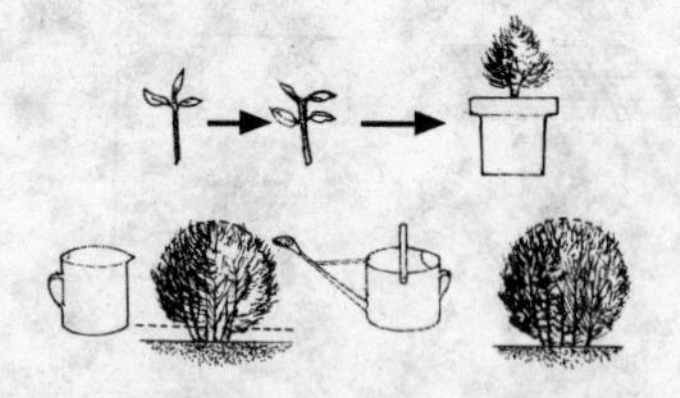

⑤修剪与换盆　盆栽的成活后摘心2～3次，培育低矮丰满株形。过大的盆株结合早春换盆疏枝，必要时重剪（含地栽），重新整形。

⑥夏、冬养护　盆栽幼株盛夏避烈日曝晒，适当遮荫增加浇水与喷雾。秋末气温下降移室内，保持室温15℃以上，尽量多见光。

99. 乳茄

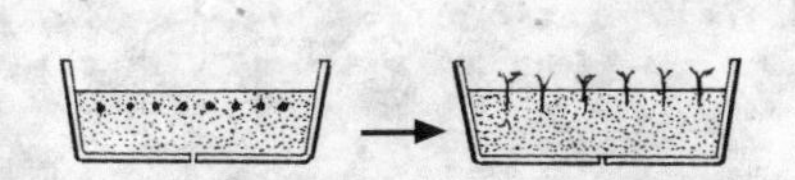

①播种繁殖　春播，置阴处保湿。出苗后注意间苗，去弱留强。

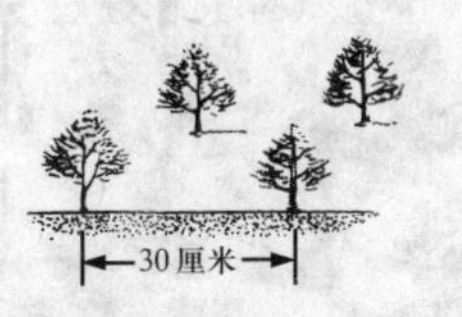

②移栽定植　播种苗长出7～8片真叶时，1盆栽1株。地栽时株行距以30厘米为宜。

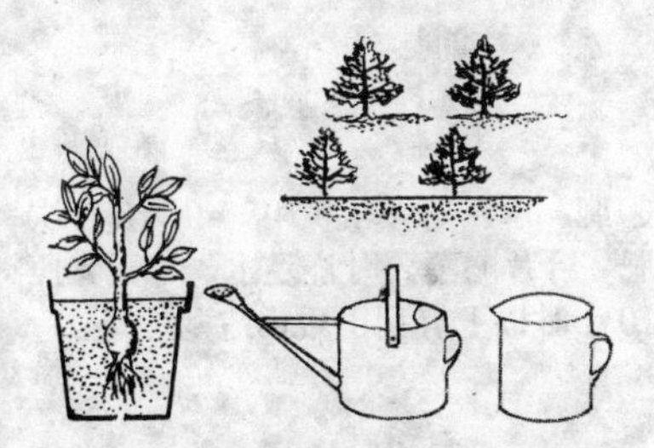

③肥水管理　夏、秋季每天浇水1次，15天施肥1次。花期增施磷、钾肥。

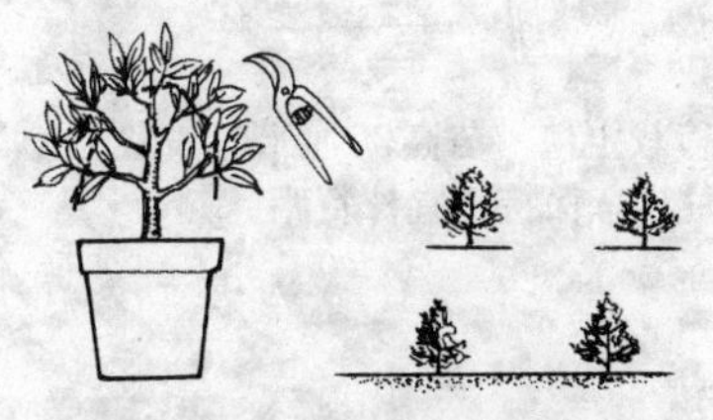

④打顶　株高30厘米时进行打顶，促其分枝，留3～4条侧枝即可。

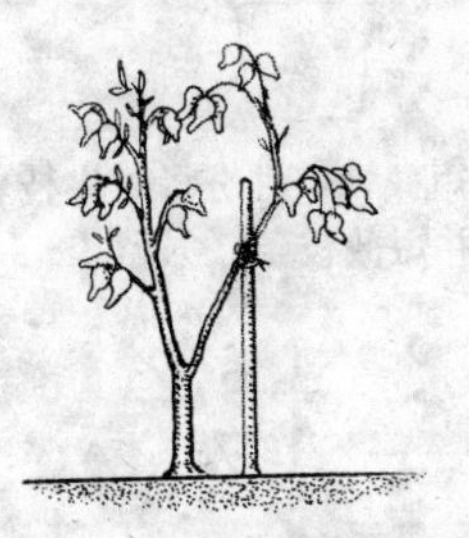

⑤插枝扶持　后期植株高，果实多，需插枝扶持。

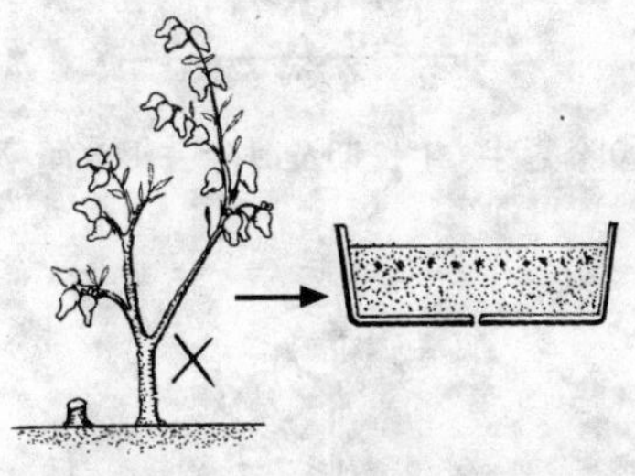

⑥果后处理　春季果熟落叶后剪下果枝，插入大小适中的花盆假植造型应市，或剪长50～60厘米的果枝插入清水中保鲜待应市。对采果后的植株应予砍除，择新地重新播种栽植，忌连作。

100. 石榴

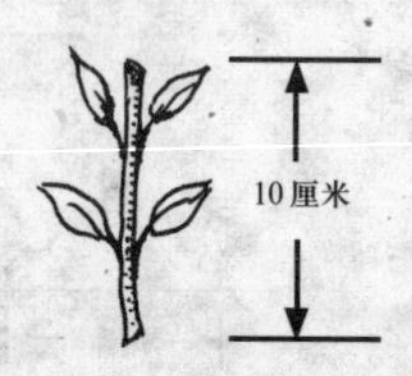

①选择插条　选1～2年生健枝，截成长约10厘米茎段，带3～4片叶，茎部削成楔状。

②扦插　插条蘸生根粉，1/2插入沙床中，压实，保持湿润，30～40天发根。

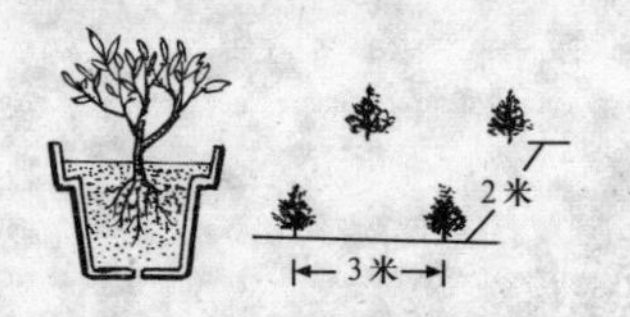

③移栽定植　苗高30厘米时浅栽。地栽时注意保持适宜株行距。

④肥、水、光管理　30～40天施1次肥。叶片略萎蔫时浇足水。每天光照10小时以上有利于矮化造型。

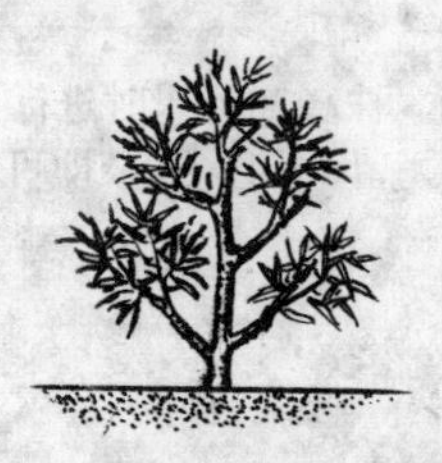

⑤除蘖芽　生长期及时除去根部萌蘖。

⑥疏枝短截　7月份将对生枝剪成互生枝，并短截枝条，只留3～4节。

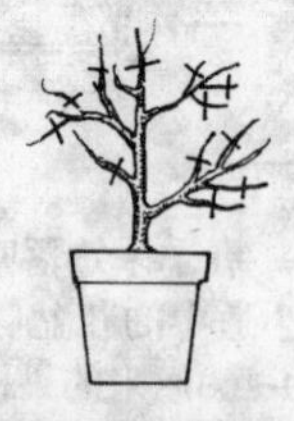

⑦摘心　秋季生育期摘心1～2次或2～3次，新长枝仅留1～2节。

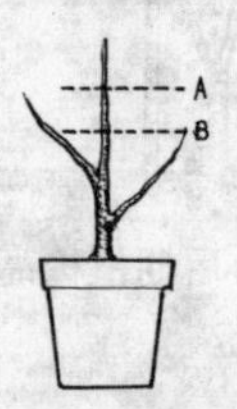

⑧冬季修剪　小型盆可剪短一些，中型盆可剪长一些。

101. 山茶花

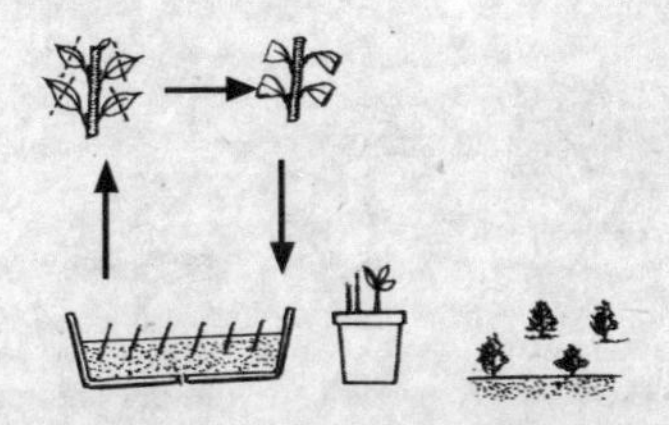

①扦插繁殖　春、夏季选健枝截带两个芽的茎段作插条，蘸生根粉后插入沙床中，移阴处并常喷水保湿，约60天出根。根长至3～4厘米时移圃地培育成大苗定植。

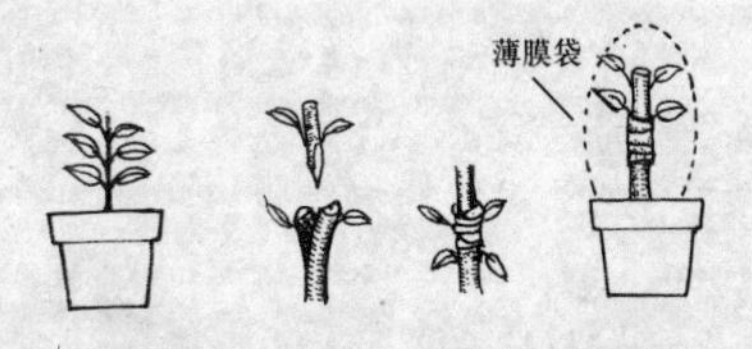

②劈接或芽接法繁殖　适用于不易生根的山茶。

③肥水管理　幼株生长期每月施肥1～2次（以氮为主）。开花株10天施1次，施磷、钾肥1～2次。夏、冬季不施。春、秋盆土偏干时浇水，夏天每天浇1～2次。

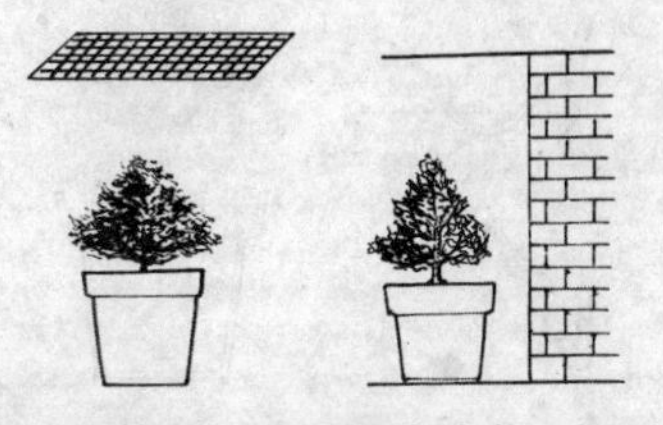

④夏日管理　移阴处或遮荫，视天气情况喷湿防干燥。

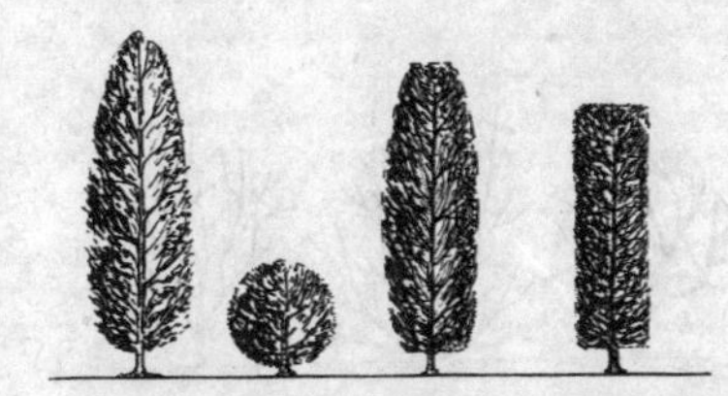

⑤整形修剪　幼株通过摘心培育成低矮、丰满株形，早春剪除分布不均匀的枝条或弱枝；开花株花期结束后进行修剪，随即喷药保护1次。

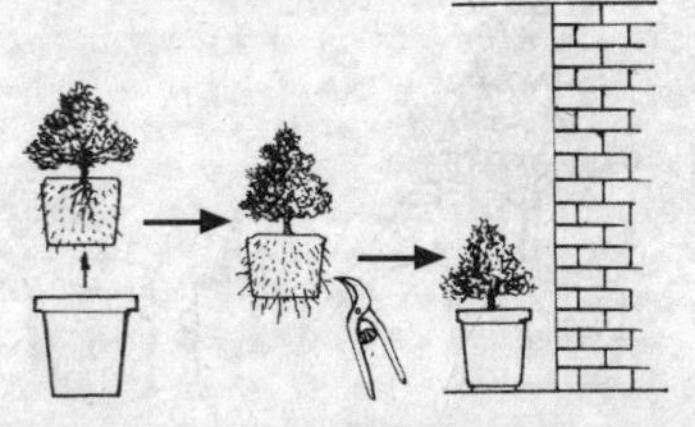

⑥翻盆换土　一般2～3年换盆1次(2～3月)，置半阴处或半日照处养护。

102. 杜鹃花

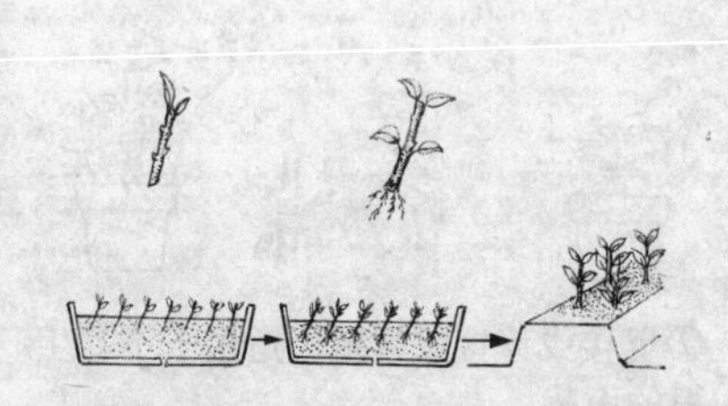

①扦插繁殖　选1年生健枝作插条蘸生根粉插入湿沙床中保湿，逐步增加光照，约40天生根，适期扦插。

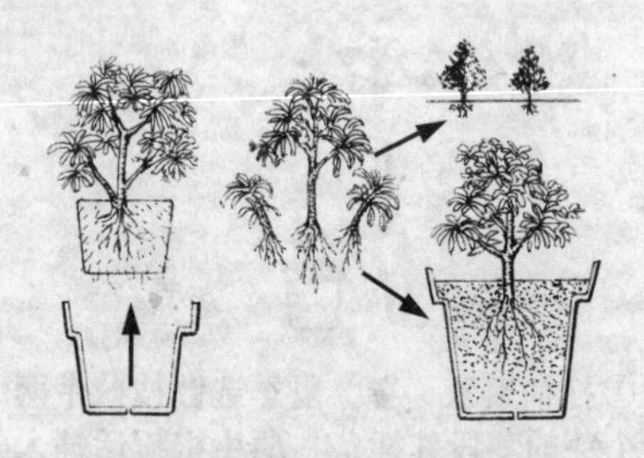

②分株繁殖　初春结合翻盆换土进行。

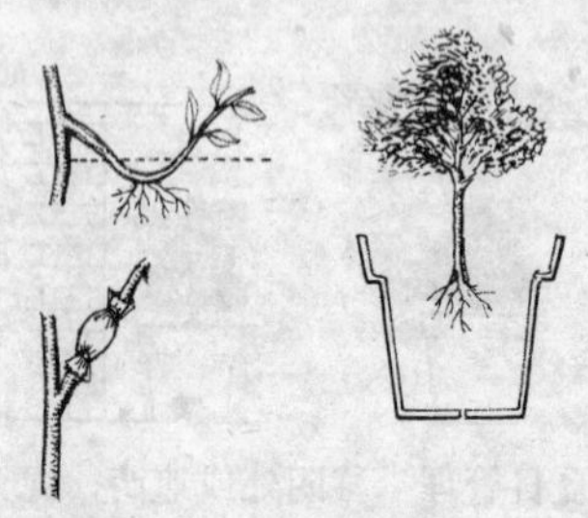

③压条繁殖　在生长期进行，以春季为多，高低压条繁殖均可。

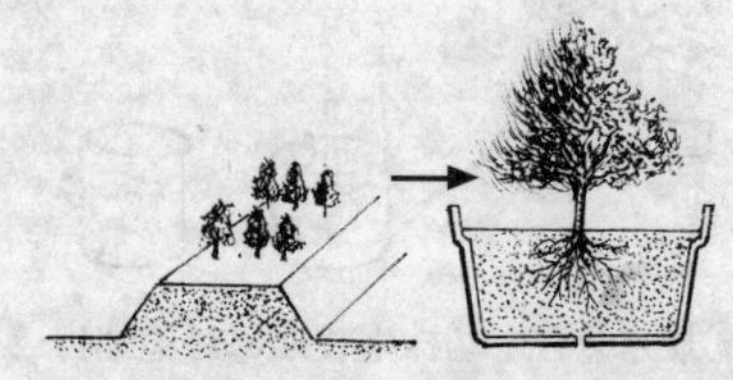

④移栽定植　扦插、压条苗和分株苗，可先移土盆或圃地培育1年生苗后，再于春末初夏带土定植于阔口浅盆中。

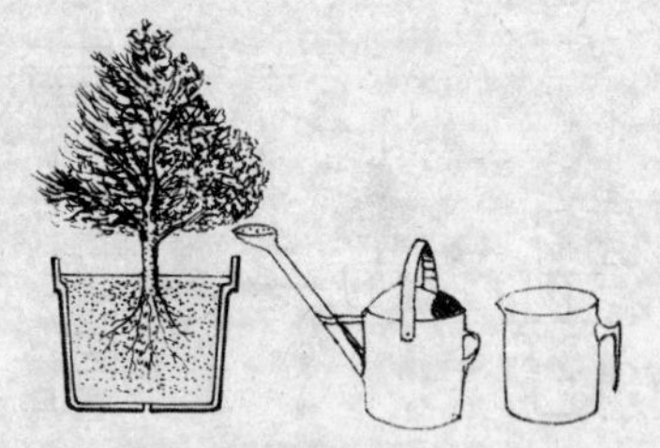

⑤肥水管理　生长期施肥。宜稀不宜浓。夏、冬不施或少施。适度浇水保持盆土湿润。花期及夏季更不能缺水，冬季保持湿偏干，雨后注意防涝渍。

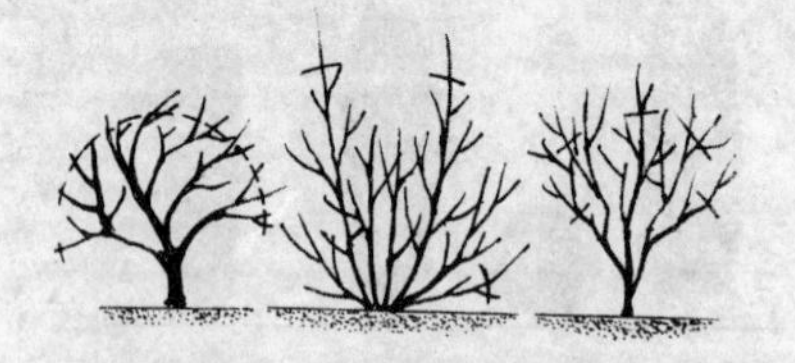

⑥整形修剪　小株通过摘心促分枝，着重培育骨架，成株花期及时摘掉谢花，花期结束后结合翻盆换土进行修剪整形。

103. 比利时杜鹃

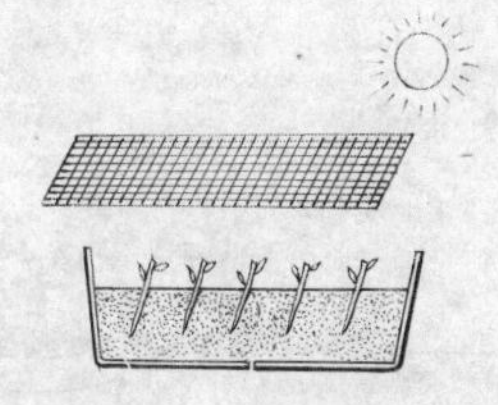

①扦插繁殖　华南地区3～4月间选当年成熟枝条截10厘米茎段，蘸生根粉插入湿沙床中，约1～2月生根。

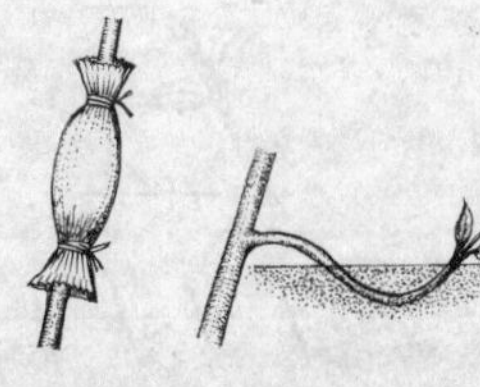

②压条繁殖　生长期用高位枝环状剥皮包扎或低位枝堆土压条，生根后剪离母株移栽。

③移栽定植　扦插苗或压条苗生根后可移栽圃地培育成较大的苗再定植，也可小苗带土团或蘸泥浆定植，每盆2～3株。

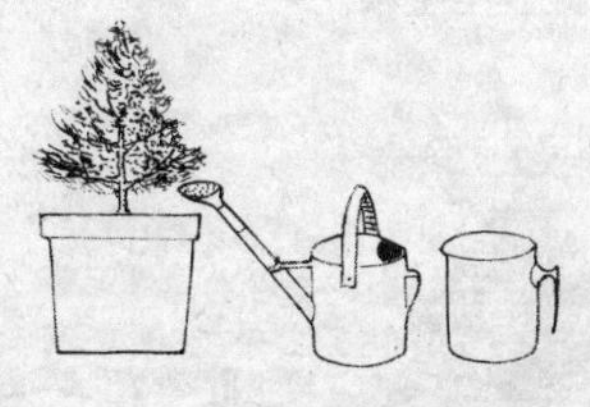

④肥水管理　幼株期以施氮肥为主，促早生快发；开花株花期增施磷、钾肥2～3次。适度浇水，生长期保持盆土湿润勿过湿，夏季不时喷水增湿。忌烈日曝晒，冬季控水，保持盆土湿润偏干。

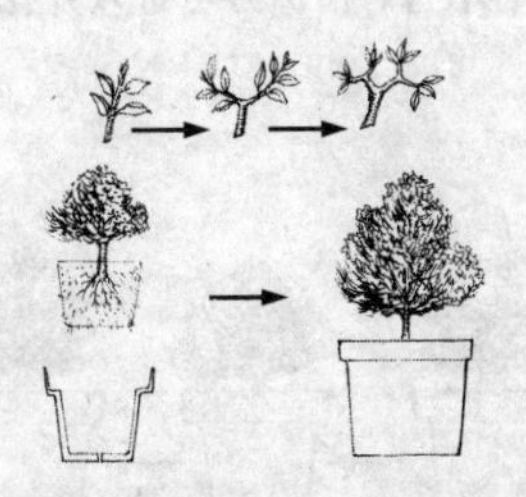

⑤整形修剪与换盆　定植成活后通过多次摘心促分枝，培育低矮枝条分布均匀的丰满株形。视生长势每隔1～2年换盆1次，结合换盆修剪，保持优美株形。

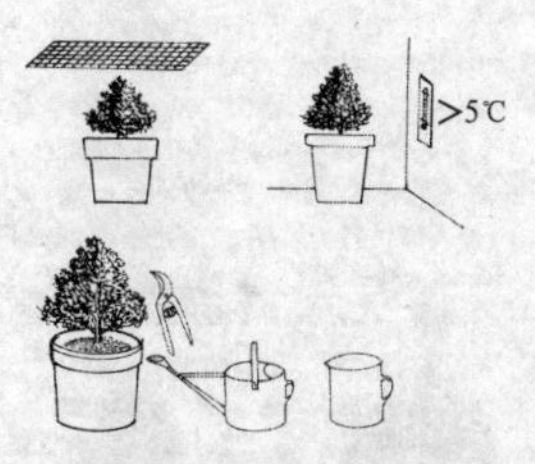

⑥冬、夏养护及花后处理　既不耐严寒也忌酷热。北方盆栽冬季移室内，保持室温5℃以上，温度过低时注意防寒；华南地区春节后移至室外，夏日谨防酷暑，避烈日直照。花后去除残花，适当修剪，加强水管理。

104．杜鹃石楠

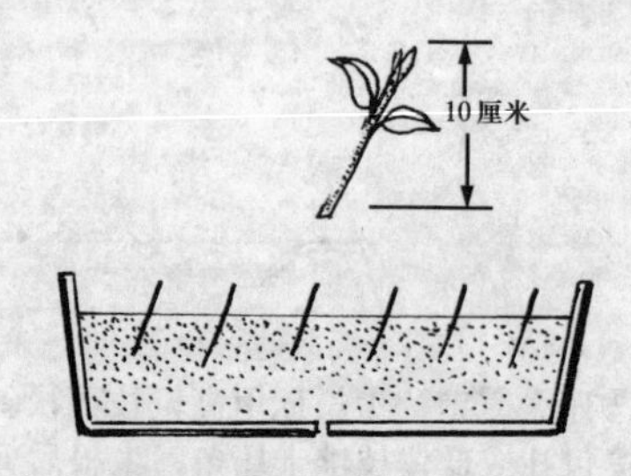

①扦插繁殖　在4月份进行。选上一年生健枝截茎段蘸生根粉，插入沙床中保湿直至生根。

②移栽定植　扦插苗根长至适宜的长度即可上盆定植，每盆栽2～3株。

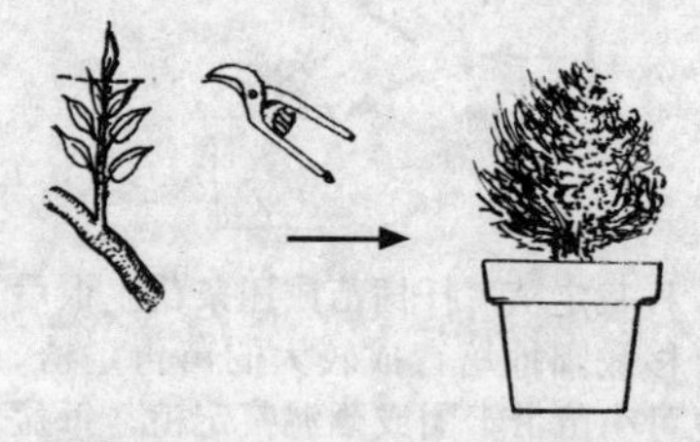

③肥水管理　盆株生长期每月施肥1～2次，保持盆土湿润，夏日高温宜遮荫。华南地区宜在山区较凉爽的环境栽培。

④修剪　盆栽幼株通过多次摘心促分枝，培育良好株形。通常要经过1～2年的精心培育，植株方可进入开花阶段。

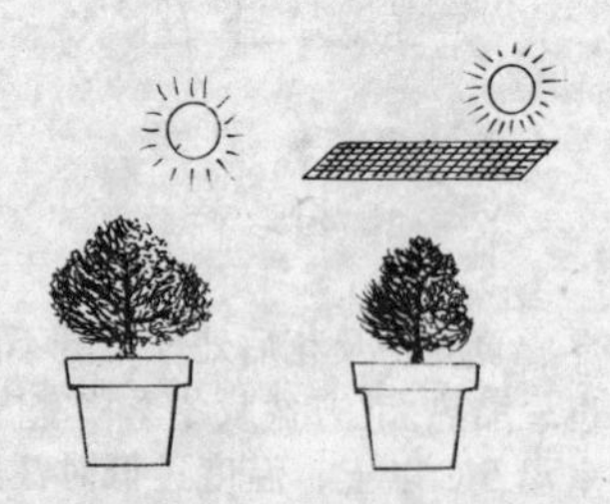

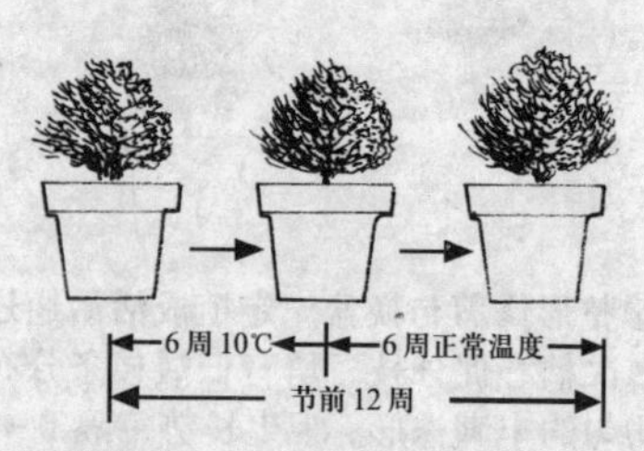

⑤光照控制　早上至中午前给予光照，中午后避强光。盆株除初春及冬季外，其他时期均宜避免午后的强日照。

⑥花期调节　为使植株在春节开花，应在节前12周内对植株进行变温处理。

105. 金 橘

①嫁接繁殖　以柠檬酸橙实生苗做砧木，于春末夏初与金橘进行嫁接（靠接）。

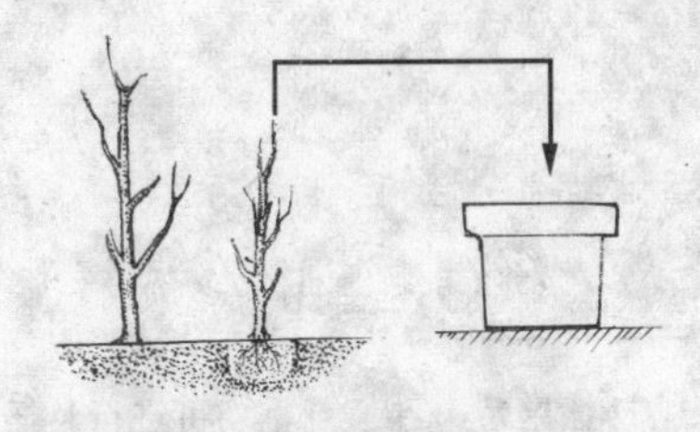

②移栽　地栽嫁接苗成活后，于翌年春萌芽前带土球上盆移栽。

③幼龄株肥水管理与修剪　盆栽幼株生长期加强肥水管理，合理修剪，培育低矮、枝条分布均匀的优美株形。

④成龄株诱导花芽分化　7月中旬或8月上旬，末次梢成熟后通过连续控水7～10天进行诱导。控水期如遇降雨，应把盆栽横放或斜放，防止雨水入盆。

⑤控水诱导花芽成功后，应恢复水肥供应，花果期注意增施磷、钾肥，勿偏施氮肥。光照宜充足，盆土保持湿润或稍偏干，切勿过湿。

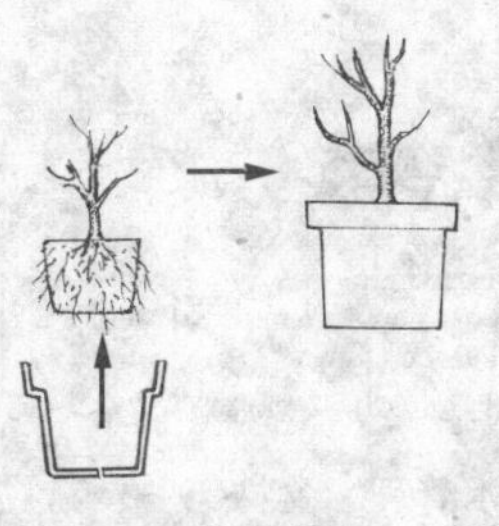

⑥节后处理　一般节后15～20天，将果摘光，进行强剪，仅留主干和主枝，并翻盆换土，施足基肥，置阳光充足及通风处培育，可促其翌年继续开花结果。

106. 佛手

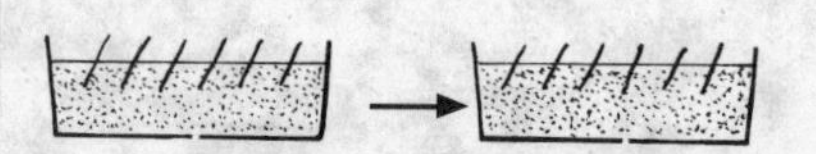

①扦插繁殖　春、夏季均可进行。插条基部浸100~200毫克/千克萘乙酸溶液12小时后扦插，约1个月后生根。

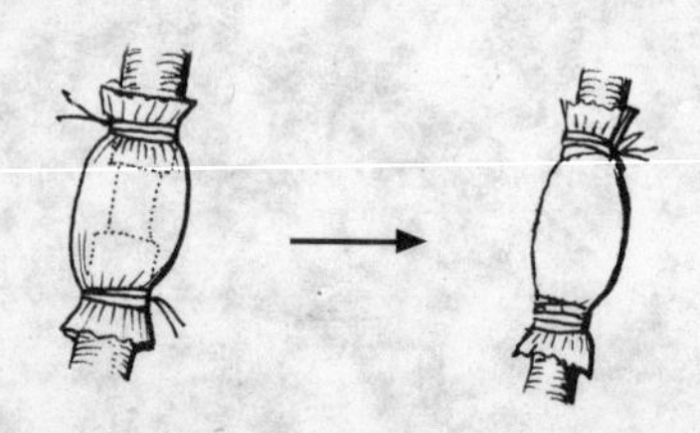

②高压繁殖　5~7月份进行。选上部健枝行环状剥皮，包上水苔泥后裹上塑料薄膜保湿促生根。

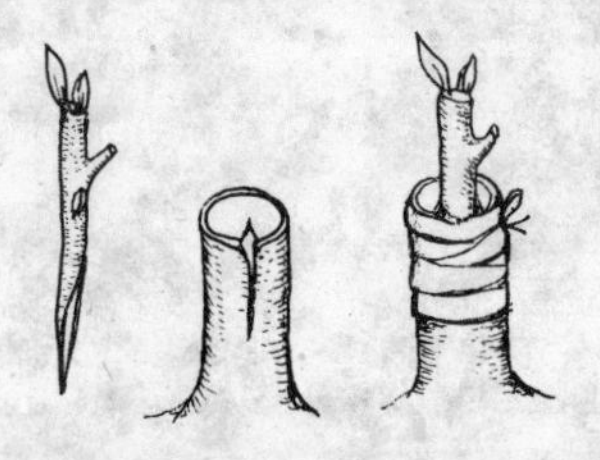

③嫁接繁殖　4~5月份进行。用酸橙或枸橘实生苗作砧木，用佛手为接穗进行切接或劈接。

④修剪　在盆栽幼株营养生长期，修剪工作以摘心促分枝、培育良好株形为主。在进入开花结果的生殖生长期，修剪工作主要抓好适当疏花疏果以收保花保果之效。

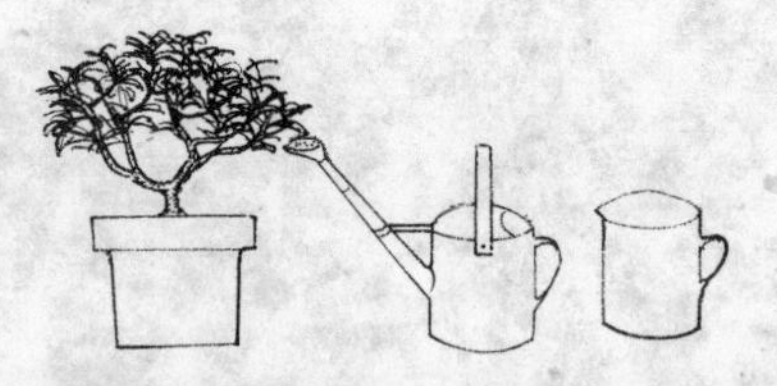

⑤肥水管理　盆株第一、第二年的肥水管理以培育良好株形为主，勤施薄施，保持盆土湿润。对进入开花结果的植株，注意氮磷钾平衡施用，避免偏施、过施氮肥，保持盆土湿润，以保花保果。

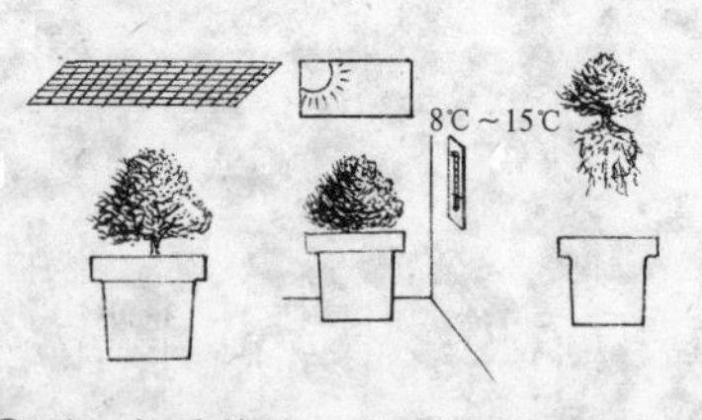

⑥夏、冬季养护　以光温管理为主要内容，盆株夏日适当遮荫避免烈日曝晒，增加浇水与喷雾；在冬季寒冷地区霜降前盆株入室越冬，保持室温8℃~15℃。每年春季换盆1次。

107. 九里香

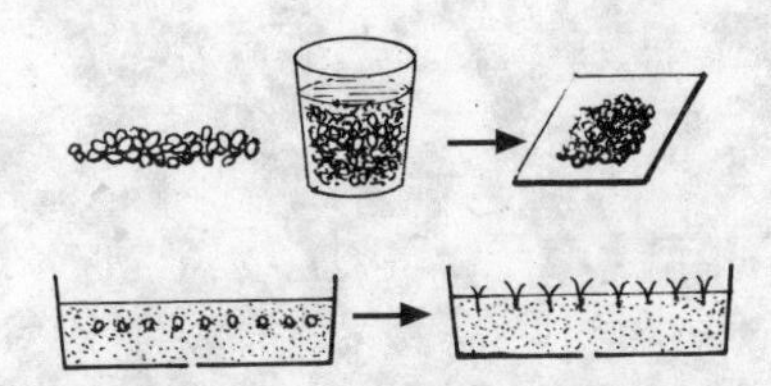

①播种繁殖　采收紫红色成熟果实，搓去种皮，将种子水洗沥干条播，20～30天出苗，随后间苗，去弱留强，半年生苗可出圃。

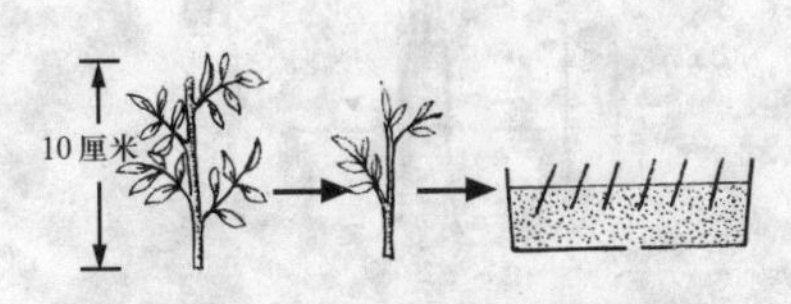

②扦插繁殖　6～7月份选健枝截成长10厘米的茎段作插条，蘸生根粉插入沙床基质中。约1个月可生根，移圃地继续培育半年生苗出圃。

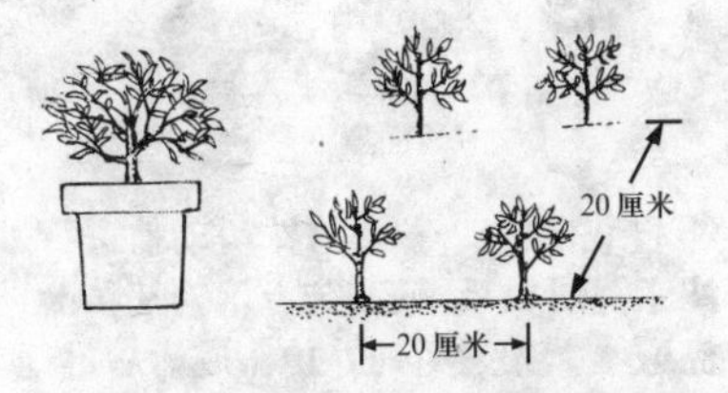

③移栽定植　播种苗高15厘米时，可上盆定植，每盆1株。地栽作绿篱的，选半年生苗或扦插苗，株行距为20厘米× 20厘米。

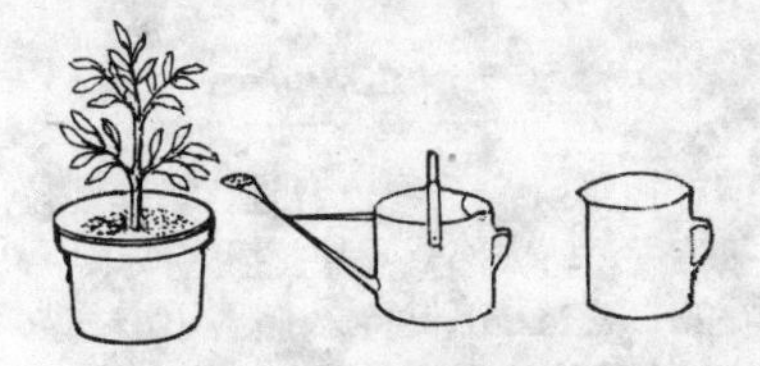

④肥水管理　对土壤肥力适应强。地力中上的植地，无须施基肥及追肥；盆栽的，生长期每月追复合肥1500倍液1次；花期增施磷酸二氢钾1000倍液1～2次即可。水不宜多浇，保持盆土湿润勿过湿，雨天注意防渍。

⑤整形修剪　幼株20厘米时开始打顶促分枝，主侧枝通过多次打顶培育优美株形。地栽做绿篱的，每年修剪1～2次。庭院孤植或群植，可按所需造型。

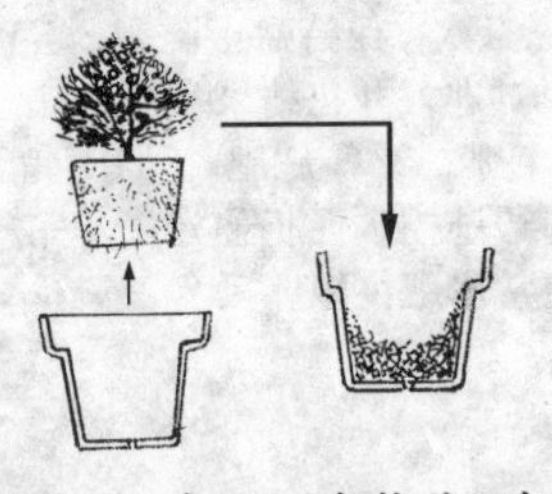

⑥翻盆换土　每2～3年换盆1次，结合添加新盆土增施以磷、钾肥为主的迟效有机肥及混入防病虫的毒土，翌年盆株开花更多，植株生长势更好。

108. 四季橘

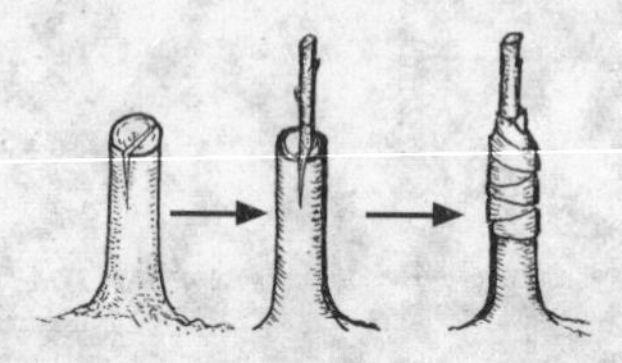

①嫁接繁殖　于早春进行。以香橼作砧木行枝接或芽接。

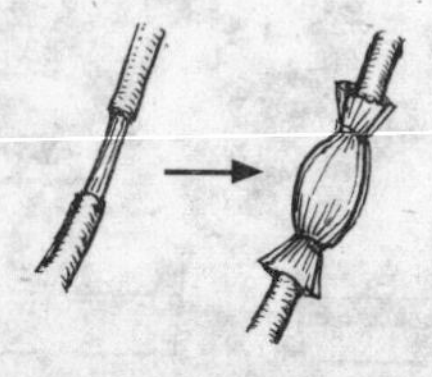

②压条繁殖　选健枝行环状剥皮高空压条，生根后割离母体上盆或移圃地培育。

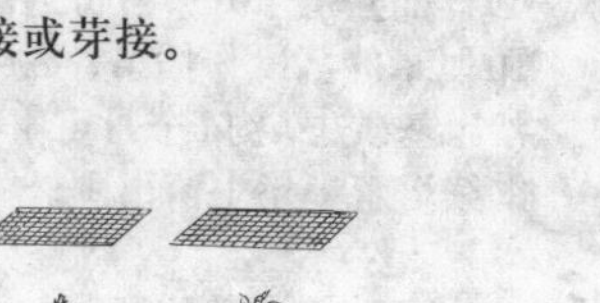

③扦插繁殖　于4～5月进行。选健枝截茎段，剪去部分叶片，插入沙床中，在20℃～24℃下保持床土湿润勿过湿，约1个月许生根。

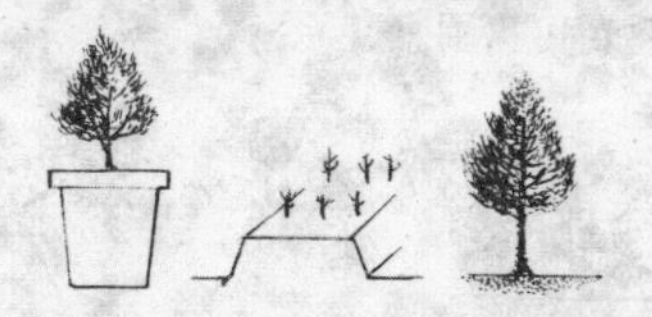

④移栽定植　春季植株萌动前进行。注意舒展根系，使其与土壤密切接触。浇透水，先置阴处养护，成活后再逐步转阳光下培育。

⑤肥水管理　盆栽幼株生长期每月施肥1～2次，保持盆土湿润，培育好株形。对进入开花结果盆株，注意增施磷、钾肥，平衡施肥。6月下旬至7月上旬通过控水促花芽分化，完成后恢复正常水肥供应。

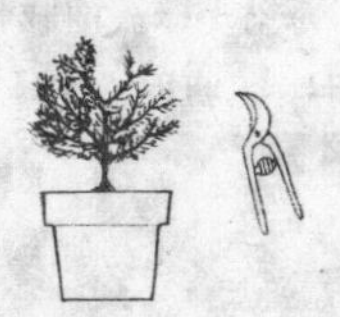

⑥修剪　盆栽幼株头1～2年通过摘心促分枝，培育良好株形；对进入开花结果株注意适当疏花疏果。

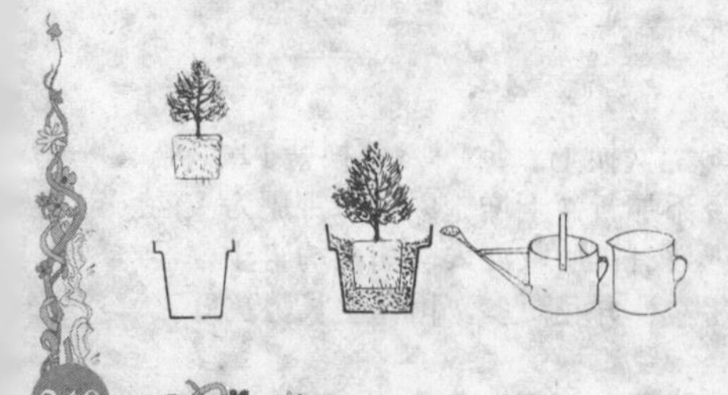

⑦换盆　春节过后15～20天内，可摘除全部果实，翻盆换土，适当修剪地下根系和地上部枝叶，必要时进行重剪。如肥水管理得当，促枝花芽分化，可使其继续开花结果。

109. 代代果

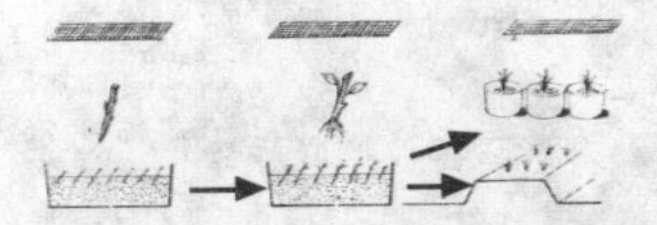

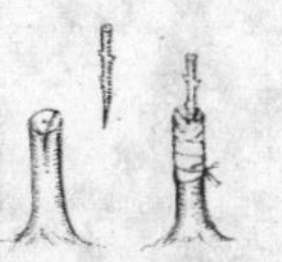

①扦插繁殖　4～5月进行。选健枝截茎段作插条，剪去部分叶片插入基质中，在20℃～24℃下保持空气湿润，约1个多月可生根，待根长至一定长度，移营养杯或圃地进一步培育。

②嫁接繁殖　以香橼作砧木，代代果健枝作接穗，于早春行枝接。

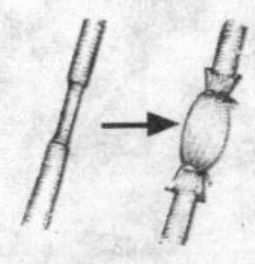

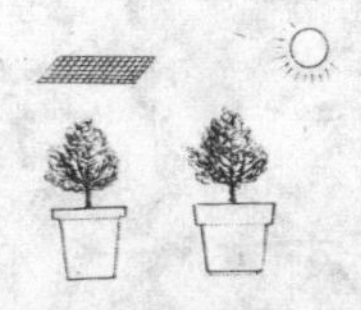

③高压环状剥皮繁殖　按常规于早春作环状剥皮高压繁殖，生根后剥离母株移圃地进一步培育。

④移栽定植　春季植株萌动前进行。注意使根系舒展，压实主干周围的土壤，使土与根密切接触，浇透水，先置遮荫处养护约半个月，再移至阳光下培育。

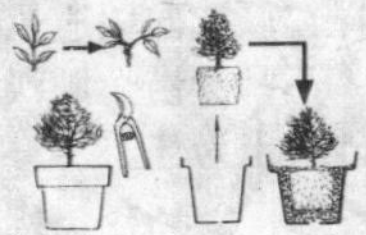

⑤肥水管理　盆栽幼株每月施肥1～2次，每1～2个月施硫酸亚铁（1000倍液）1次。对进入开花结果的盆株，注意平衡施肥，在整个花果期看苗施磷、钾为主的追肥2～3次或更多。保持盆土湿润，避免过干或过湿，雨后及时排渍。

⑥修剪与换盆　盆株幼株修剪主要抓好摘心促分枝，培育良好株形，因植株根系发达，在上盆头1～2年内视生长势翻盆换土1～2次。进入开花结果阶段，要慎事修剪，以配合肥水适当疏花疏果为主要。

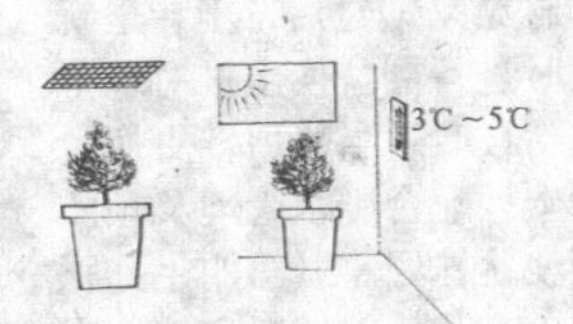

⑦夏、冬养护　夏季高温盆株宜适当遮荫，避烈日曝晒，增加浇水与喷雾；冬季寒冷地区，盆株在霜降时入室，室温保持3℃～5℃，通过充分休眠使其翌年正常开花。

110. 朱砂橘

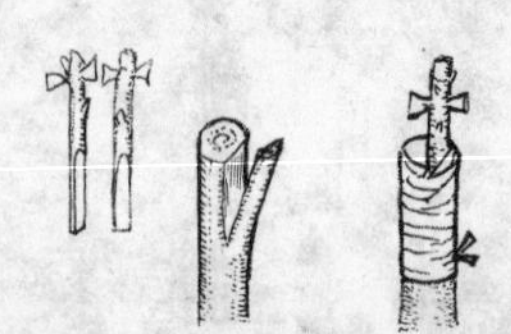

①嫁接繁殖　4～5月间进行。采用枸橘或酸橙作砧木，接穗选1年生嫩枝(带2～3个芽，去半叶留柄)，用芽接或切接，一般接后30～40天可愈合成活。

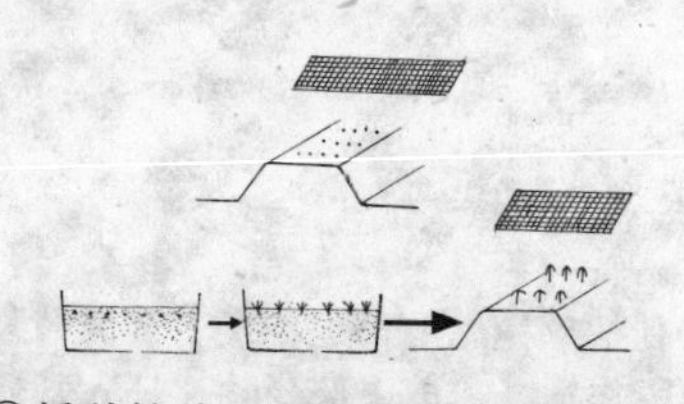

②播种繁殖　春播。按常规播种即可。一般宜在圃地点播。也可在播种盆播后带土转圃地继续培育。

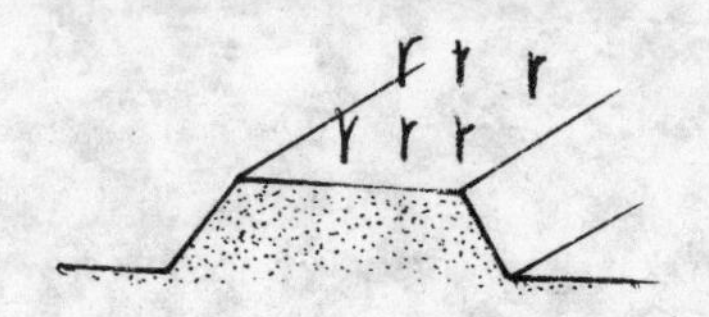

③移栽定植　一般于春季新芽萌动前进行。作春节观果的多行盆栽，可选1年生嫁接苗带土上盆定植。地栽的注意植地选择，以选向阳避风、地下水位不太高、不易受涝、肥沃疏松的微酸壤土或砂壤土为佳。

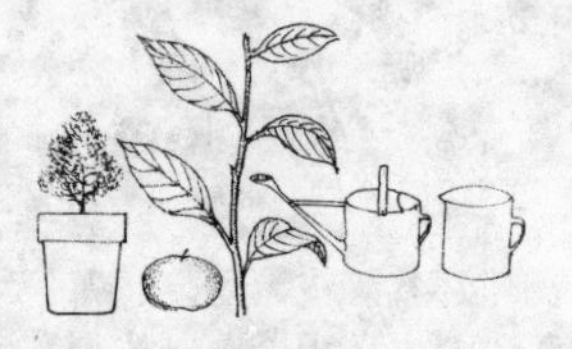

④肥水管理　盆株头1～2年生长期每月施薄肥2～3次，促早生快发，形成丰满株形。第三年进入开花结果始期，要慎事肥水，及时供给。春、夏花期及秋、冬果期应分别以施磷、钾为主，以氮为辅的肥料2～3次。至果实膨大转黄停止施肥。水勤浇轻浇，干湿适度，以减少落花落果。

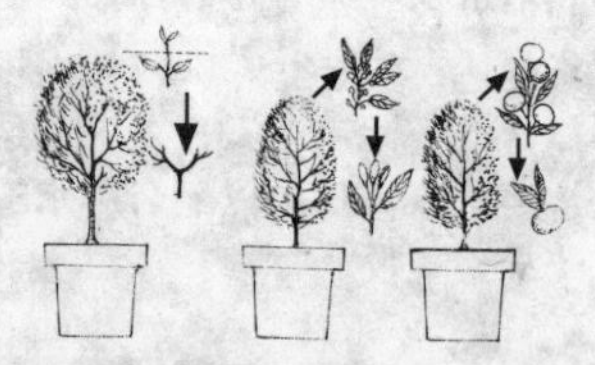

⑤修剪整形　盆栽头1～2年的修剪以摘心促分枝，培育良好株形为主；第三年结果始期，修剪工作以适当疏枝与疏花、疏果相结合，使营养生长与生殖生长相协调，尽量减少养分消耗，减少落花落果。

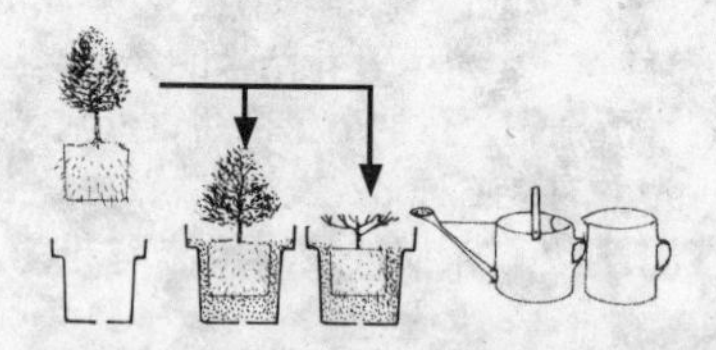

⑥换盆　盆株结果期过后，于春季新芽萌动前及时进行翻盆换土，对地下根系及地上新枝叶适当修剪，更换盆土时混入毒土，配合肥水管理及预防病虫害，可使盆株翌年（第四年）正常开花结果。

111. 月 季

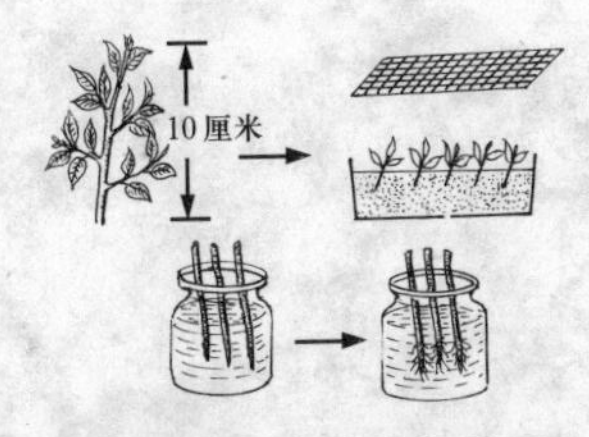

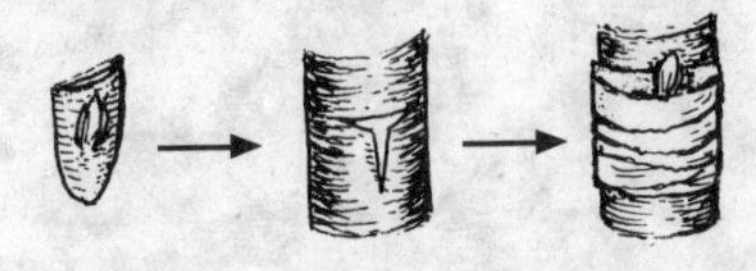

①扦插繁殖　分生长期扦插、冬季扦插和水插3种。生长期扦插以上半年4～5月、下半年9～10月为佳。此时气温为20℃～25℃，不冷不热，最适宜扦插成活。

②嫁接（芽接）繁殖　南方多在12月至翌年2月进行。

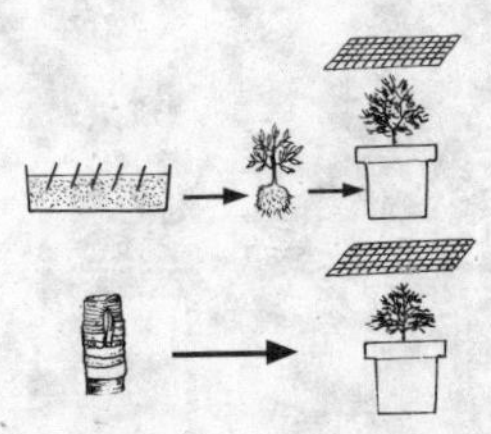

③移栽定植　4～6月间进行。扦插苗生根2～3厘米或嫁接苗成活后即可进行。可先行假植，待培育成较大的苗再定植。

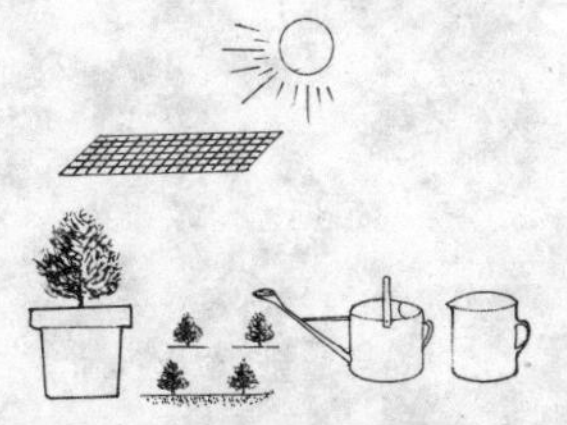

④肥水管理　幼株生长期每15～20天追肥1次，开花株生长期每10～15天追肥1次。开花期、夏季高温可不追肥，每天浇水1次，其余时间2～3天浇1次，保持土壤湿润勿过湿。

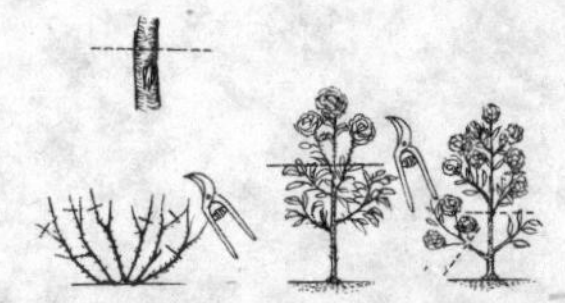

⑤整形修剪　幼株生长期做好打顶促分枝，培育优美株形。开花株生长期适当疏蕾，并及时除去残花，避免消耗养分。成株冬季休眠期视生长势进行不同程度修剪，使翌年植株正常开花。

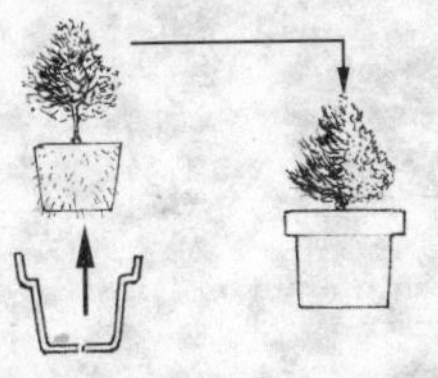

⑥翻盆换土　盆栽视生长势2～3年翻盆换土1次。如为小盆换大盆，一年四季均可进行。结合添加新盆土增施适量以磷、钾为主的迟效有机肥及防治病虫害的毒土。

112. 梅 花

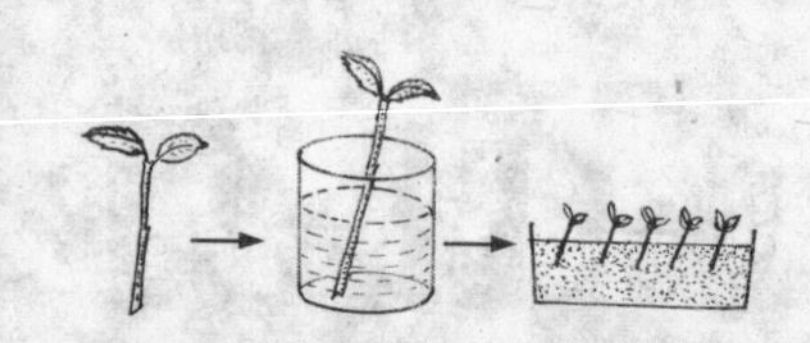

①扦插繁殖　扦插前，将插条浸入吲哚丁酸2000倍液中，稍顷（5～10秒）取出插入湿沙床中。

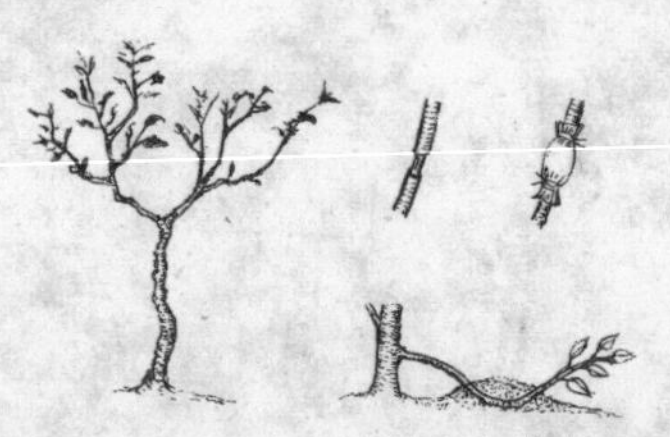

②压条繁殖　春季选1～2年生壮枝或靠近地面萌发的枝条，用利刀环割剥皮，包以湿润苔藓泥、再裹以薄膜行高压法或埋入3～4厘米深的土层中，秋后视生根情况割离母体分栽。

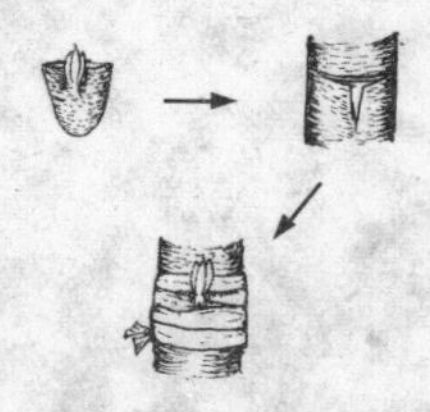

③嫁接繁殖　分为芽接、枝接和劈接3种方法，于8～9月间进行。用野生梅、山桃、山杏作砧木，将所要品种的芽穗接于已育好的砧木小苗上，用塑料绳扎牢，翌年3月成活。

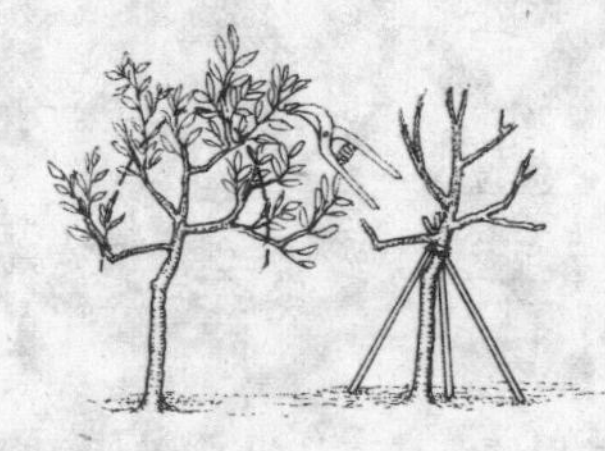

④定植　南方地区于秋、冬季或早春进行，北方地区于春季（3～4月份）进行。把苗木枝叶剪去一半，以利于成活，并用支柱固定护苗。

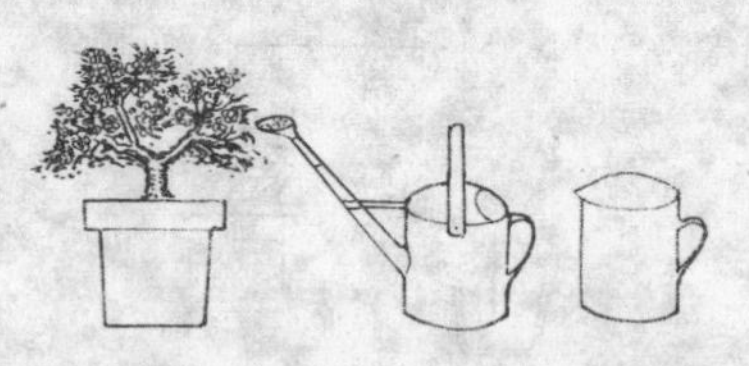

⑤肥水管理　地栽的，只需基肥无须追肥；盆栽的，幼株期每10～15天追1次麸饼水50倍液。开花株夏、秋季花芽分化期追施磷、钾肥为主的复合肥2～3次，不宜多浇水，应见干才浇，勿过湿。

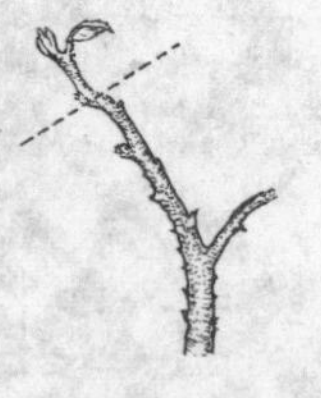

⑥修剪　于春季花后进行，切勿在夏、秋季花芽形成期进行修剪。对徒长枝、弱枝、病虫枝应从基部剪掉，对长枝应留基部5～6个芽，剪掉上部。作盆景的，可按个人喜好进行造型修剪。

113. 桃 花

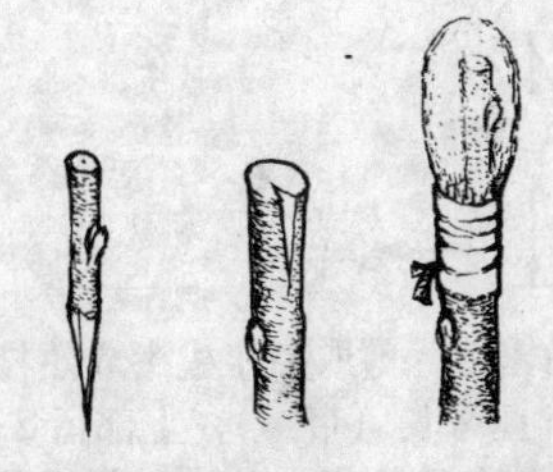

①嫁接（劈接）繁殖　在早春进行。南方多以毛桃做砧木，北方多用山桃。

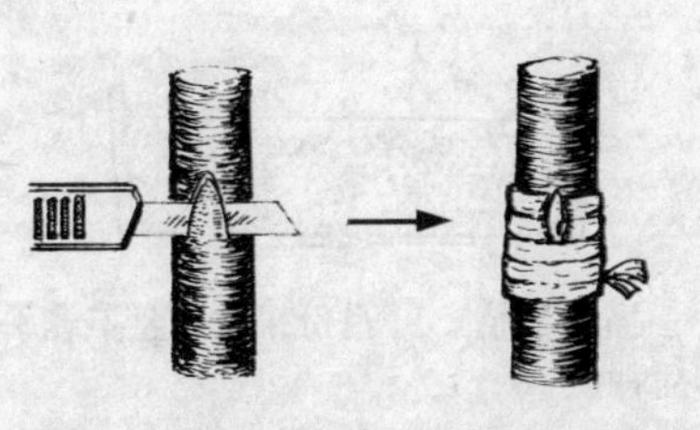

②嫁接（芽接）繁殖　初秋8～9月进行。

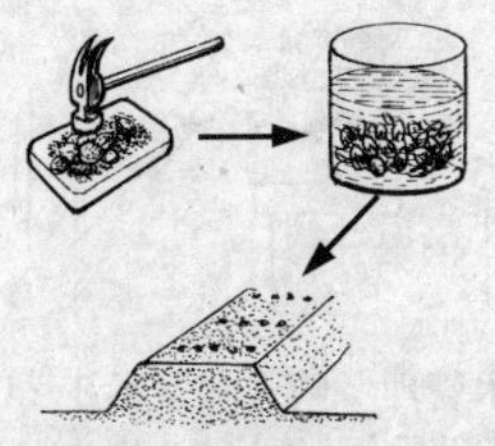

③播种繁殖　春播或秋播，播前将种皮轻轻敲破，浸种24小时后播入苗床，培育实生苗作砧木用。

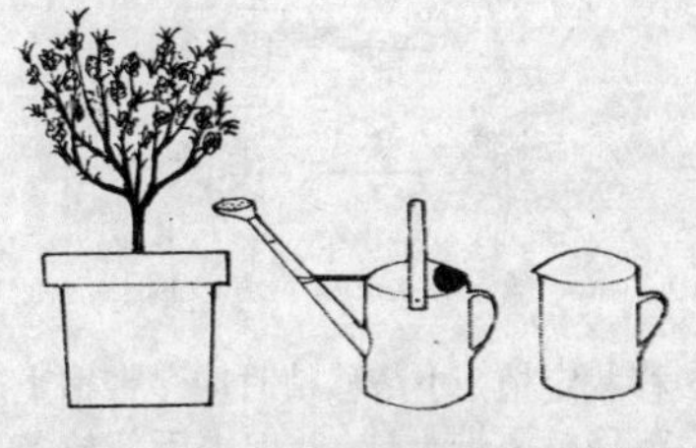

④肥水管理　秋后、花前和6月份各追肥1次。浇水用间干间湿法，土干后才浇，浇则浇透。

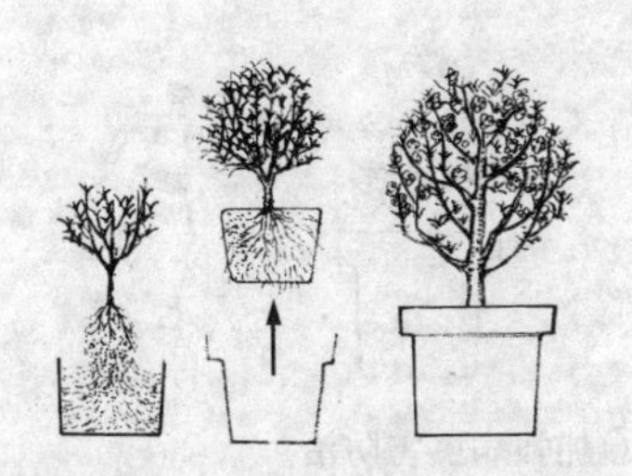

⑤移栽定植　幼龄苗裸根包泥浆移栽，大龄苗带土移栽。

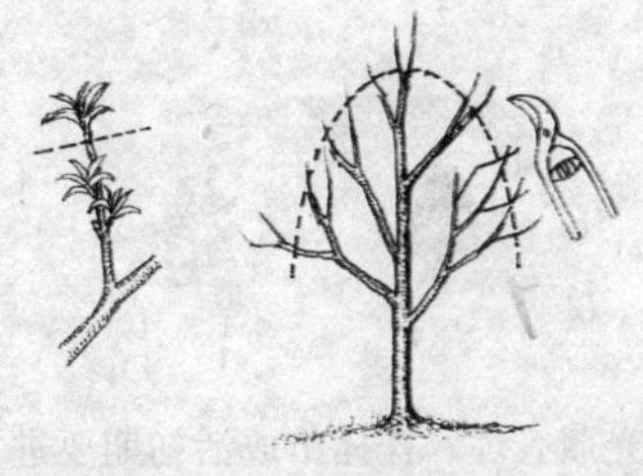

⑥整形修剪　培育低矮主干，对侧枝适当短截，疏去内膛枝、交叉枝、病枝、虫枝。整成自然开心树形。

114. 石 楠

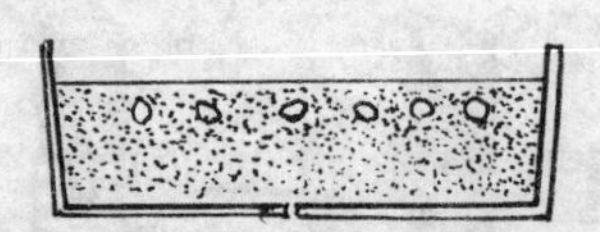

①播种繁殖　11月份采种，翌年春季播种。

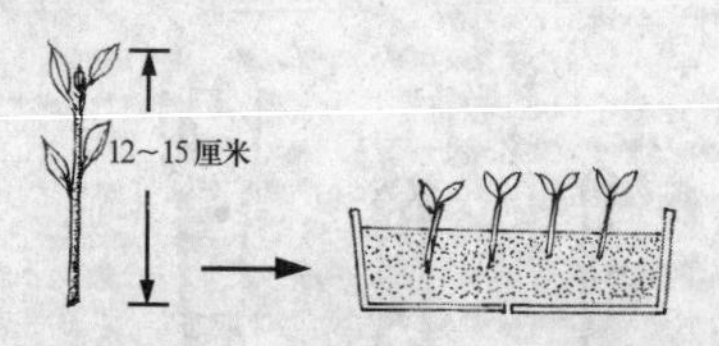

②扦插繁殖　剪取当年生半成熟枝条12～15厘米长（带踵），上部留2～3片叶，枝条2/3插入沙床，插后及时遮荫，浇透水。

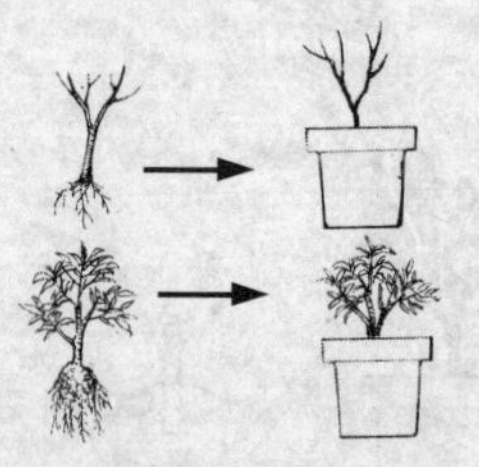

③移栽定植　小苗移植时应多带宿土。大苗移植需带土球，并剪去下部枝条。移植时注意保护下部枝条，使树形圆满美观。

④肥水管理　晴天移栽后3～4天浇1次水，以后每10天浇1次水。雨天及时排水。种苗度过缓苗期即可施肥，春、夏、秋季每15天施1次肥，冬季施1次。

⑤光照管理　扦插苗成活初期要进行遮荫，直至可以采穗苗前10天揭去遮荫网，给予全日照。采穗期间，再盖上遮荫网。

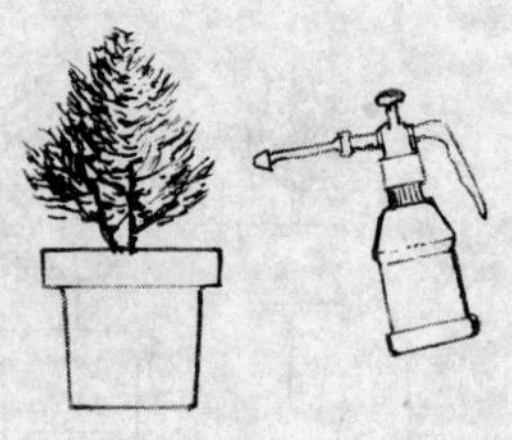

⑥加强病虫害防治。

115. 蜡 梅

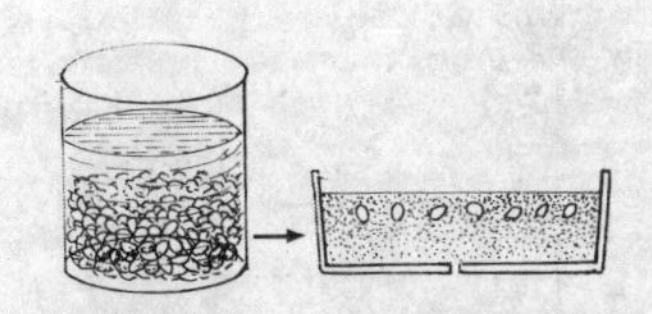

①播种繁殖　6～8月份采种，随采随播或待种子干后贮至翌年春播。播种前用温水浸种24小时，播后10～15天发芽。

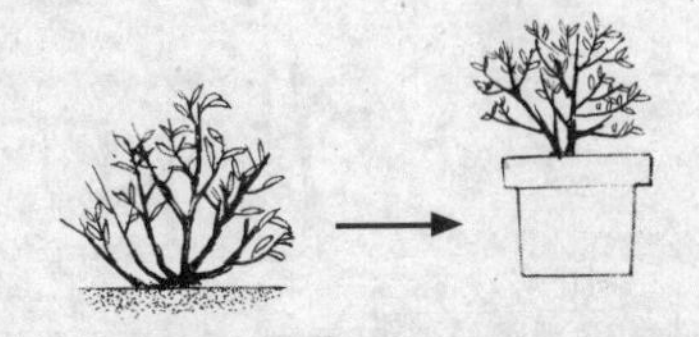

②分株繁殖　落叶后至春芽萌动前，用利刀切取植株带根小苗分栽。分栽时宜带土球。

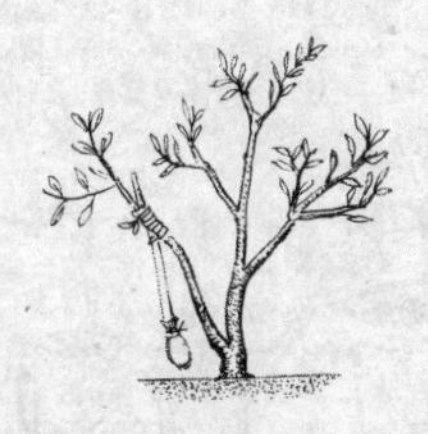

③嫁接　主要分为靠接、切接、芽接3种方法繁殖，可根据需要选择。砧木可用狗蝇蜡梅的分株苗或品种较差的实生苗。

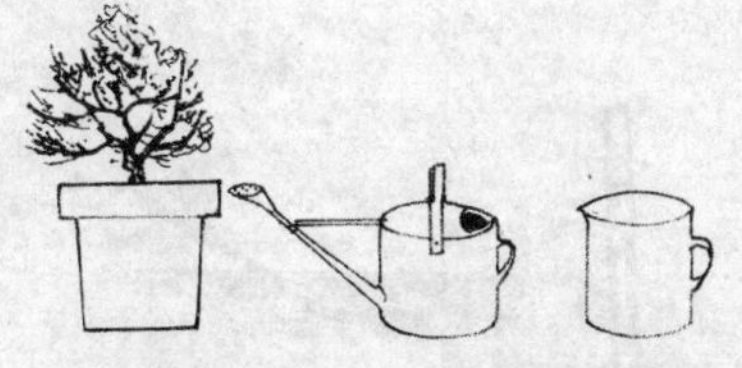

④肥水管理　5～6月间每月施肥3～4次，以氮为主，供营养生长；7～8月每月施2～3次，以磷、钾为主；促花芽分化；秋后施肥1次，以有机肥为主，供开花所需；入冬不施肥。土干后浇水，保持盆土湿润偏干。

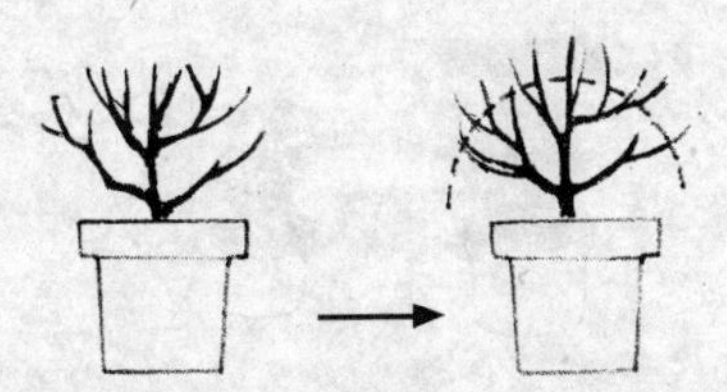

⑤整形修剪　小苗育成丛生形后，再整理成3个枝干株形；冬季将3个干枝各剪去1/3，并截短各侧枝先端。

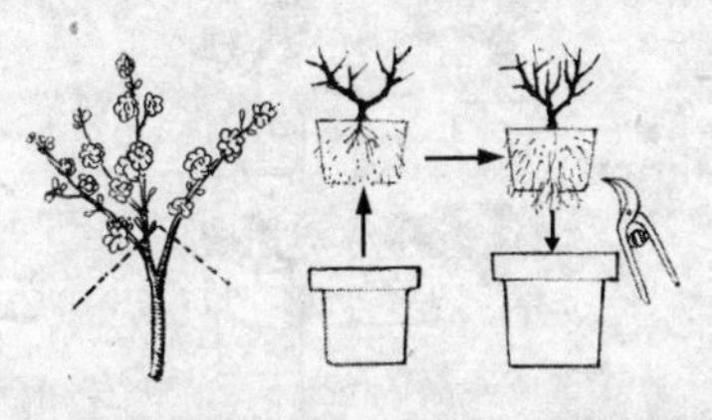

⑥花后处理　春季开花后，将花枝自基部切掉，同时配合肥水管理，促新枝抽生。盆株生长2～3年后视生长势于3月下旬翻盆换土，并适当修剪根部和地上枝叶。

116. 绣球花

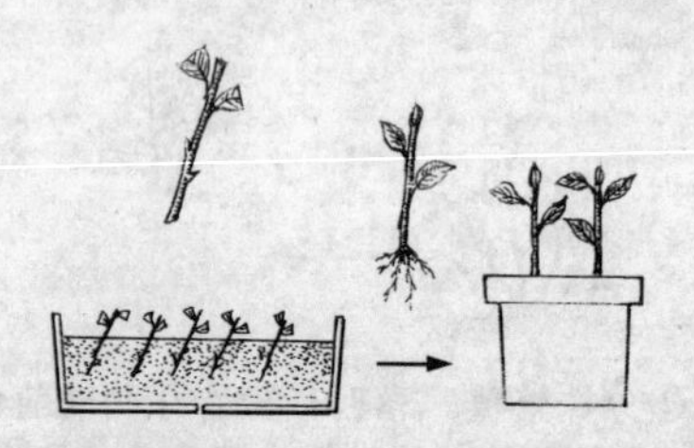

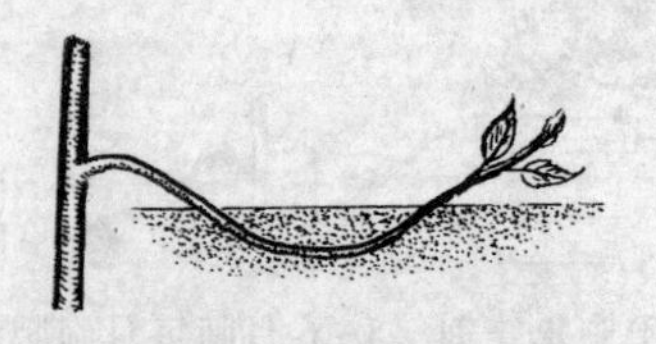

①扦插繁殖　3～4年生截含2～3节的嫩枝茎段作插条，醮生根粉插入湿沙中，约1个月生根，2个月后可上盆定植。

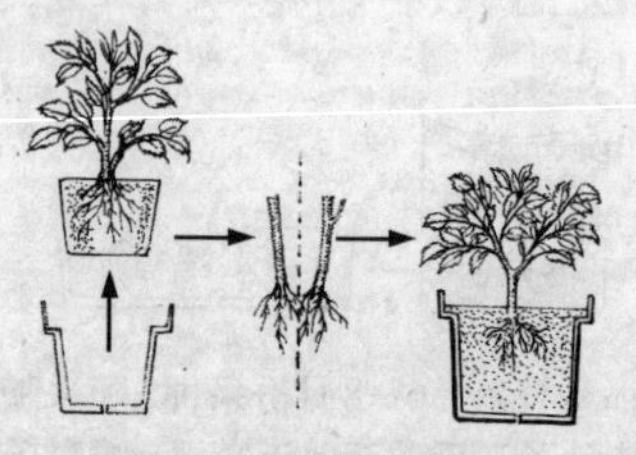

②分株繁殖　早春芽萌动前，结合换盆进行。将经整理的盆株分割成若干份栽入。

③压条移植　春末初夏进行。行堆土压条，生根后割离母株移栽，也可翌年春定植。

④肥水管理　生长期每月施麸饼肥1～2次，孕蕾开花期增施磷、钾肥1～2次。为保持盆土偏酸，全期还可施硫酸亚铁液1～2次。适度浇水，生长期保持盆土湿润勿过湿，雨天防涝渍。

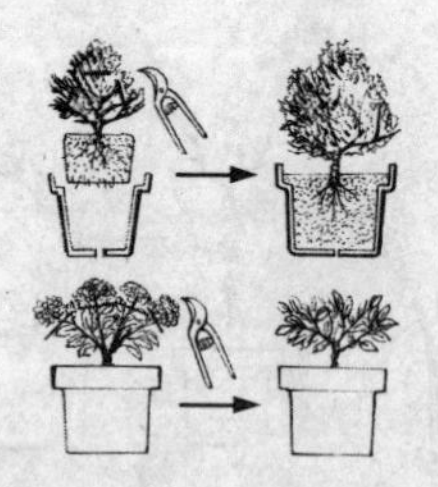

⑤整形修剪与换盆　每年早春换盆1次，结合换盆进行修剪促发新枝。开花后剪掉残花并修剪，加强肥水管理，促重新萌发。

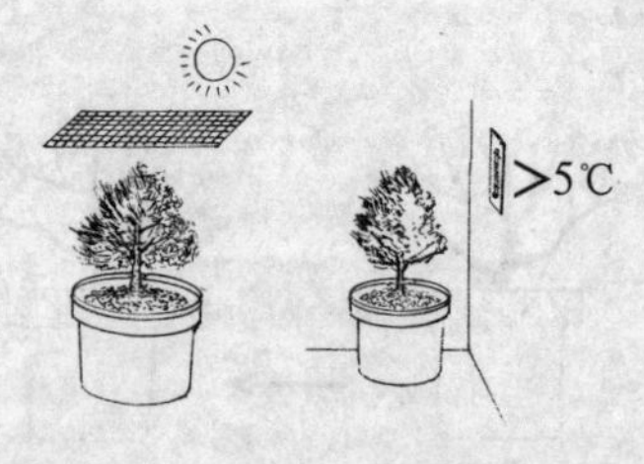

⑥夏、冬养护　夏季是绣球花生长开花旺季，除保持盆土湿润外，还需喷水增加空气湿度，适当遮荫防烈日曝晒，雨天防涝渍。冬日寒冷地区宜入室置光线明亮处，保持室温5℃以上。

117. 金边瑞香

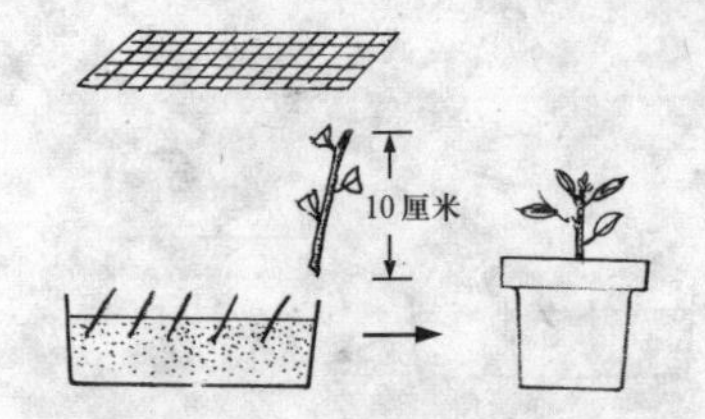

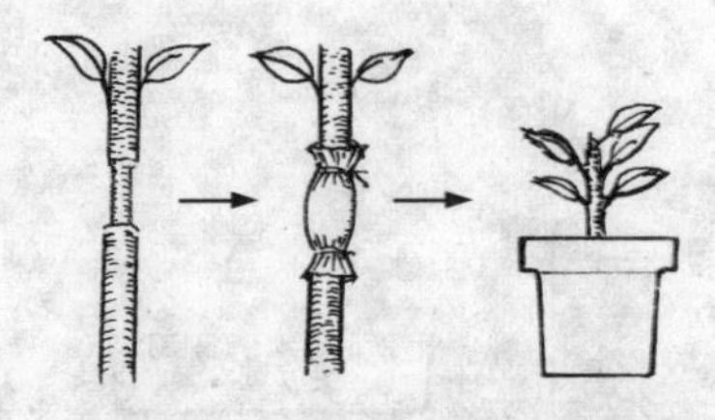

①扦插繁殖　春季新芽展露前，剪1年生健枝截成10厘米茎段做插条，蘸生根粉插入沙床中，置半阴处并保湿，40～50天生根。夏、秋季亦可扦插。

②压条繁殖　选2年生壮枝环状剥皮，包以湿润水苔泥，裹上薄膜保湿，约100天左右生根，剪离母株盆栽。

③肥水管理　每月施复合肥1次。花期施磷酸二氢钾1～2次；每2～3天浇水1次，夏季每天浇水1次。盆土不可太干，也不可太湿。

④整形修剪　春季剪除过密枝和徒长枝，以改善枝间通透性。如生长过旺，可用小刀割茎干皮层数刀，注意勿伤及木质部。

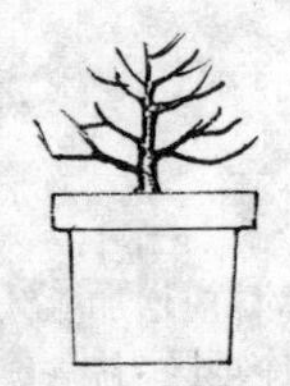

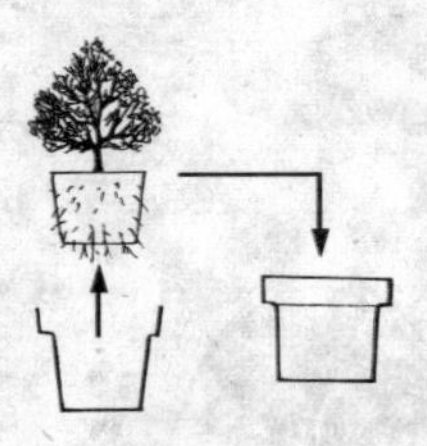

⑤花后处理　花后宜对植株进行强修剪，仅留主干及大枝。加强肥水管理，翌年春季可再度开花。

⑥翻盆换土　每隔2～3年翻盆换土1次，修剪根部及地上部，其做法同花后处理。加强肥水管理，翌年春季可再度开花。

118. 黄槐

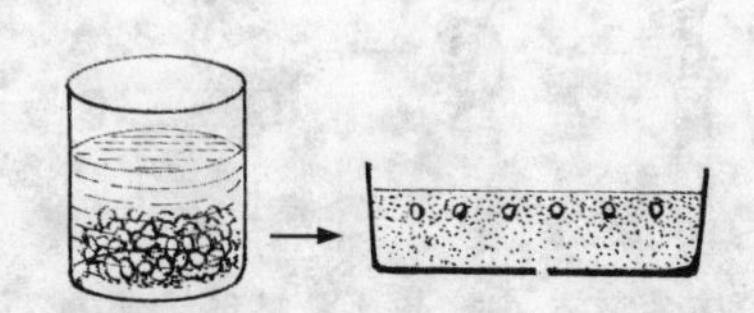

①播种繁殖　春季播种，播前种子先用70℃温水浸至凉及冷水浸种处理，以促进发芽。

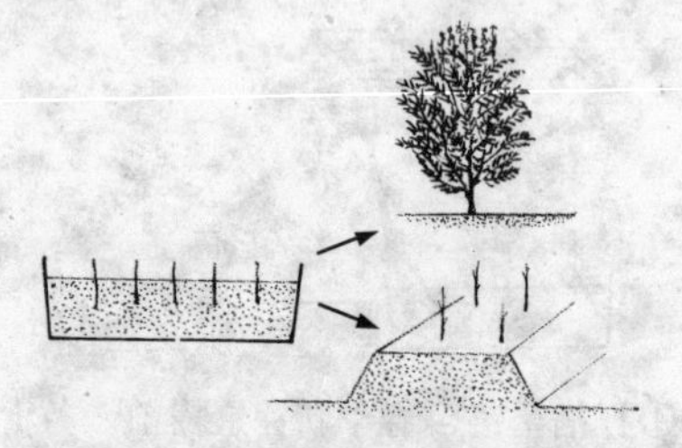

②移栽定植　春末初夏进行。播种苗长真叶后移圃地继续培育，地栽的宜选1～2年生大苗带土团移栽。列植或群植注意保持足够的株行距。

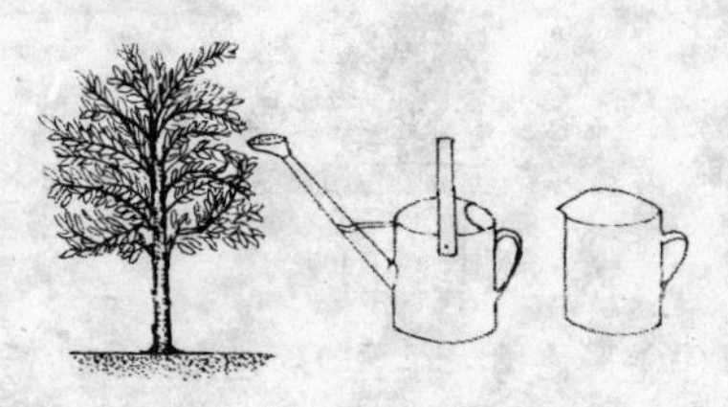

③肥水管理　地栽的以抓好管水为主，以促使其早日成活，当年无须追肥。植株成形后每年冬、春植株萌动前结合松土、培土增施适量有机肥，植株转入壮年旺长期后则无须专门进行肥水管理。

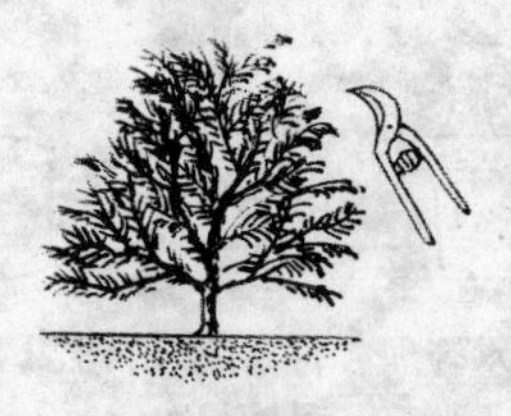

④修剪　地栽的在生长期任其自然生长，休眠期则适当疏枝，以保持良好的株形。盆栽的摘心促分枝，培育主干低矮、分枝分布均匀的丰满株形。

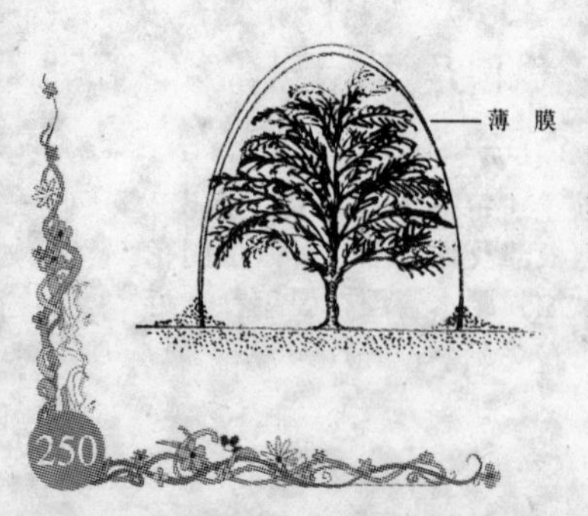

⑤夏、冬季养护　夏季对盆株应增加浇水与喷雾次数。在冬季寒冷地区，盆株入室越冬，室温保持在5℃～10℃，以保持在10℃为佳。地栽的视情设架盖膜或裹主干基部防寒。

119. 翅荚槐

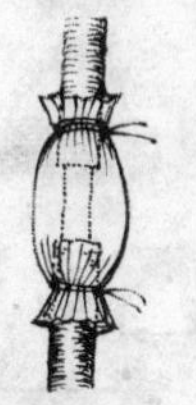

①播种繁殖　在春、夏季播种。按常规播种、保湿，易发芽。

②高压繁殖　在夏季选组织充实的枝条行环状剥皮进行高压繁殖，易生根。

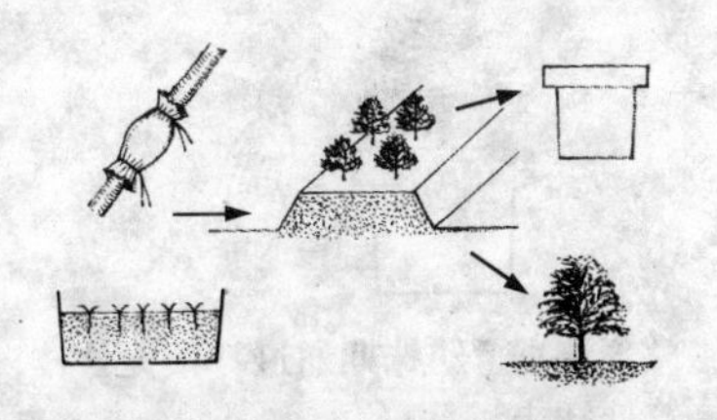

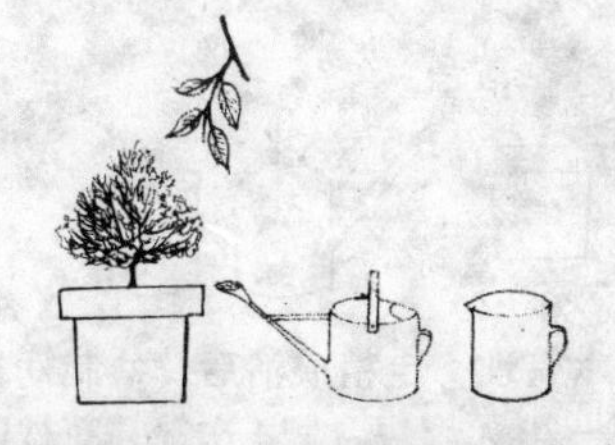

③移栽定植　春、夏季均可进行。播种苗长真叶后或高压苗生根后均应移圃地进一步培育。盆栽的选圃地培育数月的小苗；地栽的选1～2年生以上大苗。

④肥水管理　盆栽幼株生长期在春、秋季各施肥1次，开花株则在花蕾期增喷施磷酸二氢钾溶液1～2次，盆土宜保持湿润但切勿过湿，低温休眠期保持湿润稍干。

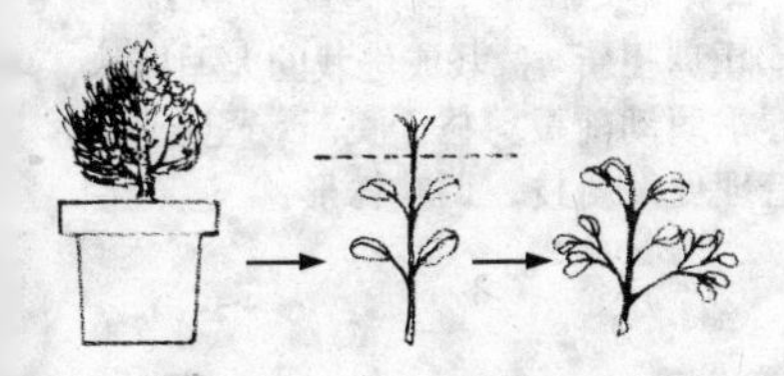

⑤修剪　对盆栽幼株早摘心促分枝，培育好株形；开花株整枝修剪宜在花期结束后进行。地栽留种株修剪视实际推至荚果成熟后。

120. 次桐

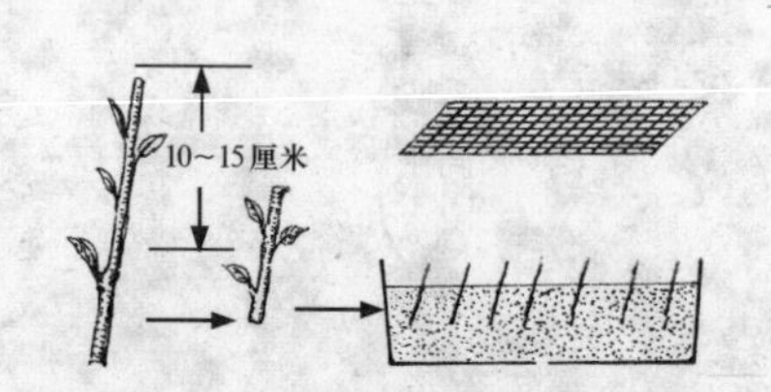

①扦插繁殖　春季选1年生健枝，或秋季选当年生健枝作插条，蘸生根粉插入沙床中，遮荫保湿，20天至月余生根。注意床土干湿适宜，否则扦插易失败。另外，也可行截干裹土团直插速成栽植，如管理得当年可成景。

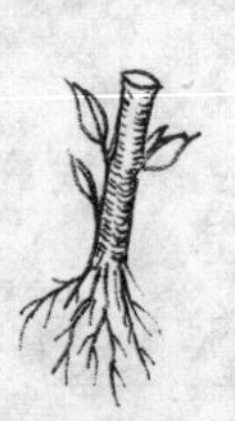
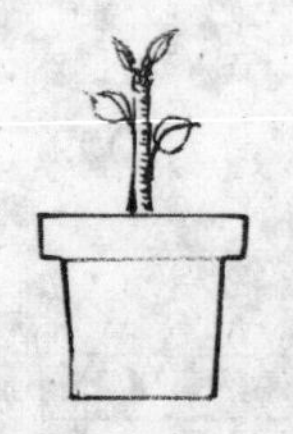

②移栽定植　扦插苗生根后即可上盆定植。庭院孤植或群植的，宜选用圃地培育的1～2年生大苗，或速成苗。雨后做好清沟排渍。

③肥水管理　定植成活后，盆栽幼株每15～20天施复合肥1次，开花株除正常施肥外，花期宜增施磷、钾肥2～3次。浇水以间干间湿为原则。盛夏宜保持盆土湿润，并视天气情况适当增加喷雾。地栽的每年冬至初春，结合松土、培土增施1次土杂肥即可。

④整形修剪　幼株期通过打顶促分枝，培养低矮丰满株形。

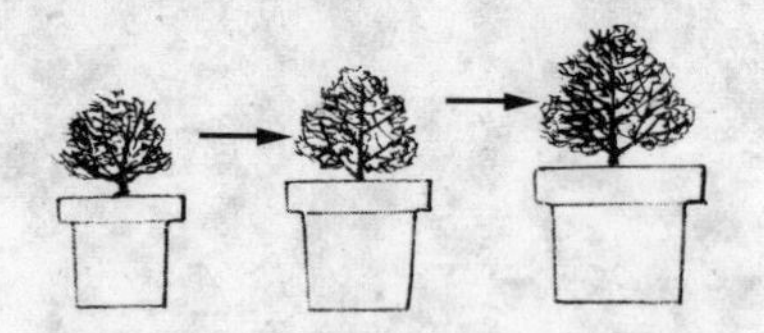

⑤翻盆换土　视生长势每隔1～2年于春季换盆1次，并进行适当修剪，剪除弱枝、枯枝，短截徒长枝，以促多发花枝，使株形更丰满。结合添加新盆土混施毒土预防病虫害。

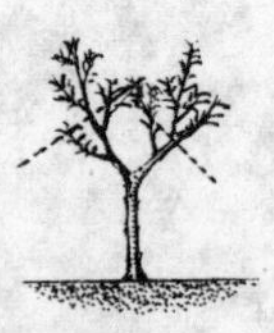

⑥重剪更新　盆栽或地栽的大型植株，春季萌动前重剪枝干更新，配合肥水管理促发新枝，调整株形。

121. 紫藤

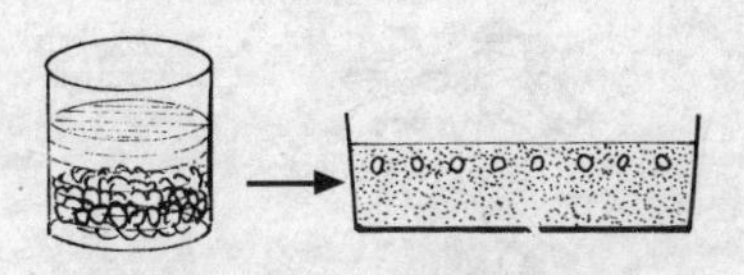

①播种繁殖　秋后采种贮藏，春季点播。播前用60℃温汤浸种24小时。

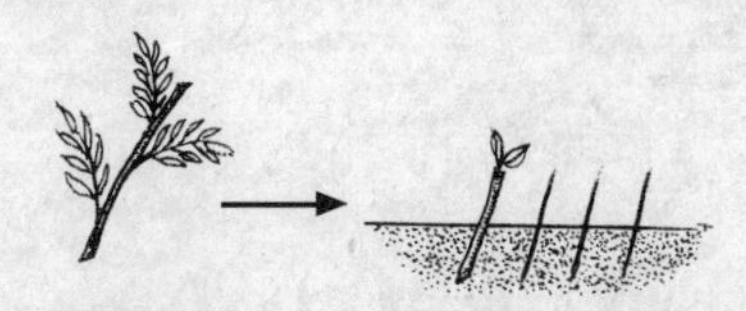

②扦插繁殖　秋季扦插。选当年生健壮枝条，截成8～10厘米长茎段作插条。植前快浸0.1%吲哚丁酸(3～5秒)或蘸生根粉插入湿沙床中。

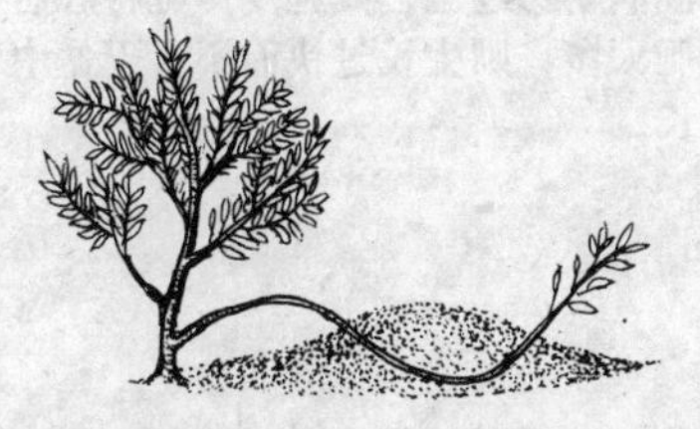

③压条繁殖　选健壮长枝略刮伤皮，压入土中，保湿，待生根后与母株分离移栽。

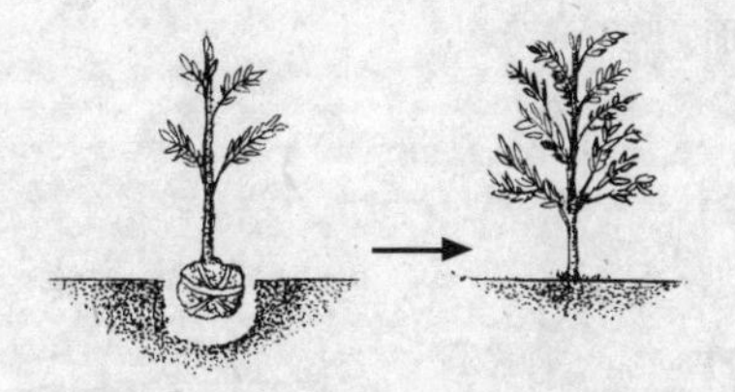

④移栽定植　扦插压条苗生根后移圃地培育，翌年春上盆定植；播种苗宜选圃地1～2年生苗。直根性，宜多带侧根并带土团移栽。

⑤肥水管理　春季萌芽前施足磷、钾肥及有机肥，生长期视生长势追肥2～3次。土壤干后再浇水，浇则浇透。

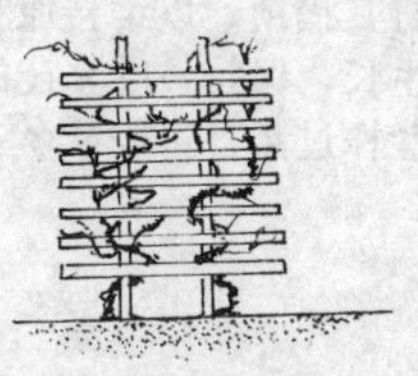

⑥整形修剪　搭架扶持，宜制成坚实耐久的花廊或花架。夏季对过长枝条适当短截。对多年生老株，视生长势实行重剪促重发新枝。

122. 绿元宝

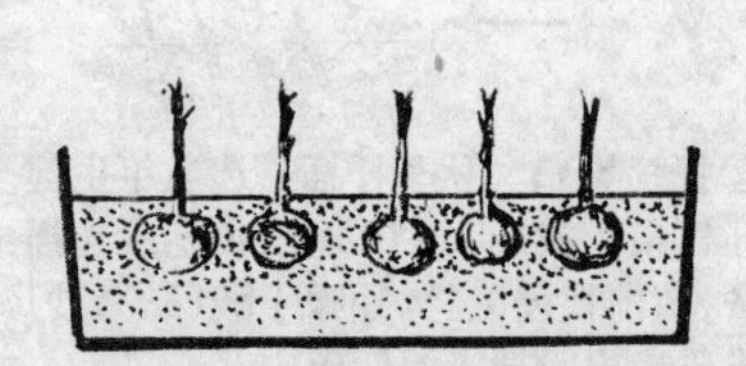

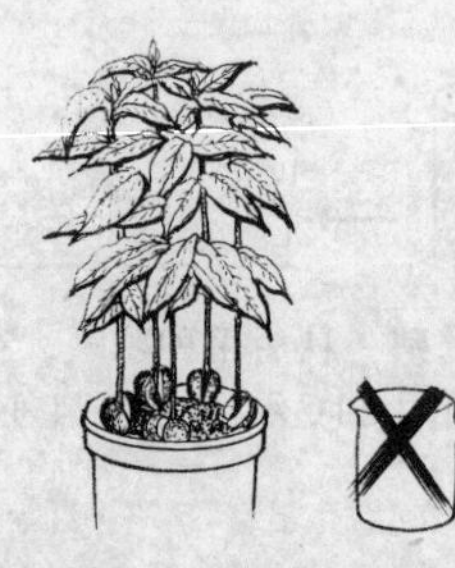

①播种繁殖　春节时将鸡蛋大小的种子直接种于盆中，浇透水后置半阴处，经10天发芽。种植时应将种子胚根一端向下微插入土，使两片子叶露出盆面。

②肥水管理　由于绿元宝2片粗厚的子叶内含丰富的养分，足够盆栽幼株生长所需。所以，无须施肥。盆土保持湿润切勿过湿，或施少量肥料。若施肥太多，则生长过快而不宜于盆中生长。

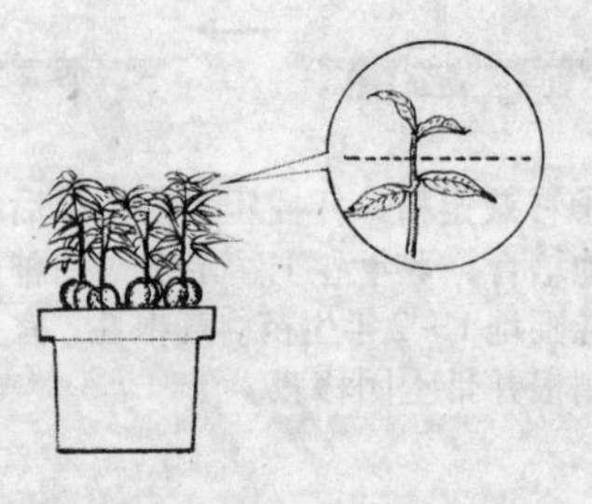

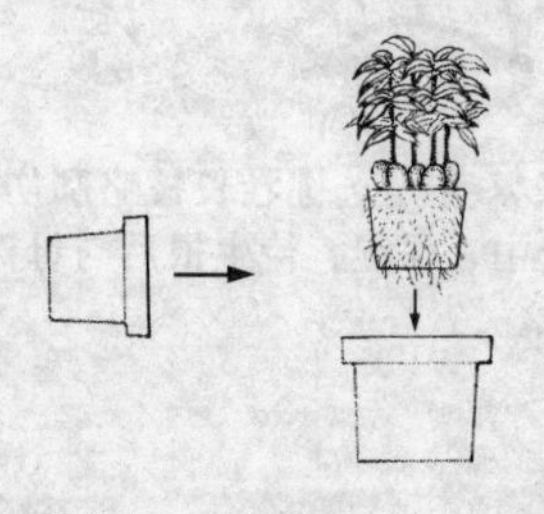

③修剪　为减慢枝条长高速度，可于春节后将其摘顶，以维持原有的高度和横向生长，保持枝叶繁茂的矮化株形。如盆株过高，可于秋冬进行截干枝整形。

④换盆　1~2年换盆1次，如植株过密，可分栽。换盆时除去老根腐根，如植株过高不宜于盆栽，可移至庭园栽植。

123. 红花檵木

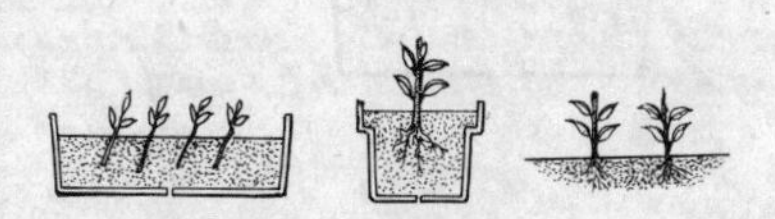

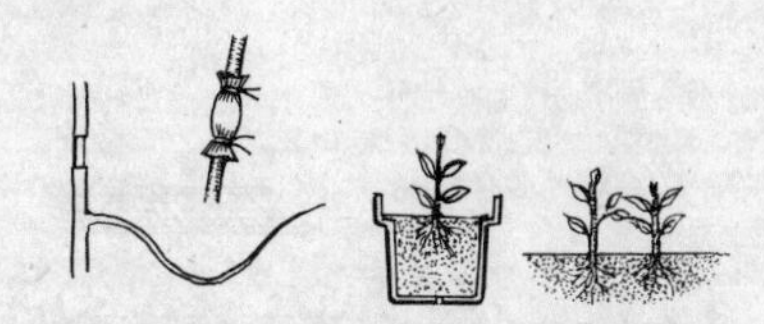

①扦插繁殖　春季选1年生枝条截成10厘米左右茎段作插条，蘸生根粉插入沙床中，置阴处保湿。插条生根后，根长至2～3厘米时移圃地继续培育，也可上盆定植，每盆栽1～3株。

②压条繁殖　选1～2年枝条行高位硬枝环剥，裹上泥；低位软枝可压入土中，在夏天生长旺盛期进行压条繁殖。生根后割离母体移圃地培育再上盆或地栽。此外，还可用播种法或嫁接法繁殖（从略）。

③肥水管理　盆株春秋季每月施肥1～2次；开花株花期增施磷酸二氢钾1～2次或2～3次，夏冬少施或不施。夏季高温水宜供足，保持盆土湿润勿过湿，并不时增加喷雾。其余季节每周浇水2～3次，保持盆土湿润偏干。

④ 修剪整形　萌发力强，耐修剪。盆栽幼株摘心促分枝，培育优良株形。成株注意压强扶弱，保持株形，视生长势于冬至初春进行重剪促重发新枝，调整株形，以提高观赏性。

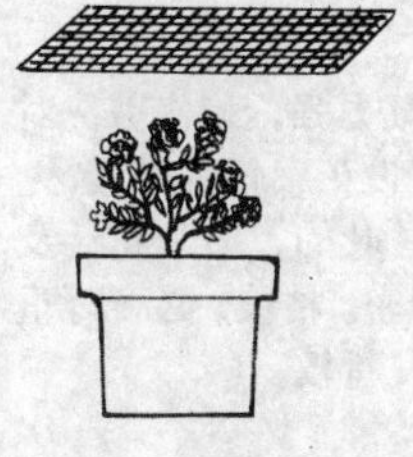

⑤夏、冬养护　盛夏适当遮荫或放置阴凉处避烈日曝晒。保持盆土湿润勿过湿，并不时增加喷雾。冬日寒冷地区，盆株入室防寒，保持室温10℃以上，不时给予充足柔和光照。

124. 金银花

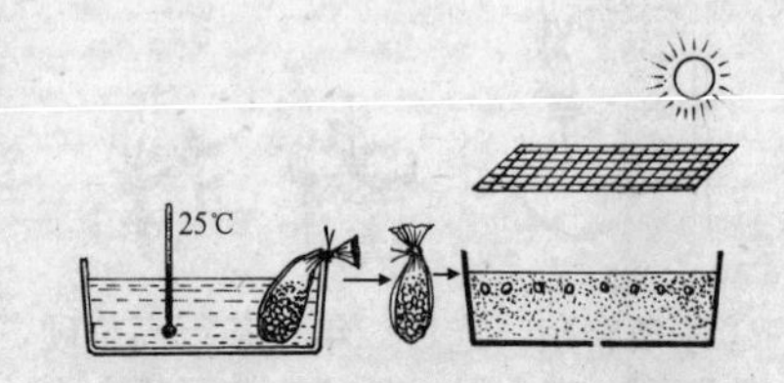

①播种繁殖　10月采种沙藏至翌春点播。播前用25℃温水浸种24小时催芽至露白时播，盖土1厘米厚，置半阴处，不时喷水保湿，经15～30天可发芽。

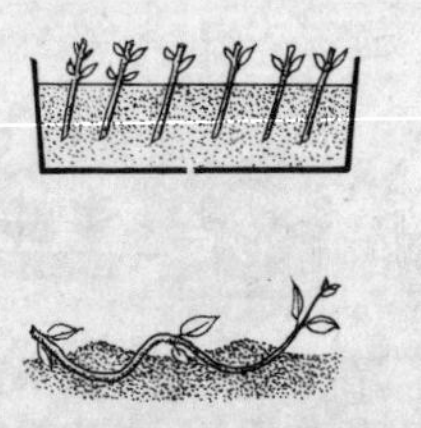

②扦插繁殖　春、夏、秋季均可。选1年生健枝截10～15厘米茎段作插条，插入沙床中，15～20天可生根。此外，还可用堆土压条法或分株法繁殖。

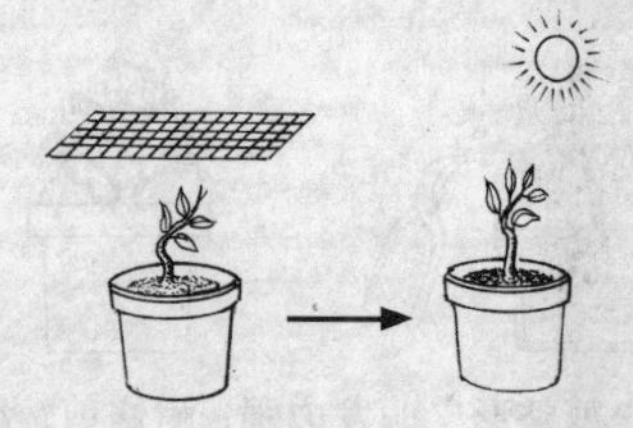

③移栽定植　盆栽的3～4月定植，先置遮荫背风处，成活后再转阳光处养护。

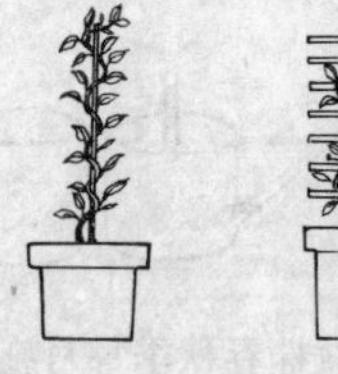

④ 设架引蔓　定植成活转固定场所后，应尽快插木杆扶持或设架引蔓攀援。

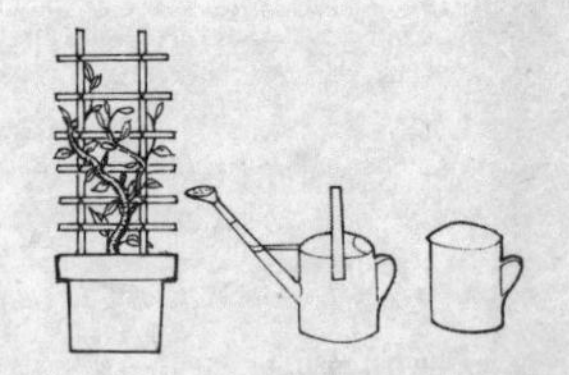

⑤肥水管理　地力中上的庭院植地一般无须特别管理肥水。盆栽生长期每20～30天施肥1次，花蕾期增施磷、钾肥，开花结果后停施。生长期保持盆土湿润，夏季高温需每天浇2次水，冬季控水。

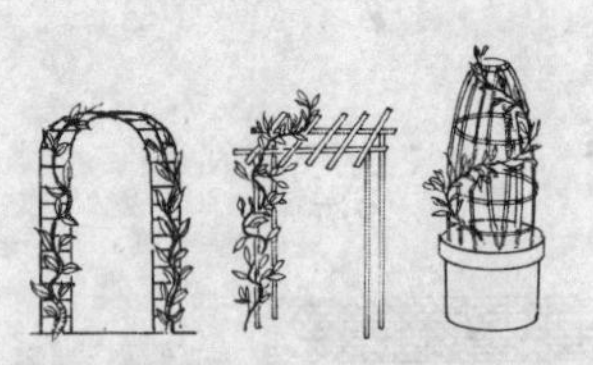

⑥整形修剪　萌蘖力强，耐修剪。对供观花观叶的，可设花廊任其攀援，无需修剪。采花采枝叶的，应于花后及冬期疏剪老、弱、密、枯枝，必要时重剪更新，让其重发新枝。

125. 串钱柳

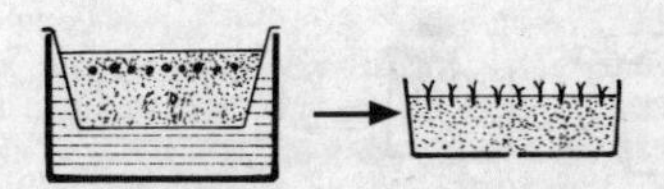

①播种繁殖　秋果熟采种，待翌年春清明播，播前用40℃温水浸24～48小时。种子极细小，宜拌沙子撒播。用浸盆法浇水保持湿润，10天左右发芽。长真叶后移遮荫圃地继续培育，喷2～3次磷酸二氢钾(1000倍液)促苗茁壮成长待出圃。

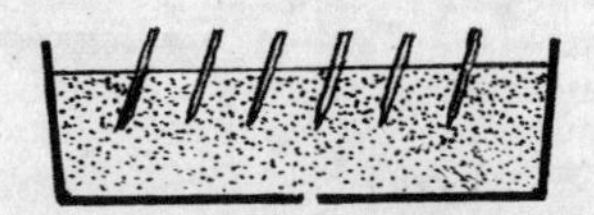

②扦插繁殖　6～8月均可进行。选未开花的半成熟枝条截成长8～10厘米茎段作插条，茎部快浸（2～3秒）吲哚丁酸（0.05%）随即插入湿沙床中。遮荫，保持床土湿润偏干，约月许生根。

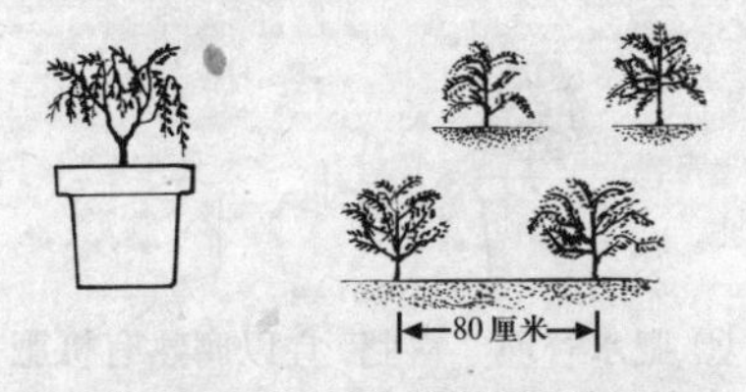

③移栽定植　春季气温稳定在18℃左右可移栽定植。播种苗选苗高15厘米左右蘸泥浆上盆；扦插苗则选圃地培育数月小苗带宿土上盆。地栽的均宜选1～2年生大苗。播种苗一般需5年生方可开花成景。

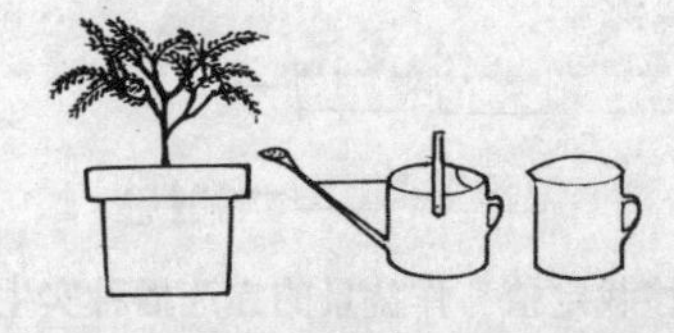

④肥水管理　盆栽幼株生长期每月薄施肥1次，冬季不施；成形株冬春补施1次基肥；开花时增喷磷酸二氢钾1～2次。地栽的基本按盆栽成株施肥。盆株生长期浇水保持湿润勿过湿，夏日适当增加喷雾。秋末冬春湿润偏干。地栽的一般自然雨水可满足其需要。

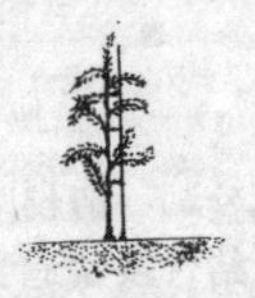

⑤夏、冬养护　盆株夏日36℃以上应适当遮荫，增加浇水与喷雾。其余季节应给予充足光照。冬季寒冷地区移室内，保持室温10℃以上。尽量给予光照，浇水2～3次／月即可。

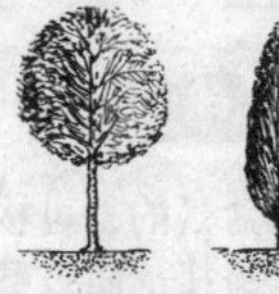
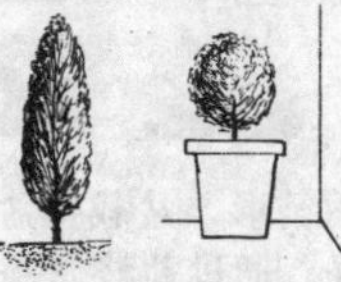

⑥整形修剪　盆株生长期通过摘心促分枝，结合修剪进行造型。成株则做好疏枝保持良好株形，每3年可重剪1次，有助于促开花。地栽的一般任其自然生长，每年于休眠期整形修剪1次即可。

126. 福建茶

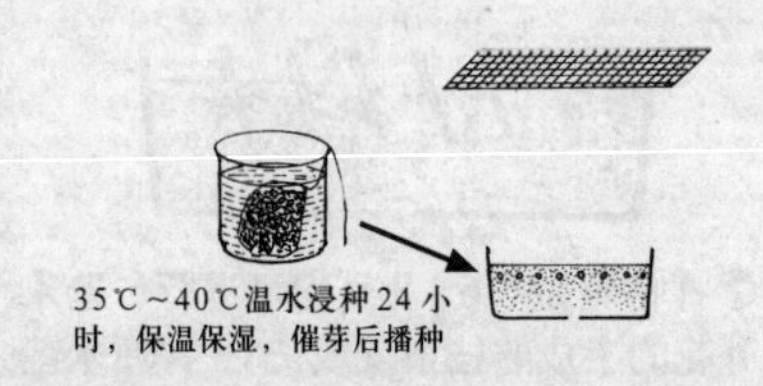

①播种繁殖　分批采熟果收集种子，播前用35℃～40℃温水浸种24小时，保温（25℃～30℃）保湿催芽播种。春或秋播均可。苗床宜遮荫。

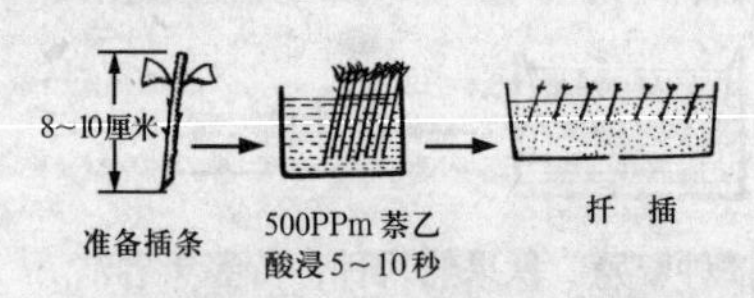

②扦插繁殖　4～11月均可进行。选1～2年生健枝，截长8～10厘米茎段作插条，顶留2～3片叶，茎部2厘米浸入500毫克/千克萘乙酸5～10秒后插入沙床中，浇透水，置阴处加盖塑料薄膜小拱棚保湿，1个月左右生根。

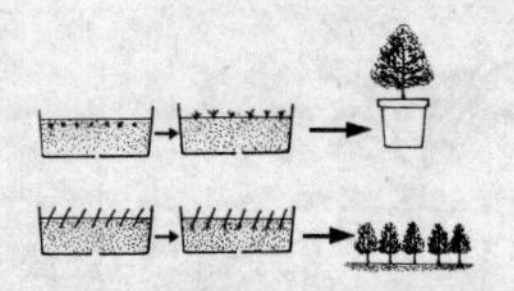

③移栽定植　作盆景的宜选播种实生苗上盆定植；作绿篱的宜选扦插苗定植，一般上半年扦插的可秋季移栽，下半年扦插的可翌春移栽。植后淋足定根水，易成活。

④ 肥水管理　喜肥，宜以腐熟有机肥为主，切忌偏施过施氮肥，以免营养生长过旺，致使开花结果不良。一般幼株期每月施复合肥（1000～1500倍液）1次，成株2～3个月施肥1次，花期增喷磷酸二氢钾1～2次，适度浇水，保持盆土湿润勿过湿或过干，雨天注意排渍防涝。

⑤修剪整形　盆栽作盆景的，可按个人喜好，通过蓄枝、蟠扎、曲枝截干的加工制作造型。视需要可于早春行重剪，促重发新枝，平时适当疏除过密枝、枯枝，保持优美株形。地栽作绿篱的，按所需高度进行平剪或波浪式修剪，或作半球形、球形整形。

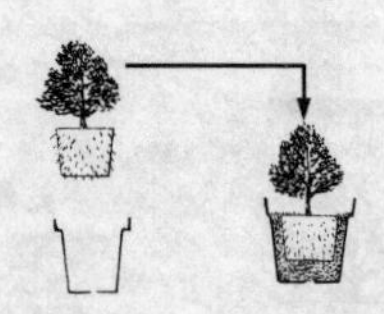

⑥换盆　一般每隔2～3年宜翻盆换土1次，结合换盆适当修剪地下部及地上部，并在添加新盆土时加入毒土预防病虫害。

127. 非洲茉莉

①扦插繁殖　梅雨季节进行。选新发嫩枝截长10~15厘米的茎段（含2~3个节）作插条，去掉下部叶片，插入沙床中，保持较高湿度，约1个月即可发根。

②压条繁殖　4~5月间将当年生嫩枝，稍刻伤节下部皮层，攀至地面埋入土中或压入盆土中，常浇喷水保湿，约1个月可生根。

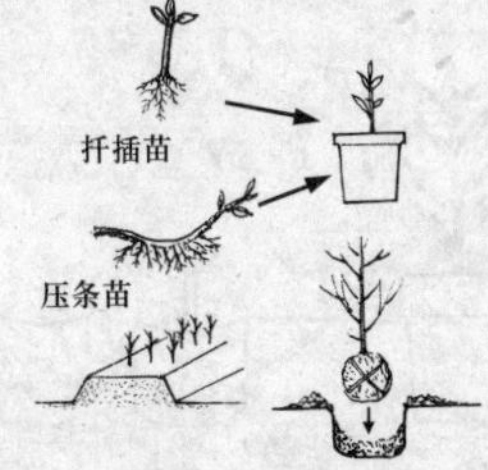

③移栽定植　扦插苗生根并萌发新芽后即可上盆定植。压条苗1年生苗可割离母体上盆定植。地栽的宜选移圃地培育的大苗带土团出圃定植。片植的注意保持足够的株行距。

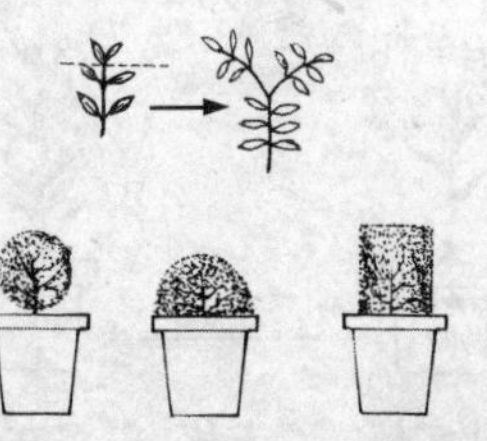

④ 修剪整形　盆株定植成活后早行摘心（1~2次）促分枝，培育低矮丰满株形。成形后适当疏剪过密枝，并按需要行球形、半球形、柱形、伞形等多种修剪造型。

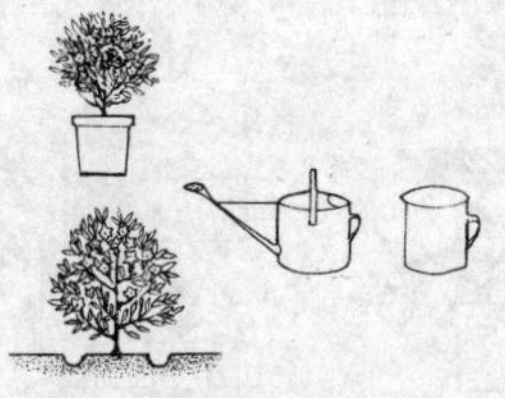

⑤肥水管理　盆栽幼株生长期施肥1次/15~20天（麸饼∶复合肥=5∶1，1000倍液），成株生长期施1~2次即可。适度浇水，保持盆土湿润勿过湿，更不能积水。地栽的冬春萌动前结合松土培土穴施1次腐熟有机肥，过旱天气适当补水。

⑥夏、冬养护　夏日盆株置通风凉爽处，尽量减少烈日直照，适当增加浇水与喷雾。北方寒冷地区宜温室盆栽，置接受光照时数最多的窗边，室温保持10℃以上，以13℃~15℃为宜。盆土保持湿润稍偏干。

128. 气球花

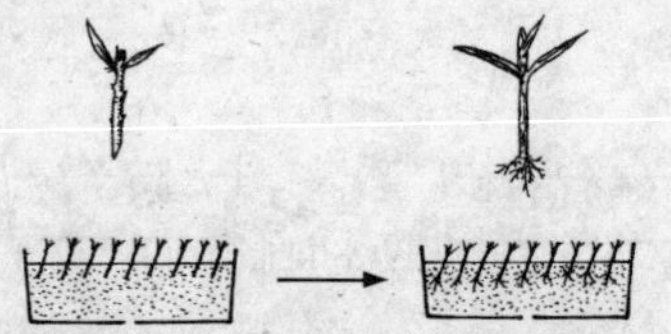

①播种繁殖　春季气温稳定在20℃左右播种为宜。室内盆播，在20℃～22℃的温度下，经15～20天发芽。

②扦插繁殖　春、秋均可扦插。剪取成熟枝条，截长10～15厘米的茎段，蘸生根粉插入沙床中，在20℃～24℃下经1个月左右生根。

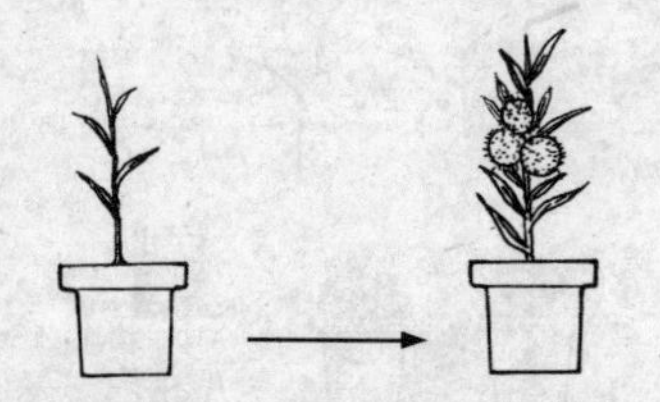

③移栽定植　春或秋，气温在20℃左右时均可进行，如管理得当，两种苗当年均可开花结果。

④肥水管理　肥水宜供足，生长期视苗情每月施肥1～2次或2～3次（麸饼水：复合肥＝5：1，1000倍液），促早生快发，花期增喷磷酸二氢钾1～2次。水勤浇轻浇，保持盆土经常湿润，但忌过湿。

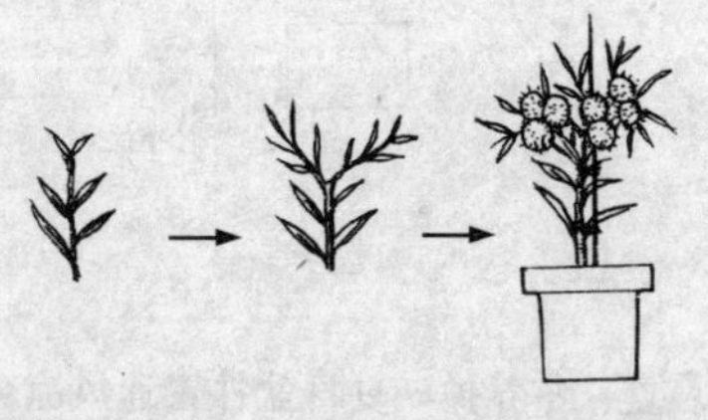

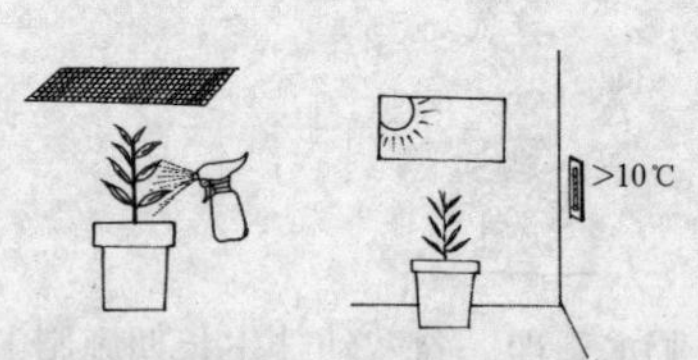

⑤修剪整形　盆栽幼株当长至20厘米高左右时开始摘心，促发侧枝，并注意控制株高，必要时应插木杆扶持防倒。

⑥夏、冬养护　夏季高温，盆株应适当遮荫避午间强光并适当增加浇水（2次／天）和喷雾。冬季寒冷地区，盆株移室内光线明亮处，尽可能给予充足阳光。室温保持10℃以上，以15℃以上为好。

129. 牡丹

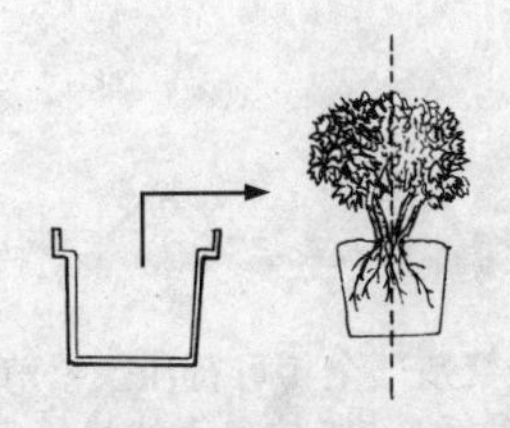

①分株繁殖　初夏进行。将大丛株从盆中倒出，切为2～3份分栽。对过粗的大根可适当剪除，伤口用氧氯化铜浆涂抹。

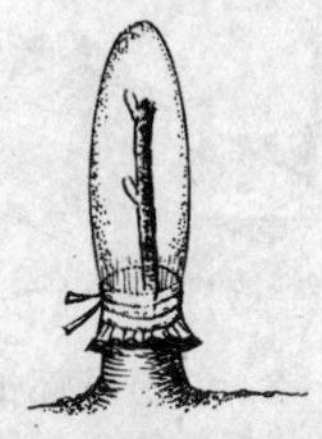

②嫁接（劈接法）繁殖　秋季进行。以芍药根茎头作砧木，一年生短枝作接穗，在根茎距地面约5厘米处切接。

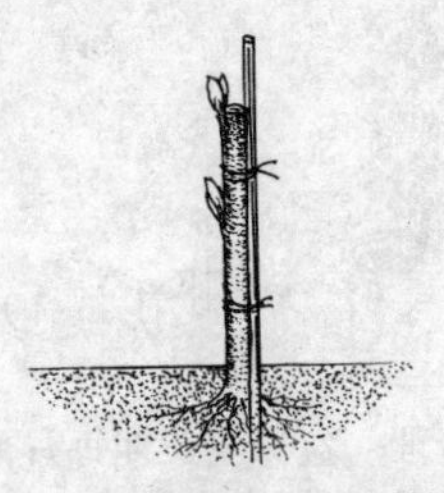

③定植　秋季进行。高植，勿太深，连壅土入土4～5厘米深即可，如苗过长用立柱扶持。

④ 肥水管理　每年施3～4次麸饼＋复合肥（10∶1）1000倍液，保持盆土湿润但切勿过湿，夏季多雨防涝渍。

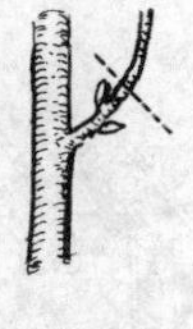

⑤疏芽　6月中旬每枝留下部2个芽，其余剪掉；冬季落叶后每枝留2个花芽，其余剪掉。

⑥花期管理及花后修剪　花期宜保持15℃～20℃；置光线明亮处，每天给予≥4小时光照；轻浇水（1次/1～2天）并不定时喷雾，以提高空气湿度；适当喷施叶面宝等叶面营养剂（1次/7～10天）。将已开过的残花连花枝剪掉，剪除弱枝、病枝和杈枝。

130. 炮仗花

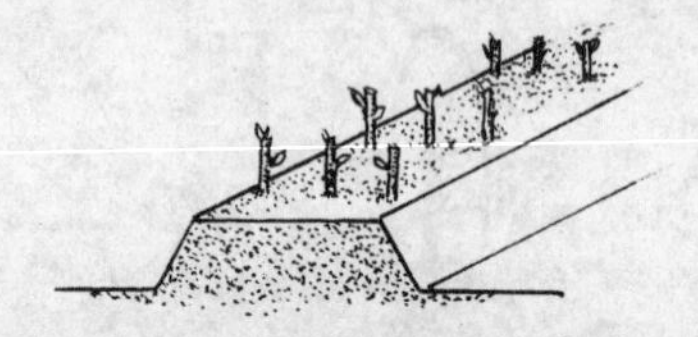

①扦插繁殖　春、夏选基部抽生的老茎截段作插条扦插，约2个月生根。

②压条繁殖　全年可行压条繁殖，以春、夏最适。选长枝条行波状压条，保持土壤湿润，约1个月生根。

③移栽定植　压条苗生根后再培育1个月，剥离母体带土移栽。扦插苗生根后，让其在圃地自由生长，翌年移栽，每盆1～3株。地栽的视植地定株行距。

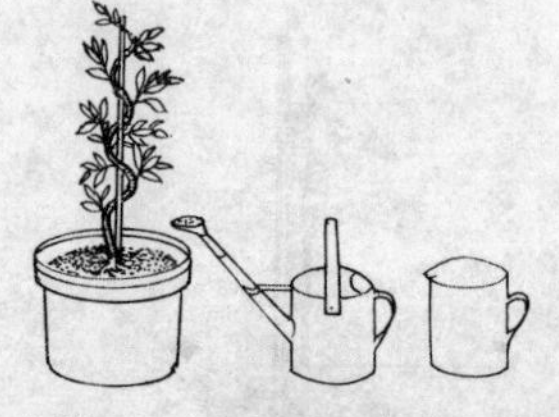

④肥水管理　盆株生长期每月薄施复合肥1～2次，花期增施磷酸二氢钾1～2次。适度浇水，保持盆土湿润不干不过湿。庭院地力中上者，水肥不需过多管理。

⑤设架扶持　定植后及时设架扶持，引导茎蔓攀援，注意保护卷须，勿随意翻动。

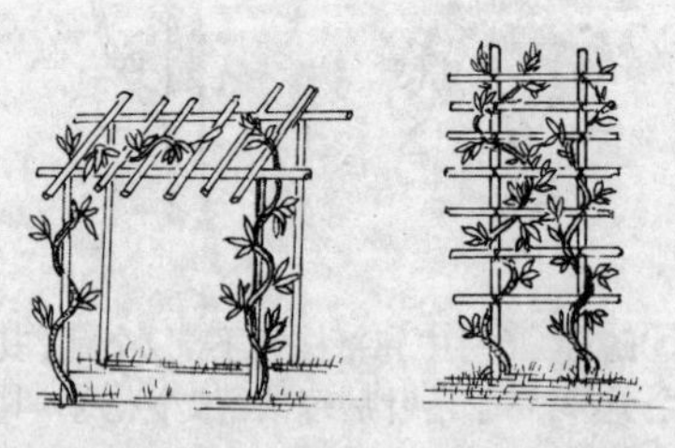

⑥整形修剪　生长期一般无须修剪，任其自然攀爬生长，营造花门、花栅、花廊。花期结束后，冬季适当剪除病枝、枯枝、弱枝，必要时行重剪促重发新枝。

131. 八宝树

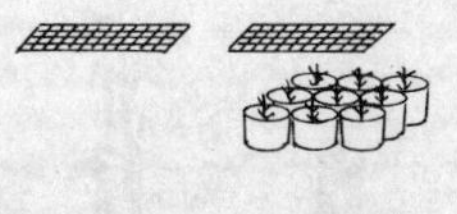

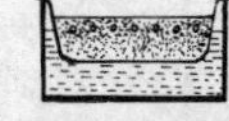

①播种繁殖　6月下旬采果收集种子播种，或密封置4℃冷藏待翌年春播。因种子极细小，播后宜用浸盆法供水。

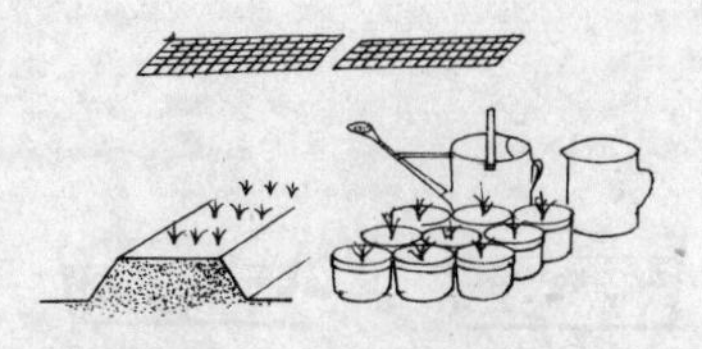

②苗期管理　出苗后做好喷水保湿，防日晒雨淋。每周追施肥1次。

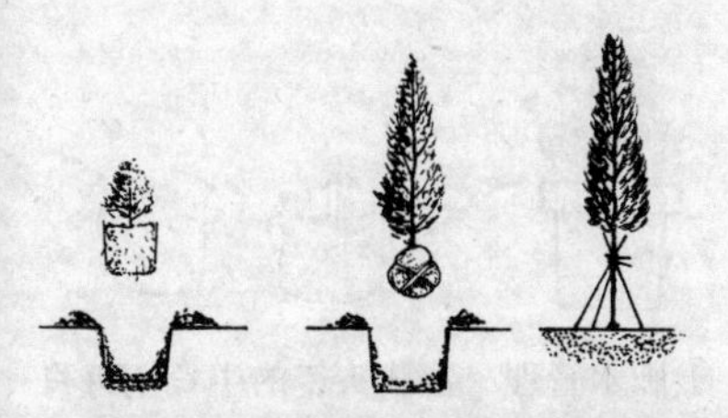

③移栽定植　森林公园可选用培育3~4个月的袋苗移栽。作道路、公园、庭院地栽的，宜选圃地培育1~2年生苗带土移栽，并做好设架扶苗。

④修剪　一般任其自然生长，无须多加修剪。如欲促其长高，可适时疏除底部枝叶，以减少养分消耗。

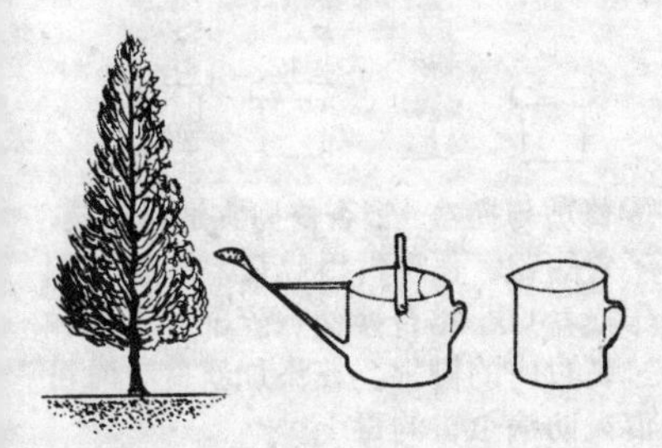

⑤植后肥水管理　植后1年内注意视天气继续抓好浇水，勿使幼株受旱或受涝；平时无须追肥，每年结合松土、培土补充1次有机肥即可。经2~3年植株成长为青壮年树后，更无须专门肥水管理。

132. 银杏

①播种繁殖　秋季用常规漂淘法收集种子，点播或沙藏待翌年春播，覆土厚3～4厘米，播后1.5～2个月发芽。

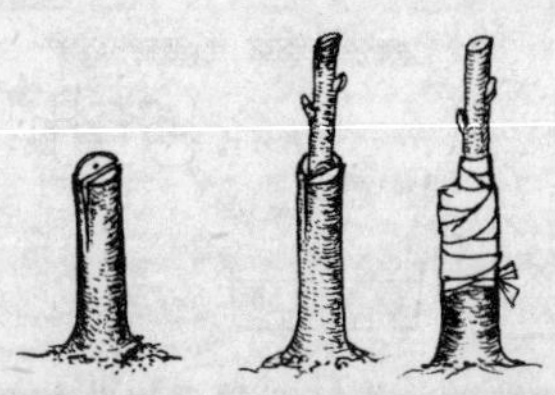

②嫁接繁殖　砧木选胸径10厘米左右的实生苗，以30年生母树上向阳的2～3年生健枝做接穗，3～4月间行劈接，或夏季行芽接。

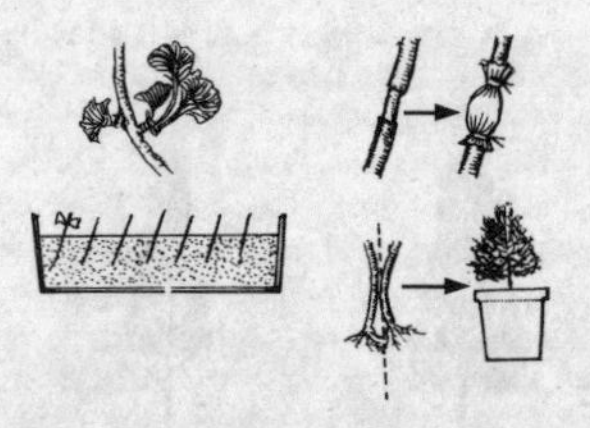

③扦插、压条或分株繁殖　扦插、压条按常规进行，分株主要在春季植株萌动前挖取母株周围根蘖苗分栽即可。

④肥水管理　盆栽头年的生长期每月薄施肥1次，以后每年施肥1～2次。适度浇水，生长期保持盆土湿润，落叶后保持稍偏干即可。地栽作观赏用的每年落叶后增施1次有机肥即可。

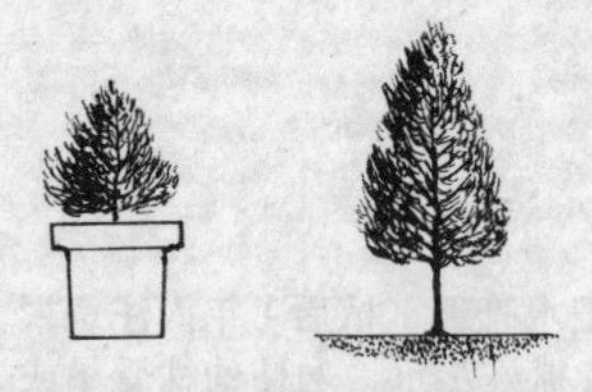

⑤移栽定植　一般以植株落叶后、萌动前移栽定植为宜。盆栽宜选0.5～1年生小苗；地栽宜选3年生以上大苗带土团移栽，并注意选地、合理修剪、施足基肥和抓好成活前的水分管理。

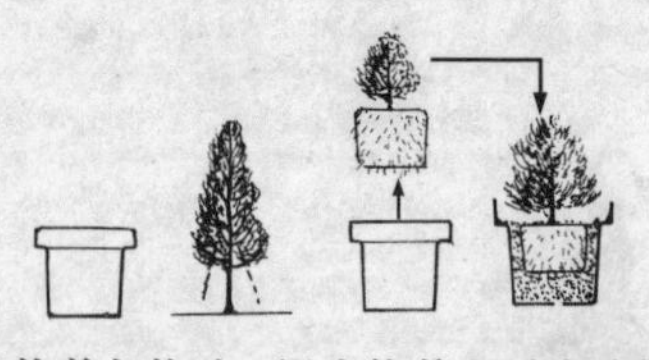

⑥修剪与换盆　银杏修剪宜适当疏枝，不宜短截。作观赏用盆栽，每隔3～4年换盆1次，结合换盆剪除部分老根和过长过密的侧根。在添加新盆土时可混入防病虫害的毒土。

附　录

园林木本花卉病虫害主要种类及防治

一、常见病害

（一）苗床期主要病害

名称	病原	主要受害植物	主要症状	主要防治方法
腐烂病	生物性病原或非生物性病原	用播种繁殖的木本植物	种子或种芽未出土就已腐烂、死亡	①尽量不用旧床土，必要时进行换土；②床土消毒。用40%福尔马林按50毫升药液/平方米对水18～36千克（视土干湿）均匀淋洒，随即用塑料薄膜密封5～7天，揭膜后经10天左右待残药挥发后方可播种；或用五氯硝基苯＋福美双或代森锰锌等量混剂，按药粉8克/平方米加干细土10千克左右，拌匀配成毒土，播时以1/3毒土垫底，2/3毒土盖种；③种子消毒同猝倒病；④床土勿过湿，土温勿过低
猝倒病	真菌	松柏类、棕榈类、银杏等	播种幼苗出土后嫩茎基部呈水渍状湿腐，缢缩，倒伏，导致枯死	种子可用拌种双与代森锌或百菌清（1:1）拌种，药量为种子量的0.1%，并密封1～2天后播种；出苗后喷施普力克或雷多米尔500倍液，或土菌消600～800倍液2～3次，隔5～7天喷1次，前密后疏，交互使用
立枯病	真菌	同上	幼苗嫩茎已木质化而染病，导致病株直立枯死	苗期喷药预防控病。还可喷施三唑酮福美双、三唑酮多菌灵、立枯磷、速克灵及井冈霉素，轮用或混用（用量参照说明书）连续施药3次以上，前密后疏，喷足淋透

（二）成株期主要病害

名称	病原	主要为害植物	主要症状	主要防治方法
白粉病	真菌	小叶紫薇、月季、蔷薇、玫瑰、梅花、九里香、马缨丹、福建茶、桃花等	侵害叶片、嫩梢。患部表面初现白色霉点，随着霉点扩大和数目的增加，患部大部分或全部为白霉所覆盖，终至变形、扭曲，枯黄脱落	传染性强，病情发展快，栽培环境过分郁闭潮湿或天气过分干燥皆有利于发病。及早连续喷施超微悬浮硫黄或胶体硫200～300倍液，或托布津1000倍液，或粉锈宁1500倍液，或退菌特800～1000倍液，或福美锌600倍液，或0.5波美度石灰硫黄合剂。每7～10天1次，喷2～3次或更多，交替施用，前密后疏，喷匀喷足，可有效地控制蔓延。避免偏施过施氮肥，改善环境通透性，天气过分干燥，适当喷雾增湿，有助于减轻危害
锈病	真菌	月季、蔷薇、玫瑰、九里香、垂柳、银柳、山指甲、黄槐、翅荚槐、竹、合欢等	主要侵害叶片。叶面初现黄白色针头大小疱斑，后疱斑渐隆起，颜色渐深，终至疱斑破裂，散出锈粉（病菌夏孢子堆），此为本病病征。病叶易焦枯脱落	传染性强，病情发展快，其发生流行条件与白粉病近似。防治上以及早连续喷药预防控病为主。上述对白粉菌有效的药剂对锈菌也有防效，其中尤以粉锈宁为最佳，此外还可交互喷施萎锈灵（600～800倍液）、敌力脱（1000倍液）、百菌清（600倍液）、代森锰锌（600倍液）等，每7～10天喷1次，连喷2～3次或更多。喷匀喷足，前密后疏
炭疽病	真菌	绝大部分木本花卉都有不同程度发生，尤以华南高温多湿地区发生为甚	本病实际上是由多种炭疽菌引致的叶斑病和枝枯病，叶斑多自叶尖、叶缘始，病斑形状、色泽多样，茎斑则多呈梭形。两种斑边缘均稍隆起，中部稍下陷，斑面多	传染性强，病情发展快，偏施过施氮肥，栽培环境郁闭湿闷最易诱发本病。防治方法：①播前种子消毒（百菌清、托布津等量混剂，量为种子重量0,1%拌种密封1～2天或混剂1500倍液浸种0.5～1小时）；②善管肥水，增强植株自身抵抗力有助于减轻发病；③抓好田园卫生，以减少菌源；④注意寻找和利用抗病品种；⑤抓好药剂治早（休眠期、新叶抽生始期）、治少（刚

续表（二）

名 称	病 原	主要为害植物	主要症状	主 要 防 治 方 法
炭疽病			具同心轮纹，病征则为朱红色黏质小点（潮湿时）或小黑点（干燥时）	露头，病情较轻时）和治了（前密后疏，连续施药直至控制为止）。药剂除百托混剂外，还可选喷炭特灵、炭疽福美800～1000倍液，施保功800～1000倍液，安克锰锌百菌清等量混剂1000～1500倍液，前密后疏（7～10天／次）交替施用，喷匀喷足，对茎枝还可用患部涂药法施药
斑点病	由除炭疽菌以外的多种真菌引起	绝大部分木本花卉皆可发生	斑点有圆形、椭圆形、梭形、角状、条形、不规则形、云纹、轮纹等；颜色有褐、黑、赤、紫乃至白色等；斑点界限明晰或模糊；黄晕有或无；发生部位有根、茎、叶、叶柄、叶鞘、果、穗粒或种子上，患部病征中后期才可能见到，多为小黑点或霉层	①冬季清园，彻底收集病残物集中烧毁，并随即对树上、地面喷药保护（波尔多液0.5%～1%倍液、广菌铜600倍液、氧氯化铜600倍液等）；②生长期善管肥水，提倡平衡施肥，适度浇水，增强植株自身抵抗性；注意田间卫生，结合管理，随时收集病残体烧毁，减少菌源；注意改善棚室通透性，尤应抓好不定期通风降温；③注意发现和利用抗病品种；④抓好夏冬季光温管理，夏季高温适当遮荫防护；冬日低温注意给予充分光照和及时入室防寒，控制好室温避免低温受冻；⑤注意不定期喷施含多种微量元素的叶面营养剂，有助增强植株抗性；⑥及早喷药预防控病，交替或混合喷施高锰酸钾、硫酸亚铁（600～1000倍液）、代森锰锌、百菌清等
枝枯病	包括炭疽菌在内的多种真菌	绝大部分木本花卉皆可不同程度发生，尤以含笑、桂花、小叶黄杨、茉莉、黄蝉、白	早期茎枝多表现圆形、椭圆形、梭形等斑点，随着病情的扩展，病斑绕茎、枝及上下部扩展，致茎、枝	①冬季清园修剪，收集病残枝烧毁。随即对地上部及地面喷药保护，有助于减少病菌来源，使翌春新抽枝梢减少发病。②加强肥水管理，注意平衡施肥，避免氮肥偏施过施。适度浇水，避免盆土过湿，有助于提高植株自身抗逆力，减少危

续表(二)

名称	病原	主要为害植物	主要症状	主要防治方法
枝枯病		蝉、狗牙花、海桐、爵床、柑橘、南天竹、月季、玫瑰等	段坏死而形成枝枯。患部多表现小黑点病征	害。③适当修剪疏枝，增强株内及株间通风透光性。④夏季高温适当遮荫，避免烈日直射曝晒，冬季低温宜及时入室防寒，避免霜冻。⑤及早喷药预防控病。除冬季清园修剪后及时喷施波尔多液(0.5%～1%石灰倍量式)、广菌铜(600～800倍液)、氧氯化铜(600倍液)等外，在开春植株萌动始喷百菌清、托布津等量混剂1500倍液1～2次，发病后则连续喷药2～3次控制病害蔓延，7～10天1次，前密后疏，喷匀喷足
枯萎病	真菌多由习居土中的镰刀菌侵染引起	不少木本花卉都可受侵染	病株外观呈萎蔫状，挖取病株，检视茎基及根系，可见其维管束变褐坏死，有时患部表面出现黄白色或粉红色霉层	①土壤消毒(参照苗猝倒病、立枯病)。②结合换盆添加混有毒土的新盆土;或结合淋定根水时以稀药液代替清水，可预防和减少发病。③挖毁病株，随即病穴及其相邻植株淋药(TY乳油1000倍液、高锰酸钾600倍液、多菌灵600倍液、双效灵水剂400倍液、恶霉灵600～800倍液)控制扩大蔓延，交替施用3～4次或更多，5～10天1次，前密后疏，喷透淋足
煤烟病	真菌(包括小煤炱多个菌属)	山茶花、栀子花、扶桑、杜鹃、桂花、瑞香、木棉、罗汉松、棕竹、含笑、杧果、石榴等	叶片、茎枝表面被一层黑色膜状霉层所覆盖，状如被煤烟熏过，甚者树冠大部分失绿变黑色，生势逐渐衰退，后期膜状	本病由多种烟煤类真菌与介壳虫、蚜虫等多种刺吸式害虫复合侵染为害所引起。防治上应从治虫防病及喷杀菌剂治菌两方面着手，如抓好防治上述刺吸性害虫，恶化煤烟菌的营养条件，也就能减轻本病的发生。对刺吸式害虫的防治可参照有关害虫的防治，对煤烟菌的防

续表（二）

名称	病原	主要为害植物	主要症状	主要防治方法
煤烟病			霉层可部分脱落	治则可于发病初期喷施氧氯化铜（600倍液）、多菌灵（600～800倍液）、退菌特（800倍液）、代森锰锌（600～800倍液）及胶体硫（200～300倍液）等，交互或混合喷施，7～10天1次，连喷3～4次或更多，前密后疏，喷匀喷足。另外，适当修剪疏枝，改善株内及株间通风透光性，也有助于减少病虫发生，减轻危害
细菌性病害	细菌（包括假单胞杆菌属等多个菌属的病原细菌）	桃、梅、樱花、一品红、袖珍椰子、扶桑、琴叶榕、鱼尾葵、散尾葵等	多侵染叶片，表现斑点；斑点坏死组织脱落则表现为穿孔，有的斑点表现为多角形。青枯细菌侵染根茎维管束则引至地上部叶片尚青绿就萎垂，特称为“青枯”	①对侵染叶片的细菌病，除抓好肥水、光温管理，增强植株自身的抗逆力外，可于发病前或发病初期喷施杀细菌剂〔氧氯化铜600倍液，或可杀得800倍液，或冠菌酮800倍液，或水合霉素、新植霉素、链霉素、氯霉素等（参照说明书使用）〕预防控制病害，2～3次或更多，交替使用，前密后疏，喷匀喷足。②对“根癌”病，防治上要抓好土壤消毒或更换新盆土，切除肿瘤，用500倍液链霉素涂抹伤口；或用500倍液链霉素泡根20～30分钟或更长时间，或用链霉素800～1000倍液定期或不定期灌根2～3次或更多，有助于预防和减轻发病。③对“青枯”病，防治上应抓好苗床选地（尽量不用旧床或种过茄科作物的菜地作圃）、土壤消毒；更换新盆土；及时拔除烧毁病株；整治圃地或植地排灌系统，严防病水流串；植前用硫酸铜或高锰酸钾（600～1000倍液）泡根1～2小时；注意引种抗病品种或单株；松土时减少伤根或松土后随即淋灌硫酸铜

续表(二)

名称	病原	主要为害植物	主要症状	主要防治方法
细菌性病害				液预防等，药剂防治迄今尚未取得令人满意的效果，对一些生物或化学性“青枯灵”之类的新药，可用“泡根”、“灌根”等法试用
病毒性病害	病毒(含类病毒、植原体等)	茶花、扶桑、牡丹、月季、玫瑰、叶子花、栀子花、黄蝉、夹竹桃、瓜栗、茉莉、爵床、柑橘类、棕榈类、红背桂、银杏、竹等	花叶、黄化、丛枝、畸形、扭曲、矮缩、皱叶、卷叶、蕨叶、圈斑、坏斑等	①及早发现初发病株，彻底铲除烧毁，以减少毒源；②选择无病苗木或经热处理等处理的苗木，接穗作繁殖材料，并设立无病留种或苗木繁殖基地；③对检疫性病害要严格实施检疫，控制苗木通过调运扩大传播范围；④对汁液摩擦传播的毒病，操作前后应用肥皂水洗手及洗刷工具，以减少传毒；⑤对虫传毒病应通过铲除杂草恶化虫媒滋生繁殖环境；用喷药诱杀、驱避等法防除传毒虫媒；⑥喷施或灌注抑制、钝化病原病毒增殖的药物及促植株生长的叶面营养剂，以减轻危害及损失；⑦采用茎尖分生组织培养法等法繁殖无毒组培苗供生产上应用
线虫性病害	线虫(含根结线虫等多种病原线虫)	牡丹、马尾松、小叶黄杨、珠兰等	地上部全株表现生长缓慢、衰弱、矮小；色泽失常；叶片萎垂早衰；叶局部器官畸形、叶枯、扭曲、干腐、软化及坏死或产生斑点，或籽粒变成虫瘿；根部结疖状肿大，须根丛生，根腐等	①土壤消毒；②选用无病种苗；③种苗消毒；④更换新盆土；⑤施用净肥；⑥对某些检疫性线虫病实施检疫；⑦深翻改土，合理耕作(如水旱轮作等)，搞好田园卫生；⑧土中施杀线剂毒杀病原线虫(如棉隆、米乐尔、铁灭克、呋喃丹颗粒剂等，参照说明书使用)

二、常见害虫

（一）食叶性害虫

类别	名称	主要受害花木	危害虫态	虫子识别要点	为害状	防治方法	备注
蝶类（鳞翅目）	灰蝶	苏铁(主)、白蝉等	幼虫	成虫为灰色小型蝶,幼虫扁圆,有背线,老熟时近粉红色	咬食幼嫩羽叶成缺刻	①人工捕捉(成虫盛期可网捕，幼虫期捏虫苞(弄蝶)或捏死虫子。②以喷药毒杀幼虫为主，药剂用菊酯类、有机磷类、菊酯与有机磷复配剂和生物制剂，如苏云金杆菌、青虫菌、杀螟杆菌等，使用浓度参照说明书。③注意保护和利用天敌	①凤蝶的蛹、幼虫和卵寄生蜂多种,如赤眼蜂、金小蜂、广大腿小蜂等。②弄蝶寄生天敌有卵寄生的澳洲赤眼蜂等；幼虫、蛹寄生的有绒茧蜂、姬蜂、寄生蝇等，捕食性天敌有蛙、蜘蛛等
	弄蝶	美丽针葵(主)	幼虫	成虫体中型,色较深褐，触角端部钩状。幼虫体光滑，纺锤形，头大于胸，前胸细瘦如颈状	缀叶成苞，咬断或食叶肉		
	凤蝶	柑橘类(主)、白兰、樟树等	幼虫	成虫体多大型，美丽，一般后翅有尾状突；幼虫体光滑,胸部隆起,轻触前胸有“丫”形臭腺伸出，后缩回	咬食叶片成缺刻		
蛾类（鳞翅目）	夜盗蛾	月季、蔷薇、石榴等	幼虫具杂食性、暴食性	成虫体中型,暗褐色,多毛且蓬松，前翅多斑纹、线纹。幼虫体色多变,多足型,常夜出取食	咬食叶、蕾、花、果	①结合积肥，铲除园圃及其附近的杂草等野生寄主。②结合松土、培土等管理，翻耕灭蛹，破坏虫子的越冬虫态及场所。③抓好冬季修剪清园，收集病虫残枝落叶烧毁。④人工捕杀幼虫，摘除越冬虫茧、虫囊，带虫苞或卵块的	①对斜纹夜蛾等夜蛾类幼虫施药,应按幼虫夜出性特点，于傍晚施药。灯光诱蛾宜利用其趋化性，配合糖醋毒饵诱杀，效果最佳。②刺蛾、毒
	刺蛾	牡丹、石榴、月季、桂花、茶花、木棉等	幼虫	成虫体中型，黄褐色；幼虫扁圆筒形，多绿色，体背有哑铃状大斑，上有枝刺及毒毛	咬叶、果成孔洞、缺刻。幼龄虫食叶肉，留表皮		

续表（一）

类别	名称	主要受害花木	危害虫态	虫子识别要点	为害状	防治方法	备注
蛾类（鳞翅目）	袋蛾	雪松、侧柏、柳、月季、石榴、龙船花、罗汉松、落羽杉、扶桑、蒲葵、茶花、桃、紫薇等	幼虫	成虫雌雄二型。雌成虫无翅、蛆状、褐色，终生藏护囊内；雄成虫具透明翅1对，善飞；幼虫褐色，藏护囊内，活动取食携囊前进，护囊丝质或外粘附枝叶碎屑。护囊可随幼虫长大而增大，后期多悬吊于叶片	初龄幼虫取食叶肉，残留表皮；老龄咬叶成孔洞、缺刻	叶片，或成虫盛发期网捕蛾子。⑤注意保护利用天敌，加强对当地各类蛾子天敌种类、发生时间，寄生率等情况的了解。对摘除的虫茧、虫苞、虫囊等，有条件的置寄生蜂保护器内，不宜简单地一把火烧掉。⑥设黑光灯，灯光诱蛾，有的配合毒饵或性引诱剂杀灭之。⑦对成虫宜掌握蛾子羽化盛期施药；对幼虫宜掌握刚孵化至三龄前幼龄期施药效果更佳，药剂种类如上	蛾幼虫的体毛有毒，人工捕杀宜注意安全保护，忌徒手捕捉
	毒蛾	桃、梅、月季、茶花、柳、白兰、假槟榔、罗汉松、印度榕等	幼虫	成虫体中型，粗壮多毛，触角栉齿状，雌蛾腹末有丛毛，产卵后用以覆盖卵块。幼虫多体毛，有毒，毛色多样，有的种类前胸两侧有一束前伸的近黑色羽毛状长毛	低龄幼虫取食叶肉，残留表皮；高龄幼虫咬叶成孔洞、缺刻，也为害果		
	尺蛾	黄槐、南洋楹、月季、桃、梅等	幼虫	成虫体中型、灰色，翅宽而薄，外缘凹凸不齐；幼虫体筒状，腹足仅2对，行走时躯体一曲一伸如量步，休息时常拟态如植物枝条，以避敌害	咬食叶片、嫩梢，叶片呈孔洞、缺刻		

续表(一)

类别	名称	主要受害花木	危害虫态	虫子识别要点	为害状	防治方法	备注
蛾类(鳞翅目)	天蛾	梅、桃、柳、爬山虎、常春藤、葡萄等	幼虫	成虫多为大型蛾子,粗壮、梭形,触角先端钩状。幼虫体肥大,腹部末端具一细长弯曲的尾角	咬叶为害,严重时可把叶吃光,仅留主脉		
	卷叶蛾	石榴、茶花、月季、牡丹、桃、梅、银杏等	幼虫	成虫多为小型蛾子,前翅肩区发达,似划船桨叶状,静止时翅平叠在背上。幼虫筒状,绿至黄绿色,性活动,触之即前后跳动,喜荫蔽,多卷叶或钻蛀果实	卷叶、蛀果为害		
金龟甲类(鞘翅目)	小青花金龟	马尾松、柳、月季、柑橘类等	成虫、幼虫	成虫为硬壳虫子,近小型虫,体长15毫米左右,暗绿色鞘翅上有红黄斑纹	取食芽、嫩叶、花蜜,舐食子房	①成虫盛发期晚上8~9时用电灯、黑光灯、火堆诱杀。②成虫盛发期利用其受惊假死坠地特性,树冠下铺塑膜摇树振落集中捕杀。③喷敌百虫、马拉硫磷、辛硫磷等有机磷杀虫剂(800~1000倍液)或有机磷与菊酯类混剂(照说明书)。盛发时虫子群集为害,喷药效果好	金龟子种类多,大小差异大,共同点是触角鳃叶状,鞘翅不全盖住腹部,趋光性强,多夜出活动,其幼虫统称蛴螬,营地下生活(咬根),为重要地下害虫
	铜绿金龟子	柳、月季、桃、梅、扶桑等	成虫、幼虫	成虫鞘翅铜绿色,具光泽	咬食叶片、新梢、花果		

续表（一）

类 别	名 称	主要受害花 木	危 害虫 态	虫子识别要点	为害状	防 治 方 法	备 注
象甲类（鞘翅目）	象鼻虫（如竹笋象鼻虫、红棕象甲、柑橘小灰象甲等）	棕榈类、柑橘、茶花、木棉、扶桑等	成虫、幼虫	成虫头部向前延伸成喙，状如象鼻或鸟喙，触角多弯曲成膝曲状。幼虫肥胖，黄白色，体稍弯，多皱褶，无足	成虫食叶成孔洞；幼虫钻蛀为害	①利用其受惊假死性，振落捕杀。②用小刀、钢丝等利器刺杀虫卵或幼虫。③对已蛀入棕榈类茎杆或竹笋的象甲，宜灌注乐斯本或敌敌畏或乐果等浓液，或用毛笔蘸浓液涂产卵孔杀卵粒。以成虫咬叶，造成孔洞、缺刻的小灰象甲，可用马拉硫磷等有机磷农药毒杀	①在广州番禺区，笔者发现一些外引的海枣等棕榈类植物受象鼻虫严重为害，有加强检疫的必要。②象甲类种类多，大小差异大
叶甲类（鞘翅目）	椰心扁叶甲	老人葵、大王椰子、椰子、假槟榔、散尾葵、蒲葵等	成虫、幼虫	成虫叶甲体长近10毫米，稍扁，鞘翅蓝黑色有光泽，头部黑褐，前胸背板橙黄色。幼虫老熟的体长与成虫相似，黄白色，尾突明显呈钳状	成幼虫群栖，潜藏卷褶的新叶内，啮食叶肉，残留表皮碎屑及虫粪	①加强检疫，严防带虫的外引棕榈类植物输入；对国内已发现该虫为害的地区，要限制当地棕榈类苗木向外调运，以控制该虫扩大为害。②针对该虫为害特点，施药宜改常规喷雾为新叶剪口处灌药法。对已受害株的防治，宜先剪除被害新叶和尚未完全伸展的新叶，方行剪口灌药；可用有机磷与菊酯类混剂（参照说明书使用）	成株棕榈植株高大，剪除被害叶片进行剪口处灌药困难大，不易操作，可改用高压远程喷药，但需连续施药2次以上，效果才好

续表（一）

类 别	名 称	主要受害花 木	危 害虫 态	虫子识别要点	为害状	防 治 方 法	备 注
叶蜂类（膜翅目）	叶 蜂	月季、玫瑰、蔷薇、杜鹃等	幼 虫	成虫为体长约10毫米的小蜂，具膜翅1对，体和翅均呈烟褐色，带金属蓝光泽。老熟幼虫头红褐色，体黄绿色，体节上有黑褐色瘤突	幼虫蚕食叶片，仅留主脉	①利用幼虫突然受惊假死下跌的特性捕杀之。②喷有机磷敌百虫、敌敌畏800～1000倍液，或马拉硫磷、辛硫磷1000～1500倍液或溴氰菊酯乳油2000～3000倍液1～2次。③结合松土消灭蛹茧	
蝗虫类（直翅目）	短额负蝗	月季、茉莉、扶桑、老人葵、栀子花等	成虫、若虫	成虫体中型，绿色、尖头；后足发达，善跳跃	成、若虫咬叶成缺刻，甚者吃光叶片	①喷施锐劲特、吡虫啉800～1000倍液，毒杀成幼蝻。②人工网捕。③结合冬季翻耕，消灭越冬卵块	
	棉 蝗	蒲葵等	成虫、若虫	成虫体中型至大型，体粗壮，头不尖；后足发达喜跳跃			

（二）钻蛀性害虫

类 别	名 称	主要受害花 木	危 害虫 态	虫子识别要点	为害状	防 治 方 法	备 注
天牛类（鞘翅目）	星天牛	月季、桃、樱花、柳、柑橘类	成虫、若虫	成虫共同点：圆筒形，背略扁，为背具鞘翅硬壳虫子；触角鞭状，后伸，常长于体长之半；不同	成虫咬食枝干皮层，引致枝枯；幼虫钻蛀枝干皮	①利用成虫多具假死性人工捕杀之；②成虫在枝干上产卵，常现“八”或“T”字形刻槽。可轻击或挑刺杀卵；	
	褐天牛	柑橘类、九里香					

续表（二）

类别	名称	主要受害花木	危害虫态	虫子识别要点	为害状	防治方法	备注
天牛类（鞘翅目）	八星粉天牛、六星粉天牛	大叶榕、印度榕		点：体色、大小各异，星天牛漆黑色具光泽，鞘翅有白色绒斑，体长近40毫米；褐天牛鞘翅黑褐色，体长50毫米左右；粉天牛鞘翅黑褐色，上有6个或8个白斑，体长近40毫米；眉斑楔天牛体长45毫米左右；光绿天牛体长25毫米左右，墨绿色。幼虫共同点：扁圆筒形，前胸背板宽大，黄白色，足退化，不同种类大小及前胸背板特征各异	层、木质部、髓部，蛀道纵横，致全株枯死	③检查枝干蛀孔及其排出的细末，用粗铁丝钩杀幼虫；④灌注药液，或以脱脂棉蘸药（敌敌畏、乐果、乐斯本乳油5～10倍浓液），塞入虫孔，或用牛克灵胶囊、磷化铝1/6片塞入虫孔，再用湿泥封堵虫口；⑤可试用昆虫病原线虫A－24注入最末一个幼虫排粪孔（3000条线虫/毫升）	
	眉斑楔天牛	木棉					
	红颈天牛	柑橘类、九里香					
	双条天牛	樟树等					
	光绿天牛	柑橘类、九里香等					
木蠹蛾类（鳞翅目）	咖啡豹蠹蛾等	桃、枇杷、石榴、柳、杨、金银花、银杏等花木、果木及林木	幼虫	成虫为体中型偏大的蛾子，前翅灰白色至灰褐色，上有蓝黑色斑点。幼虫扁圆筒形，红色至棕红色，老熟幼虫体长约30毫米，头部橘黄色，前胸背板黑色	幼虫蛀食新梢，致新梢萎垂枯死；蛀食枝干木质部，致枝折	①加强检查及时剪除虫害枝烧毁；②利用蛾子趋光性，于成虫羽化盛期点灯诱杀之；③参照天牛防治虫孔注药或蘸药塞入虫孔，泥浆封堵蛀孔杀死幼虫	木蠹蛾与天牛分类上分属于鞘翅目与鳞翅目，其为害状虽相似，但成、幼虫形态完全不同，易分辨

续表（二）

类 别	名 称	主要受害花 木	危 害虫 态	虫子识别要点	为害状	防 治 方 法	备 注
螟虫类（鳞翅目）	松梢螟	马尾松、湿地松等	幼 虫	成虫为体小型至中型蛾子，体瘦长，触角多为丝状，前翅多呈三角形。幼虫多足型，有藏匿习性，常钻蛀植物组织中	幼虫多钻蛀为害，少数可吐丝卷叶为害	①成虫盛发时点灯诱蛾；②剪除虫枝，收集枯枝落叶烧毁；③喷施有机磷或菊酯类药剂及其复合混配剂均有较好防效（参照说明书使用）；④注意保护利用天敌。已知寄生性天敌有长距姬蜂等，应注意保护利用	

（三）刺吸性害虫

类 别	名 称	主要受害花 木	危 害虫 态	虫子识别要点	为害状	防 治 方 法	备 注
叶蝉类（同翅目）	大青叶蝉（大绿叶蝉）、棉叶蝉、二点黑尾叶蝉	梅、桃、月季、茉莉、竹、扶桑、锦葵、木芙蓉等	成虫、若虫	成虫为体形似蝉的小虫，其共同特点是：头大顶圆，触角刚毛状；前翅革质；后足胫节有两列细刺；成虫活泼善跳跃。若虫外形似成虫，但较成虫为小，不如成虫活泼，喜横行	吸汁为害，被害叶正面现黄白色针尖大小点，甚者致叶片干枯脱落	①清除园圃及周围杂草，以减少虫源；②剪除有产卵伤疤的枝条；③喷药毒杀。用叶蝉散600～800倍液或敌杀死2000倍液，或敌敌畏乳油800～1000倍液，或蚜青灵800倍液，或杀灭菊酯1500倍液；④黑光灯诱杀成虫	
蚜虫类（同翅目）	棉 蚜	石榴、柑橘、梅、扶桑等	成虫、若虫	成虫为体小柔软的小虫子，卵圆形，多数长约2～3毫米，黄绿色，其共同特	成若虫群集幼嫩枝叶、蕾、花、果上吸汁	①注意保护天敌瓢虫、草蛉等；②用黄色薄型塑料板涂机油诱粘迁飞来的有翅蚜；③用乐果、马	为害白兰花的台湾蚜虫，以成、若虫群集茎干吸汁为害。严

续表（三）

类别	名称	主要受害花木	危害虫态	虫子识别要点	为害状	防治方法	备注
蚜虫类（同翅目）	桃蚜	桃、梅、月季、石榴、夹竹桃、柑橘等		点是：触角丝状，上有感觉圈；腹部肥大，第六节背生1对“腹管”，腹部末端有突起的“尾片”，触角上感觉圈的数目和腹管与尾皮的形状、大小是分类的重要依据。若虫外形似成虫，但体较成虫为小	为害，致被害器官畸形，生长停滞，还可诱发煤烟病和传播病毒	拉硫磷、敌敌畏、辛硫磷（1000倍液）和杀灭菊酯（2000～4000倍液）等喷雾。但一些园林花木特别是梅、桃、李、杏对上述有机磷杀虫剂都比较敏感，使用不当易生药害。一般需先少量试验，以保证安全。可改用茎干涂药包扎、钻洞灌药等	重时全株茎干被虫子及其分泌的蜜露所覆盖，常造成大量枝枯或全株死亡，可钻洞灌药代替常规喷雾，效果良好
	台湾蚜	白兰花					
	夹竹桃蚜	夹竹桃					
	长管蚜	月季、蔷薇、十姐妹等					
	绵蚜	芙蓉等					
	大蚜	竹、马尾松等					
粉虱类（同翅目）	橘黑粉虱	桂花、女贞、柑橘类、栀子花、茉莉、刺槐、石榴、桃、茶花、榕树等	成虫、幼虫	成虫为较蚜虫更细小（体长不足2毫米）能飞的小虫子。翅半透明，上覆薄白蜡粉，故俗称“小白蛾子”。幼虫比成虫更细，扁椭圆形，老熟时体长不足1毫米（0.6毫米），褐色至黑色，体周围分泌白色蜡质物；幼虫及蛹有刺（如黑刺粉虱）或无刺（橘黑粉虱及温室粉虱）	主要以幼虫群集叶面吸汁为害，分泌蜜露诱发煤烟病。某些种类还可传播病毒	与防治蚜虫基本相同。喷药毒杀以初孵幼虫期最好	
	黑刺粉虱	柑橘、榕树、月季、九里香、米仔兰、白兰花、桂花、柳、蜡梅、三药槟榔等					
	温室粉虱（白粉虱）	多种室内盆栽木本观叶观花、果花木皆可受害					

续表（三）

类别	名称	主要受害花木	危害虫态	虫子识别要点	为害状	防治方法	备注
介壳虫类（同翅目）	吹绵蚧	海桐、柑橘类	成虫、幼虫	成虫为小型虫子。雌雄形态不同，雌虫无翅，体呈圆形、椭圆形或半球形。腹面口器发达，眼、足、触角则退化，上披蜡粉或有特殊介壳保护。雄成虫具半透明前翅1对。后翅退化为平衡棒，口器退化，不取食。若虫体更细小，初孵即可爬行。固定吸食后则不动，并分泌蜡质物形成介壳保护	以雌成虫及若虫群集叶片、枝条上吸汁为害。还可诱发烟煤病，致树势衰弱	①对被害严重的园圃或植株应抓好修剪，重剪虫枝，配合肥水管理，促发新梢，恢复树势；②注意保护和利用天敌，开展生物防治；③可选用速扑杀、介虫灵等防蚧专用药，于幼蚧初孵出施用防效最佳，喷2～3次，隔3～5天1次，应杀菌剂混用或轮用，但不要过多使用波尔多含铜杀菌剂，以保护某些介壳虫寄生菌	介壳虫种类多、寄主广、几乎园林木本植物大都有1～2种介壳虫为害
	堆粉蚧	竹类、扶桑等					
	盾蚧	茶花、桂花、月季等					
	蜡蚧	苏铁、黄蝉、含笑等					
	龟蜡蚧	雪松、柳、夹竹桃等					
	松针蚧	马尾松、油松、雪松、黑松、云松、云杉等					
蓟马类（缨翅目）	管蓟马	榕树、樟树	成虫、若虫	成虫为体长1毫米左右的微小虫子，体细长，略扁，黑褐色；口器锉吸式，前后翅均狭长，边缘密生长毛，称为“缨翅”。若虫较成虫体更小，黄绿色，缨翅未长出或仅有翅芽	以成虫、若虫锉吸植株的嫩梢叶、花、果等部位，致被害器官组织畸形、表面粗糙、梢叶不展、花果早凋早落	①冬、春结合积肥、清园，铲除杂草，清除虫叶，随即地面、树上喷药，以减少虫源；②在若虫高峰期喷蓟马灵、蓟蚜清、蓟虱灵（参照说明书）或20%氰戊菊酯2500倍液，或用40%氧化乐果原液或5～10倍液涂抹植株枝干	
	亮蓟马	茉莉、玫瑰、棕榈类					
	黄胸蓟马	月季、玫瑰、狗牙花、白蝉、黄蝉、白兰花、茉莉、白花夹竹桃等					
	茶黄蓟马	山茶、杧果、葡萄等					

续表（三）

<table>
<tr><th>类别</th><th>名称</th><th>主要受害花木</th><th>危害虫态</th><th>虫子识别要点</th><th>为害状</th><th>防治方法</th><th>备注</th></tr>
<tr><td rowspan="3">蝽蟓类（半翅目）</td><td>网蝽</td><td>杜鹃、梅、桃、茶花、含笑、茉莉、蜡梅、扶桑等</td><td>成虫、若虫</td><td>成虫体小扁平，长宽约4毫米×2毫米，前翅有网状花纹。若虫体更小，仅具翅芽</td><td>成虫、若虫危害叶片，吸汁为害致叶失绿</td><td rowspan="3">①虫口少量时人工捕杀，防止臭腺液接触皮肤；②注意保护捕食性天敌；③在若虫期用10%氯氰菊酯1000倍液，或10%吡虫啉1000倍液，或2.5%敌杀死乳油1500～2000倍液喷雾，注意轮用</td><td rowspan="3"></td></tr>
<tr><td>盲蝽</td><td>紫薇、茶花、槐、扶桑、柳等</td><td>成虫、若虫</td><td>成虫体多小型，没单眼，前翅膜区基部具2个封闭翅室；若虫体更小，仅具翅芽</td><td rowspan="2">成虫、若虫刺吸叶、蕾、花、果汁液，致叶片焦枯，果荚不实，生长停滞</td></tr>
<tr><td>缘蝽</td><td>柑橘、茶花、柳、扶桑、竹、马尾松等</td><td>成虫、若虫</td><td>成虫体小型，细长。若虫体更小，仅具翅芽</td></tr>
<tr><td rowspan="4">螨类（蜱螨目）</td><td>朱砂叶螨（红蜘蛛）</td><td>月季、芙蓉、梅等</td><td rowspan="3">成螨、若螨</td><td rowspan="3">成螨体型微小，雌成螨体长0.5毫米左右，雄比雌体还小，卵圆形（♀）或菱形（♂），淡黄色至红褐色，螯肢特化为口针或口针鞘。若螨比成螨体小，色淡</td><td rowspan="4">成螨、若螨群集吸汁为害，致叶片失去光泽，甚者一片苍白，植株生长停滞</td><td rowspan="4">①注意保护和利用天敌，协调好生防与化防，可参照介壳虫防治；②盆栽花木发现少量害螨时应随时进行人工抹杀；③喷施虫螨光、螨克、克螨特、快螨特、灭扫利、吡虫啉、尼索朗等专用杀螨剂（参照说明书使用）。注意轮用与混用</td><td rowspan="4"></td></tr>
<tr><td>二斑叶螨（棉叶螨）</td><td>月季、茉莉、桂花、桃、羊蹄甲等</td></tr>
<tr><td>柑橘全爪螨（瘤皮红蜘蛛）</td><td>九里香、桂花、柑橘类等</td></tr>
<tr><td>跗线螨</td><td>蜡梅、茉莉等</td><td>成螨、若螨</td><td>成螨体型不足0.5毫米，体色多呈白色，少数呈黄色，雌雄异型。雌成螨第四对足特化为线状，雄的则特化呈钳状</td></tr>
</table>

(四)地下害虫

类别	名称	主要受害花木	危害虫态	虫子识别要点	为害状	防治方法	备注
蝼蛄类(直翅目)	蝼蛄	杨、柳、松、柏、槐、茶、柑橘等苗木	成虫、若虫	为典型土栖昆虫，前足为开挖足，成虫、若虫仅大小和翅的发育程度不同	成虫、若虫取食种子、幼芽，咬断幼苗造成缺苗断垄。蝼蛄将表土层串成隧道，使根部如乱麻，离土失水易枯死	①灯光诱杀成虫；②在根际或苗床上泼浇50%辛硫磷1000倍液；③用毒饵90%敌百虫:麦麸或炒豆饼屑=1∶50，加适量水拌匀，于傍晚撒根际；④用药剂50%辛硫磷∶水∶种子=1∶40∶400闷种4小时（盖薄膜），每隔半个小时翻动1次，闷后晾干播种	
蟋蟀类(直翅目)	蟋蟀	杨、柳、松、柏、槐、茶、桃、梅、李等苗木	成虫、若虫	色暗，产卵器外露，长矛状。成、若虫仅大小和翅发育程度不同			
蛴螬类(鞘翅目)	俗称“鸡虬虫”	大多数观赏植物的苗木	幼虫	幼虫肥胖、柔软、黄白色，常弯曲成“C”字形	以咀嚼式口器咬食苗木地下根茎部	①茶籽饼15倍液淋浇根际；②50%辛硫磷1000倍液淋浇根际	
小地老虎(鳞翅目)	俗称“地蚕”、“切根虫”	松、杉、桂花、含笑、杨、柳、海桐、罗汉松、玉兰等	幼虫	幼虫体灰黑色，圆筒形，粗壮，长37~47毫米，受惊常卷缩成环形	3龄后昼伏表土间隙，夜出取食，咬断幼苗，拖近洞口	①冬季及早春清园，铲除杂草；②灯光配合糖醋毒饵诱杀成虫；③堆草诱杀或毒饵诱杀幼虫(参照蝼蛄毒饵)；④喷灭杀毙、溴氰菊酯、氰戊菊酯、溴马或氰马混剂、敌百虫、辛硫磷等溶液(参照说明书)	
金针虫类(鞘翅目)	金针虫	松、柏、槐、丁香等	幼虫	幼虫体细长，圆筒形，略扁，黄至黄褐色，光滑，坚韧，富光泽。成、幼虫均在土中越冬	幼虫取食种子、种芽、种根，导致苗枯，	①在发生严重园圃，隔一定距离挖1个小坑，放入甘薯、马铃薯、萝卜等碎粒，上盖草把，隔数天检查捕	

续表（四）

类别	名称	主要受害花木	危害虫态	虫子识别要点	为害状	防治方法	备注
金针虫类（鞘翅目）					造成缺苗断垄	杀诱集的虫子；②用15倍茶籽饼水或辛硫磷1000倍液淋洒根际土面；③毒饵诱杀（参照蝼蛄）	

（五）软体动物

类别	名称	主要受害花木	危害虫态	虫子识别要点	为害状	防治方法	备注
蜗牛类（有肺目）	灰巴蜗牛、薄球蜗牛、玛瑙螺等	扶桑、蜡梅、牡丹、杜鹃、罗汉松、扁柏、月季、柑橘、杨、柳、槐、爵床、变叶木等	成螺、幼螺	成、幼螺均有贝壳护体，贝壳的形状、大小、颜色、厚薄及螺纹等视种类而异	成、幼螺啮食叶片成孔洞或缺刻；啮食茎枝皮层，导致部分枝梢乃至全株枯死	①清园修剪，铲除园圃杂草，收集残枝落叶烧毁；清沟排渍；中耕松土；翻耕晒土；②人工捕杀或诱杀；③用6%密达颗粒剂等杀螺剂配成毒饵、毒土或直接撒施（按说明书）	
蛞蝓类（有肺目）	野蛞蝓、高突足臂蛞蝓	牡丹、月季、桂花、梅等	成、幼蛞蝓	成体伸长达40～80毫米，柔软、宽大、扁平，外有黏质薄膜覆盖；灰褐色至黑褐色，头部有触角2对	成、幼体啮食嫩叶、幼芽	①人工捕杀；②盆底及周围撒药保护；③农业防治同蜗牛；④药剂毒杀同蜗牛	

三、施用农药易发生药害的花木

药名	易发生药害的花木	慎重用药的花木（果）	备注
敌百虫	桃、李、梅、樱花	槐、代代、橘、石榴、女贞、海桐、合欢、柿、梨、苹果（某些品种）	
敌敌畏	桃、李、梅、樱花、苹果（部分品种）	同上	
乐果	桃、李、梅、杏	同上	
石油乳剂	桃、李、梅等	柑橘	宜在落叶后、萌发前施用
松脂合剂	柿	同上	柿、豆类及豆科花木夏季不宜使用
石硫合剂	桃、李、梅、杏、梨、葡萄等在＞32℃或＜4℃时不宜使用		石硫合剂与波尔多液不宜连续使用，应间隔7天（柑橘）～30天（梨、苹果、葡萄），葡萄宜用半量式或少量式波尔多液
波尔多液	桃、李、梅、杏等较敏感，宜落花后、萌发前使用		
马拉硫磷	樱桃、梨、苹果(部分品种)		

四、家庭自制草药防治花木病虫害

名称	防治对象	配制方法	备注
烟草浸剂	蓟马、蚜虫	烟骨或烟叶：水＝40克：1000克，浸泡48小时，过滤后作母液，使用时以母液：水＝1：1配制，加入肥皂2～3克，溶解后喷施	
草木灰溶液	蚜虫	草木灰：水＝300克：1000克，浸泡48小时，澄清后取清液直接喷施	
洋葱浸剂	蚜虫、红蜘蛛	洋葱鳞瓣（捣烂）：水＝20克：1000克，浸泡24小时，过滤后作母液，使用时按母液：水＝1：1配制，连喷2～3次，隔4～5天喷1次	可加入洗衣粉2～3克
大蒜浸剂	蚜虫、红蜘蛛、介壳虫、灰霉病、根腐病	大蒜（捣碎）：水＝20～30克：1000克，浸1小时，去渣直接喷植株或淋灌于根际	

主要参考文献

1 周其明．果树蔬菜花卉植物手册．广东科技出版社，1995

2 北京林业大学园艺学院花卉教研室．中国常见花卉图鉴．河南科技出版社，1994

3 龙雅宜等．园林植物栽培手册．中国林业出版社，2003

4 赵世伟，张佐双等．中国园林植物彩色应用图谱．中国城市出版社，2004

5 王宏志等．中国南方花卉．金盾出版社，1998

6 薛聪贤．台湾花卉实用图鉴（1～13辑）．薛氏家庭园艺出版部，1999～2001